Verständliche Wissenschaft Band 116

Walter Minder

Geschichte der Radioaktivität

Mit 37 Abbildungen

Springer-Verlag
Berlin Heidelberg New York 1981

Herausgeber: Professor Dr. MARTIN LINDAUER
Zoologisches Institut der Universität
Röntgenring 10, D-8700 Würzburg

Professor Dr. phil. WALTER MINDER
Ostermundigstraße 40, CH-3006 Bern

ISBN-13: 978-3-540-10954-9 e-ISBN-13: 978-3-642-95400-9
DOI: 10.1007/978-3-642-95400-9

CIP-Kurztitelaufnahme der Deutschen Bibliothek
Minder, Walter:
Geschichte der Radioaktivität / Walter Minder
Berlin Heidelberg New York: Springer 1981.
(Verständliche Wissenschaft; Bd. 116)
ISBN-13: 978-3-540-10954-9

NE: GT

Umschlagentwurf: W. Eisenschink, Heidelberg

Gesamtherstellung: Petersche Druckerei GmbH & Co. Offset KG, Rothenburg ob der Tauber

2131/3130-543210

Dem Andenken
meiner Gattin und besten Mitarbeiterin
Hedwig Minder-Müller
1904–1976

Vorwort

> Die Beschränkung der wissenschaftlichen Erkenntnisse auf eine kleine Gruppe von Menschen schwächt den philosophischen Geist des Volkes und führt zu seiner geistigen Verarmung.
>
> ALBERT EINSTEIN 1950

Anläßlich meiner Emeritierung und des Rücktrittes von weiteren Verpflichtungen wurde von verschiedener Seite, insbesondere vom Präsidenten der Eidgenössischen Kommission für Strahlenschutz, der Wunsch geäußert, ich möchte meine langjährigen Erfahrungen aus den Gebieten der Radioaktivität und des Strahlenschutzes in einer Publikation festhalten.

Da ich während fast 50 Jahren in Forschung und Anwendung der Radioaktivität aktiv und passiv tätig war, ist als Antwort auf die erwähnten Wünsche diese „Geschichte der Radioaktivität" entstanden. Ich glaube, daß sie, wenn auch nicht unbedingt „populär", vom sog. „gebildeten Laien" ohne Schwierigkeiten verstanden werden kann. Die darin enthaltenen mathematischen Überlegungen sind alle elementar gehalten und erfordern kaum besondere Kenntnisse. Sie dienen der Vertiefung der Gesetzmäßigkeiten und könnten vom Leser ohne sehr wesentlichen Verlust übergangen werden. Wegen der Geschlossenheit der einzelnen Kapitel konnte auf einige kurze Wiederholungen nicht verzichtet werden.

Konkrete Zahlenwerte wurden im Zentimeter-Gramm-Sekunden-System (cgs) ausgedrückt. Es widerstrebt meinem Gefühl für Harmonie, für atomare Größen die anthropomorphen Dimensionen kg und m anzuwenden.

All den Personen, die mich in dieser Arbeit mit Rat und Tat unterstützt haben, insbesondere den Herren Ministerialrat Dr. W. SEELENTAG, Bonn, Prof. Dr. L. E. FEINENDEGEN, Jülich, Prof. Dr. V. GORGÉ und Rektor Dr. G. WAGNER, Bern, sei hiermit bestens gedankt.

Bern, 6. August 1981

WALTER MINDER

Inhaltsverzeichnis

Einleitung

Was ist „vom Nutzen und Frommen der Historie für das Leben" (SCHOPENHAUER) zu halten? Hat das Studium der Geschichte einen Sinn? Hat die Geschichte vielleicht an sich einen Sinn? Haben spätere Generationen aus Erfolgen und Mißerfolgen, aus moralisch als „gut" oder „böse" zu bezeichnenden Taten der Vorfahren für ihre sittlichen Normen, für ihr gegenseitiges gesellschaftliches Verhalten, oder gar für ihre politischen und wirtschaftlichen Entscheidungen etwas entnommen, zu ihrem allgemeinen Vorteil etwas gelernt? Jeder Historiker wird sich neben der vorurteilslosen Schilderung des Gewesenen mit den geistigen Kategorien der Vergangenheit auseinandersetzen müssen. Aber auch der Philosoph wird im Rahmen seiner allgemeinen Betrachtungen über Sinn oder Unsinn von Welt und Sein die Vergegenwärtigung des Vergangenen in seine Betrachtungen einbeziehen müssen.

Für uns Heutige ist die Frage nach dem allgemeinen menschlichen Gehalt historischer Betrachtungen ohne Zweifel bedeutungsvoll, dies besonders im Hinblick auf Lebensnormen und Verhaltensregeln, deren Inhalt aus der Überlieferung früherer Geschlechter gespeist wird, und die heute weitgehend vom Zerfall bedroht sind.

Das Urteil einer pessimistischen Philosophie, etwa eines HEGEL, SCHOPENHAUER oder NIETZSCHE, verneint jeglichen Sinn historischen Bemühens für Gegenwart oder gar Zukunft, und eine oberflächliche Betrachtung von Taten und Abläufen der rezenten Geschichte scheint ihr recht zu geben. Die Menschen sind wohl in den verflossenen 50 Jahrhunderten nicht besser und auch nicht viel gescheiter geworden, gewiß aber ihrer Umwelt gegenüber außerordentlich viel mächtiger und raffinierter.

Nicht alle philosophischen Geister sind hinsichtlich des Sinnes der Geschichte so pessimistisch gewesen. Wenn auch vielleicht die Völker als politische Organisationen aus der Vergangenheit wenig oder gar keine Lehren gezogen haben, so hat das Geschichtsstudium zum mindesten für Einzelpersonen als Bildungsimpuls gewirkt. So schreibt PLUTARCH (ca. 100 n. Chr.): „Durch das Studium der Geschichte bereiten wir uns dafür vor, das Andenken an die edelsten und bewährtesten Männer immer in unsere Seele aufzunehmen, und wenn der unvermeidliche Verkehr mit unserer Umgebung etwas Schlechtes, Ungeartetes oder Unedles an uns heranbringt, es abzustoßen und von uns zu weisen, indem wir unseren Sinn ruhig und unbeirrt auf die edelsten Vorbilder richten."

Seine Antrittsvorlesung als Professor für Geschichte an der Universität Jena begann FRIEDRICH SCHILLER mit den Worten: „Erfreuend und ehrenvoll ist der Auftrag, künftig ein Feld zu durchwandern, das dem denkenden Betrachter so viele Gegenstände des Unterrichtes, dem tätigen Weltmann so herrliche Muster der Nachahmung, dem Philosophen so wichtige Aufschlüsse und jedem ohne Unterschied so reiche Quellen des edelsten Vergnügens bereitet, das große Feld der Geschichte". Und als Zielsetzung: „Aus der Summe der Begebenheiten hebt der Historiker diejenigen heraus, welche auf die heutige Gestalt der Welt und den Zustand der jetzt lebenden Generation einen wesentlichen Einfluß gehabt haben".

Mit Bestimmtheit muß für die *Geschichte der Wissenschaften* von einem entscheidenden Einfluß der Vergangenheit auf die jetzt lebende Generation gesprochen werden. Jeder Wissenschafter muß zumindest die Geschichte der Erforschung des Gegenstandes, um den er sich bemüht, gründlich studieren, und wäre es auch nur, um früher gemachte Irrtümer zu vermeiden oder durch ein umfangreiches Literaturverzeichnis seinen besonderen Fleiß zu dokumentieren. Es ist völlig unbestreitbar, daß die heutige Wissenschaft auf der von gestern basiert, und daß die Erkenntnisse von morgen die heutigen zur Voraussetzung haben.

Es sollen deshalb im Folgenden neben der besonderen Geschichte der Radioaktivität auch die früher erarbeiteten Grundlagen aufgezeigt werden, welche zu dieser im wahren Sinne umwälzenden Entdeckung geführt haben, ja fast zwangsweise führen mußten. Dabei sollen zunächst die heute wohl etwas primitiv anmutenden Anschauungen des 19. Jahrhunderts ein Leitgedanke sein, wonach jeder wissenschaftliche Fortschritt als etwas an sich Erstrebenswertes anzusehen wäre, und der Geheimrat von anno dazumal, kraft seiner neuen Erkenntnisse, sich als Wohltäter der Menschheit zu betrachten geneigt war, und von seinen Mitmenschen auch als solcher aufgefaßt wurde.

Trotz diesem allgemeinen Fortschrittsoptimismus hat es aber schon früher nicht an Stimmen gefehlt, welche sich über die Zwiespältigkeit wissenschaftlicher Ergebnisse ihre Gedanken machten. So erwähnte PIERRE CURIE in seinem Nobelvortrag 1905, daß das Radium in den Händen eines Verbrechers viel Unheil anrichten könnte. Er schwenkte dann aber sofort wieder zum Geheimratsoptimismus um, wenn er weiter sagte, er sei mit ALFRED NOBEL der Ansicht, daß aus wissenschaftlichen Erkenntnissen der Menschheit letztlich mehr Nutzen als Schaden erwachse.

Heute sind wir dessen nicht mehr so ganz sicher. So hat sich LOUIS DE BROGLIE schon 1927 in seinem Nobelvortrag geäußert: „Je ne sais même pas, si la science est quelque chose de bon ou de mauvais", und M. H. F. WILKINS (Nobelpreis für Medizin 1962) meinte: „We have now reached a point, where it is an open question, as to whether doing more science is a good thing". Es ist vorgeschlagen worden, diese Sätze, in Marmor gemeißelt, in Hiroshima aufzustellen.

1. Frühe Gedanken und Hypothesen

Wenn der Mensch in sein Leben tritt, hat er von sich selbst und von der Welt, die ihn umgibt, zunächst keine Vorstellung. Er muß versuchen, durch „Erfahrungen", seien sie angenehmer oder unangenehmer Art, sich ein Bild seiner Umwelt zu machen, das mit zunehmender Entwicklung seines Intellektes zu einem persönlichen „Weltbild" werden kann. Dieses Weltbild wird, je nach Ort und Zeit des Eintrittes ins Dasein, sehr unterschiedlicher Natur sein. Sicher aber werden sich alle Menschen früher oder später mit einigen Grundfragen auseinandersetzen müssen, Grundfragen, die von keinen Zufälligkeiten beeinflußt werden.

Wo stehe ich? Was bin ich? Was ist diese, meine Umwelt? Sind deren Formen und Erscheinungen für mein Dasein günstig oder schädlich, freundlich oder feindlich, brauchbar oder ohne Wert? Wie kann ich bestehen? Wie meinen Bedürfnissen Befriedigung verschaffen? Was ist überhaupt diese Welt? Gibt es in ihr Regeln, Gesetzmäßigkeiten? Welche Kräfte regieren das Auf- und Untergehen der Sonne, den Wechsel der Jahreszeiten zwischen Frühling und Herbst, zwischen Sommer und Winter? Und letztlich zwischen Geburt und Tod?

Auf all diese und weitere sog. „letzte" Fragen eine Antwort zu suchen, haben sich die Menschen ohne Zweifel zu allen Zeiten bemüht. Die Umweltbedingungen des Lebens günstiger zu gestalten, war sicher seit Anbeginn das Ziel des Menschen Tätigkeit im Schweiße seines Angesichts. Letztlich auch der Wissenschaft!, denn „Wissenschaft ist in ihrem tiefsten Sinn Notwehr" (T. v. UEXKÜLL), Notwehr gegen alle erkennbaren und nicht erkennbaren Unbilden und Gefahren jeglicher Existenz.

Wie ist diese Welt gebaut? Wie und aus was besteht sie? Hatte sie einst einen Anfang, und geht sie einst wieder einem Ende entgegen? Ist sie wohl auch nur etwas Vorübergehendes wie wir Menschen, wie die Tiere, die Pflanzen? Was hat hier Bestand, ist unwandelbar, unzerstörbar?

Solcherart Gedanken nachzugehen war schon früh das Bedürfnis philosophierender, weisheitsliebender Männer, so des LEUKIPPOS von Milet (ca. 450 v. Chr.) und seines Schülers DEMOKRITOS von Abdera (460–371 v. Chr.).

Kein Gegenstand kann gleichzeitig dort sein, wo sich ein anderer befindet. Jeder Körper hat eine bestimmte Größe und Gestalt und beansprucht einen entsprechenden Raum für sich allein. Dieser Raum ist unteilbar, solange sich der Körper nicht verändert. Jeder Körper ist auch schwer. Er ist auch teilbar; man kann ihn unterteilen, zerschlagen, zerreißen, zerschneiden (τεμνὲιν), bis wohin aber, das ist die Frage. Man zerschlage zum Beispiel einen Marmorblock in 100 Stücke. Er ist dann zerteilt. Die Stücke haben aber zusammen genau denselben Raum nötig wie vorher der Block, sie sind auch gleich schwer. Nun werfe man von den 100 Stücken deren 99 fort und behalte eines zurück. Jetzt zerschlage man dieses Stück wieder in 100 Stücke, werfe wieder 99 fort und behalte eines bei. Man wiederhole dieses Vorgehen erneut, zerschlage weiter in 100 Stücke, behalte eines zurück, zerschlage weiter und weiter, immer in derselben Weise —, könnte das beliebig oft, 10, 100, 1000 ... eine Million Male wiederholt werden? Das muß doch einmal ein Ende nehmen, man muß zu einer Grenze kommen, wo eine weitere Teilbarkeit aufhört, wo nicht mehr weiter zerschlagen, zerrissen, zerschnitten werden kann, zum Unzerschneidbaren (*ἄτομόν*), zum *Atom!* Solche Gedankengänge etwa legte LEUKIPPOS in seinem Werk: „Das große Weltsystem" (*μέγας διάκοσμος*) nieder. Weitere Einzelheiten über Leben und Werk dieses ersten Denkers über den Aufbau der Dinge sind leider nicht bekannt geworden.

Gibt es das „Leere"? Wie kann man sich einen leeren Raum ohne seinen Gegensatz des Erfülltseins mit Gegenständen, mit Dingen, vorstellen? Nach der eleatischen Philosophie des PARMENIDES von Elea (ca. 515–470 v. Chr.) konnte nur „was ist", das „Seiende" Gegenstand des Denkens sein. Was nicht gedacht werden konnte, war nach dieser Anschauung auch nicht existent. Der zu jenen frühen Zeiten unter Philosophen allgemein verbreiteten Auffassung, daß das „Leere" undenkbar sei und damit nicht existieren könne, trat um die vierte Jahrhundertwende v. Chr. DEMOKRITOS entgegen. Dieser vor ARISTOTELES zweifellos bedeutendste Gelehrte der alten Welt war nicht nur ein tiefsinniger Denker, sondern auch Naturforscher, Mathematiker und Astronom. Er vertrat die Auffassung, daß jede Änderung irgendeines Zustandes der stofflichen Welt, jede Wirkung also, eine Ursache haben müsse (erste Formulierung des Kausalitätsprinzipes). Wo nichts ist, ist die Leere. Dinge, Gegenstände, Körper bestehen aus Atomen in der Leere. Die Form und Beschaffenheit der Dinge ist bedingt durch die Gestalt, die besondere Lage und gegenseitige Anordnung der unteilbaren Stoffteilchen, der Atome, in der Leere. Alles Entstehen, Gedeihen und Vergehen, jede Änderung einer beliebigen Sache, ob lebend oder tot, ihr Wachsen, Blühen, Fruchttragen und Sterben beruht auf einer Umlagerung der Atome im Leeren. Auch wenn die Atome nicht unmittelbar erkennbar sind, so müssen sie doch bestimmte Formen haben, wenn aus ihnen konkrete Dinge aufgebaut sind — so folgerte DEMOKRIT als Mathematiker. Die Leere auszufüllen ist nur möglich mit bestimmten geometrischen Formen, Parallelepipeden und gleichseitig dreieckigen Prismen, vielleicht mit Kugeln, als den einfachsten Körpern. Dann müßten aber zwischen den Atomen Zwischenräume, „Intervacua", vorhanden sein.

Am Anfang der Welt befanden sich die Atome in einem riesigen Wirbel. Das Schwere sank zur Mitte, das Leichte nach außen; so entstanden die Erde und wohl auch die anderen Himmelskörper.

Die Anschauungen DEMOKRITS haben auch die Naturphilosophie der späteren großen Denker des klassischen Altertums wesentlich mitbestimmt. Wenn sie auch nicht seine unmittelbaren Schüler waren, so sind ARISTOTELES (384–322 v. Chr.) und EPIKUR (341–271 v. Chr.) als Naturphilosophen doch seine Nachfolger gewesen. Besonders der Letztere hat durch seine Überlegungen, daß die Atome Bewegungen ausführen, und zwar auch entgegen der Richtung der Schwerkraft, eine der Grundideen der kinetischen Gastheorie vor mehr als 2000 Jahren vorweggenommen. Nach ihm sollten diese Bewegungen die Ursache der Entstehung der Welt sein. — DEMOKRIT und besonders EPIKUR waren die Initianten des wissenschaftlichen (und philosophischen) Materialismus.

2. Stoffwelt des Mittelalters

Das Mittelalter ist von WIL DURANT „das Zeitalter des Glaubens" genannt worden. Während Jahrhunderten haben die Menschen Europas und Asiens ihre Gedanken und Gefühle nach dem Jenseits gerichtet. Tempel, Moscheen, romanische und gotische Kathedralen, von der Bevölkerung kleiner Städte unter größten Opfern aufgerichtet, Bauwerke von unvergleichlicher Schönheit, zeugen von jener Geisteshaltung. Der Glaube fragt nicht nach dem rationalistischen Wahrheitsbeweis seines Inhalts. Naturwissenschaft zur Welterkenntnis ist daher nicht nötig. Das Dogma bestimmt, was geglaubt werden muß, aber auch, was nicht gewußt werden darf.

Die Werke des Philosophen ARISTOTELES von Stagira geben auf alle Fragen außerhalb der Religion die erforderlichen Auskünfte. Materie (materia = Muttersubstanz) und Energie ('ενἑργεια = Wirksamkeit) sind die Grundlagen all des Existierenden und aller Änderungen irgendwelcher Zustände. Die *Elemente* des Aufbaues der Welt sind Wasser, Feuer, Luft und Erde. Ihr Zusammenspiel, ihre gegenseitige Beeinflussung genügt, um alle Erscheinungen zu verstehen.

Trotzdem haben viele Männer (und Frauen) sich mit Fragen nach den Stoffen der Natur beschäftigt, haben nach dem „Elixir" (El eksir), dem Wundermittel, welches jede Krankheit in Wohlbefinden verwandeln sollte, oder nach dem „Stein der Weisen" gesucht, mit dessen Berührung Blei zu Gold würde. Dabei sind neben vielen Irrtümern auch Perlen der Wahrheit gefunden worden, und Männer wie BOMBASTUS, THEOPHRASTUS PARACELSUS VON HOHENHEIM (1492–1551) aus Einsiedeln haben als Ärzte und Forscher Großes geleistet und schöne Erfolge ihrer Kunst verzeichnen dürfen. Wenn auch die Stoffwelt des PARACELSUS nur aus den „Grundstoffen" Salz, Schwefel und Quecksilber bestand und die ihm bekannten Metalle seiner Auffassung nach Mischungen dieser drei sein sollten, so mußte er doch noch eine fünfte „Grundsubstanz", die „Quinta Essentia" (Quintessenz) fordern, welche allen Stoffen zu Grunde liegen mußte und deren Besonderheiten bewirkte. Daß Stoffe miteinander „reagieren", etwa unter bestimmten Bedingungen Schwefel mit Quecksilber, war allgemein bekannt. Dies führte zu einer der Grundregeln der *Alchemie*: „Corpora non agunt nisi fluida" (Körper reagieren bloß in gelöster Form). Bei der Suche nach dem „Alkahest", dem alle Stoffe auflösenden Mittel, fand man verschiedene Flüssigkeiten, die nach heutigen Kenntnissen Mineralsäuren oder Laugen enthielten. In ähnlicher Weise wurden bei den sehr zahlreichen Versuchen, Gold aus unedlen Stoffen herzustellen, Kenntnisse über die Eigenschaften der Metalle erworben oder vertieft. So wußte man beispielsweise schon damals, daß gleichgroße Stücke verschiedener Metalle verschieden schwer sind, was doch sicher ihrem inneren Wesen zugeschrieben werden mußte. Über dieses „innere Wesen" hatte man aber keine weitergehenden Vorstellungen. Immer noch galt, was die alten Denker DEMOKRIT, EPIKUR und ARISTOTELES darüber geschrieben hatten.

Daß gewisse Körper, besonders Bernstein, beim Reiben Staubteilchen und andere leichte Körperchen anziehen und wieder abstoßen, daß sie beim Reiben ein knisterndes Geräusch hören lassen, war auch schon seit dem Altertum bekannt. Ebenfalls kannte man auch das Mineral „Magneteisenstein", dessen Stücke Gegenstände aus Eisen anziehen und festhalten konnten. Diese Erscheinung beschrieb erstmals PIERRE DE MARICOURT (13. Jahrhundert) in einer Abhandlung betitelt: „De magnete". Über das Wesen dieser geheimnisvollen Kraft konnte er aber keine Vorstellungen entwickeln. Unter dem ähnlichen, aber erweiterten Titel: „De magnete, magneticisque corporibus et magno magnete tellure nova philosophia" beschrieb der Leibarzt der Königin Elisabeth, WILLIAM GILBERT (1540–1603), alle damals bekannten magnetischen Erscheinungen. Er wußte, daß die Richtungsgebung der Kompaßnadel durch die magnetische Kraft (das „Feld" würde man heute sagen) der Erde bewirkt wird; er stellte fest, daß die Bruchstücke eines Magneten selbst wieder kleinere Magneten sind, und daß jeder Magnet „Pole" aufweist. Er schloß, daß die magnetische Kraft im Stoff des Magneten ihren Sitz haben mußte.

In seiner umfassenden Abhandlung beschrieb er auch all das, was man über die Erscheinungen des geriebenen Bernsteins wußte. Er nannte die dabei auftretende Kraft „vis electrica" (nach dem griechischen Wort für Bernstein = *το 'ελέκτρον*). Das Wort „Elektrizität" heißt also wörtlich übersetzt: „Bernsteinkraft". Irgendwelche Anwendungen konnte aber die Elektrizität zu jener Zeit noch nicht finden. Wichtig war für die Folge besonders der Begriff der „elektrischen Ladung", welche immer mit irgendwelchen Körpern verbunden war. Die „vis electrica" mußte also mit den Grundeigenschaften der Stoffe in Zusammenhang gebracht werden. Wichtig erschien auch das sehr verschiedene Verhalten verschiedener Stoffe der elektrischen Ladung gegenüber.

3. Was sind Gase, und was lehren ihre Gesetze?

Die Atomistik in modern-wissenschaftlicher Anschauung begann den forschenden Geist etwa um das Jahr 1600 zu erfassen. Schon 100 Jahre vorher hatte allerdings LEONARDO DA VINCI, dieses wahrscheinlich größte Universalgenie (1452–1519), darauf hingewiesen, daß nur die Beobachtung und das Experiment zu Einsichten in das Wesen der Natur führen können: „Die Erfahrung läßt uns die wunderbaren Werke der Natur erlernen; sie allein täuscht nie, wohl täuscht unsere Auffassung sich selbst, wenn sie Erscheinungen erwartet, wie sie die Natur gar nicht darbietet.“

Die Erfindung des Quecksilberbarometers 1644 durch EVANGELISTA TORRICELLI (1608–1647) zeigte mit einem Male, daß die Luft schwer ist und daß es leere Räume geben muß, Räume also, in denen sich keine stofflichen Dinge befinden. Das nach TORRICELLI benannte Gesetz über den Ausfluß von Gasen und Flüssigkeiten erwies, daß die Schwerkraft an diesen Stoffen angreifen muß, daß also in Gasen irgendwelche Körper vorhanden sein müssen, an denen dieser Kräfteangriff möglich ist.

BLAISE PASCAL (1623–1662) fand, daß der Druck in Gasen und Flüssigkeiten gleichmäßig verteilt ist, daß es also völlig gleichgültig ist, wie eine Fläche, auf der man den Druck messen würde, im Raume gelegen ist. Eine derartige Druckverteilung war offenbar nur möglich, wenn die Kräfte innerhalb des Systems ganz beliebige Richtungen hatten. Eine solche Kräfteverteilung mußte aber zum Gedanken führen, daß die kleinsten Teilchen eines Gases oder einer Flüssigkeit sich nach beliebigen Richtungen bewegen konnten oder mußten (Prinzip der virtuellen Geschwindigkeiten). Um diese von ihm gefundene Gesetzmäßigkeit zu vertiefen, ließ PASCAL 1647 seinen Schwager PÉRIER mit einem Barometer auf den Puy de Dôme steigen. Dort zeigte dieses Instrument eine um 85 mm verkürzte Quecksilbersäule. Damit war die beliebig gerichtete Druckverteilung erwiesen und grundsätzlich auch die Möglichkeit der barometrischen Höhenmessung gegeben.

In seiner „Hydrodynamica“ (1738) zeigte DANIEL BERNOULLI (1700–1782), daß der Fluß von Flüssigkeiten in Röhren von verschiedenem Durchmesser nach Druck p und Geschwindigkeit v berechnet werden kann. Um zu der nach ihm benannten Gleichung

$$\frac{\rho v^2}{2} + p + \rho g h = K$$

(ρ = Dichte, v = Geschwindigkeit, g = Beschleunigung durch die Erdschwere und h = Fallhöhe) zu kommen, mußte er sehr kleine Flüssigkeits- oder Gasmengen betrachten. Dies führte ihn zu Ansätzen, die die Grundlage der kinetischen Gastheorie bilden. Diese geht von der Annahme aus, daß sich die Teilchen eines Stoffes in steter Bewegung befinden.

Der geniale Naturforscher ISAAK NEWTON (1643–1727) hat seinen messerscharfen Intellekt fast allen Naturerscheinungen zugewandt. Er ist dabei zu Ergebnissen gelangt, die die Arbeit in allen Naturwissenschaften auf neue Grundlagen stellten. Neben der Durcharbeitung und Begründung der klassischen Dynamik beschäftigte sich NNEWTON sehr intensiv auch mit allen Erscheinungen des Lichtes. Die Publikation seiner Ergebnisse (1704) trägt den Titel: „Optics, or a treatise of the reflection, refraction, inflection and colours of light". NEWTON glaubte an die Emissionstheorie (Emanationstheorie) des Lichtes, nach welcher von der Lichtquelle „kleinste Teilchen ohne Masse" (corpuscula) mit hoher Geschwindigkeit ausgesandt werden. Dringen diese *Korpuskeln* ins Auge ein, so verursachen sie hier die Lichtempfindung. Schon 60 Jahre früher (1644) hatte RENÉ DESCARTES (1596–1650) das Brechungsgesetz rechnerisch aus Vorstellungen über die Korpuskularnatur des Lichtes hergeleitet.

Der „Atomistik" des Lichtes trat CHRISTIAN HUYGENS (1629–1690) in seiner „Traité de la lumière" (1690) entgegen. Er zeigte, daß mit Hilfe der „Undulationstheorie" Reflexion und Brechung des Lichtes verstanden und als Gesetze formuliert werden können. Besonders wichtig war dabei die Darstellung der Doppelbrechung, wie sie am Calcit beobachtet werden kann. Später hat die Undulationstheorie in erweiterter Form auch zur Erklärung der Beugung und Interferenz dienen können (THOMAS YOUNG, 1773–1829), ebenso zur Lichtfortpflanzung im Raum

(JAMES CLERK MAXWELL, 1831–1879). Erst in neuester Zeit ist der scheinbare Gegensatz dieser beiden theoretischen Auffassungen über das Wesen des Lichtes geklärt worden (Quantentheorie und Wellenmechanik).

3.1. Die Gasgesetze

Die korpuskulare Auffassung des Lichtes, besonders aber die Ansätze zur kinetischen Gastheorie legten den Gedanken nahe, daß die Gase einen diskontinuierlichen Aufbau haben müßten, also aus einzelnen Teilchen, *Molekülen* (molecula = kleine Masse) bestehen. Erhärtet wurde diese Auffassung besonders auch durch die Tatsache, daß ein Gas stets den ganzen ihm zur Verfügung stehenden Raum ausfüllt, dies auch, wenn eine gasgefüllte Flasche mit einer oberhalb ihr liegenden leeren verbunden wird, wenn also das Gas entgegen seinem Gewicht nach oben strömen muß.

Das Ausmaß des Abfalls der Quecksilbersäule mit steigender Höhe über Meer konnte EDMUND HALLEY (1656–1742) mit seiner „barometrischen Höhenformel"

$$h = C \cdot \log \frac{b_0}{b_1}$$

(h = Höhe, C = eine Konstante, b_0 = Barometerstand auf Meeresniveau, b_1 = Barometerstand in der Höhe h) zur Messung der Höhe über Meer benutzen, ohne jedoch eine mathematische Begründung angeben zu können.

Diese Begründung folgte aus einer Untersuchung von ROBERT BOYLE (1627–1691) über Druck und Volumen eines Gases, die er 1660 in seinem Werk: „New experiments physicochemical touching the spring of the air and its effects" publizierte. Danach ist das Produkt aus dem Druck p und den Volumen V eines Gases gegeben durch

$$p \cdot V = \frac{M}{3} \cdot v^2,$$

wenn M die ganze Masse des Gases und v die Geschwindigkeit der Gasteilchen (Moleküle) bedeuten. Die rechte Seite dieses Ausdrucks ist für eine bestimmte Gasmenge M eine konstante

Zahl, wenn alle Gasteilchen dieselbe Geschwindigkeit aufweisen, also $p \cdot V = K$. Weiter muß der Druck $p = \frac{M\,v^2}{3V}$ bei konstanter Teilchengeschwindigkeit v dem Volumen umgekehrt proportional sein. Da die Gasmasse M aber die Anzahl der Gasteilchen N multipliziert mit der Masse m des Einzelteilchens, also $M = N \cdot m$ sein muß, so ist der Gasdruck bei gleichartigen Teilchen einfach ihrer Zahl pro Volumeneinheit, also $n = \frac{N}{V}$ proportional.

Auf den Luftmantel um die Erde wirkt aber die Schwerkraft. Diese hat für ein Volumen mit der Gasmasse $M = N \cdot m$ den Wert $G = N \cdot m \cdot g$ (g = Erdbeschleunigung). Damit nimmt die barometrische Höhenformel die Form

$$h = \frac{K}{N \cdot m \cdot g} \log \frac{n_0}{n_1}$$

an, wenn n_0 und n_1 die Zahl der Luftmoleküle pro cm^3 auf Meeresniveau, resp. in der Meereshöhe h bedeuten.

Zum grundsätzlich gleichen Resultat gelangte etwas später auch Edmé Mariotte (1630–1684) in seinem Buch: „De la nature de l'air" (1676). Die vorstehend skizzierten Gasgesetze werden daher mit Recht als die Boyle-Mariotteschen Gesetze bezeichnet.

Die Größe und Bedeutung der in der Höhenformel enthaltenen Konstanten K wurde von Louis Joseph Gay-Lussac in einer Publikation aus dem Jahre 1802 aufgeklärt. Gay-Lussac (1778–1850) studierte bei seinen Versuchen besonders den Einfluß der Temperatur auf den Gasdruck p und das Gasvolumen V. Wenn er bei konstantem Druck (p = const; „Isobare") die Temperatur des Gases um t °C erhöhte, ergab sich ein vergrößertes Volumen V, welches mit dem Volumen bei der Temperatur von 0 °C durch die einfache Formel

$$V_t = V_0 (1 + \alpha \cdot t)$$

in Beziehung stand. Derselbe funktionelle Verlauf fand sich auch für die Erhöhung des Gasdruckes p bei konstantem Volumen (V = const; „Isochore"):

$$p_t = p_0(1 + a \cdot t).$$

Der „Ausdehnungskoeffizient“ a ergab sich pro °C experimentell (modern korrigiert) zu

$$a = \frac{1}{273{,}16}.$$

Das Boyle-Mariottesche Gesetz kann deshalb allgemein formuliert werden zu

$$p \cdot V = p_0 \cdot V_0\,(1 + a\,t) = p_0 \cdot V_0\,\frac{273 + t}{273} = p_0 \cdot V_0\,\frac{T}{273}$$

wenn $T = 273{,}16 + t$ die sog. „absolute“ Temperatur bedeutet. Damit ergibt sich für 0° C, den Druck einer Atmosphäre und das Gasvolumen von 22,4 Liter das Resultat:

$$\frac{p \cdot V}{T} = \frac{p_0 \cdot V_0}{T_0} = R \text{ (sog. \textit{Gaskonstante})}.$$

Diese hat den Zahlenwert von

$$R = 8{,}314 \cdot 10^7 \text{ erg/grad} \cdot \text{Mol},$$

und die allgemeine Formulierung des Gasgesetzes wird zu

$$p \cdot V = R \cdot T.$$

Die „kinetische Gastheorie“ wurde von CLERK MAXWELL (1831–1879), RUDOLF CLAUSIUS (1822–1888) und LUDWIG BOLTZMANN (1844–1906) aufgestellt und mathematisch begründet. In stark vereinfachter Form sagt sie etwa folgendes: Alle Stoffe bestehen aus kleinsten Teilchen, Molekülen oder Atomen. Diese sind bei jeder Temperatur oberhalb des absoluten Nullpunktes $T = 0°\ K = -273{,}16°$ C in Bewegung (beliebige Bewegungen in Flüssigkeiten und besonders in Gasen; Schwingungen um eine Gleichgewichtslage in festen Körpern). Je höher die Energien dieser Bewegungen sind, desto höher ist die Temperatur des stofflichen Systems und umgekehrt. Diese, auch als „mechanische Wärmetheorie“ bezeichnete Auffassung ist nichts anderes als die Verknüpfung der Gasgesetze mit den Gesetzen der Mechanik (nach Newton).

Der Druck eines Gases auf die Gefäßwand ist offenbar die Kraft, welche die Gasteilchen durch Stöße auf sie ausüben, geteilt durch die Gefäßoberfläche. Für ein kugelförmiges Gefäß gilt:

$$p = \frac{F}{O} = \frac{N \cdot m \cdot v^2}{r} \cdot \frac{l}{4\pi r^2} = \frac{N \cdot m \cdot v^2}{4\pi r^3}.$$

Das Produkt aus Druck und Volumen $p \cdot V = K$ lautet somit jetzt

$$p \cdot V = \frac{Nmv^2}{4\pi r^3} \cdot \frac{4\pi r^3}{3} = \frac{N \cdot m \cdot v^2}{3} = R\,T \text{ und}$$

$$m \cdot v^2 = \frac{3\,R \cdot T}{N};$$

die kinetische Energie der Moleküle wird dadurch zu

$$\frac{m}{2} v^2 = \frac{3 \cdot R}{2 \cdot N} T \text{ und ihre Geschwindigkeit zu } v = \sqrt{\frac{3 \cdot R \cdot T}{N \cdot m}}.$$

In Wirklichkeit sind die molekularen Verhältnisse bezüglich der Energie des Gases wesentlich komplizierter, als dies hier dargestellt wurde. Zunächst gilt die Vereinfachung, daß alle Gasmoleküle dieselben Geschwindigkeiten aufweisen, natürlich nicht, sondern diese sind statisstisch über ein weites Gebiet verteilt, das durch die von Boltzmann aufgestellte Funktion der Geschwindigkeitsverteilung beschrieben werden kann. Weiter stoßen die Moleküle sehr viel häufiger mit ihresgleichen zusammen als mit der Gefäßwand. Diesen Tatsachen trägt die explizite Form der kinetischen Gastheorie in vollem Umfang Rechnung. Die hier angeführte, starke Vereinfachung, die aber auch zum richtigen Resultat führt, sollte dem leichteren Verständnis dienen.

3.2. Zahl der Atome und Moleküle

Daß sich die Moleküle auch in Flüssigkeiten in ständiger Bewegung befinden, hat schon im Jahre 1827 der Botaniker

Robert Brown (1773–1858) gefunden. Bei der Beobachtung von Pollenkörnern unter dem Mikroskop stellte er fest, daß diese kurze, abrupte Bewegungen nach allen Seiten ausführen. Bei folgenden Beobachtungen dieser „Brownschen Bewegung" zeigte sich, daß die Weglänge der Teilchen um so größer und die Bewegung um so lebhafter waren, je kleinere Objekte mikroskopisch untersucht wurden. Im Ultramikroskop konnten die Bewegungen viel ausgeprägter auch an Rauchteilchen beobachtet werden. Die Brownsche Bewegung ist das Ergebnis von Stößen durch die Flüssigkeits- oder im Falle des Rauches durch die Luftmoleküle.

Die Brownsche Bewegung und damit die Annahme der Bewegung der Moleküle in einer Flüssigkeit bildet die Grundlage zu der Bestimmung der Zahl der Moleküle in einem bestimmten Volumen. Der geniale Versuch, den Jean Baptiste Perrin (1870–1942) hierzu vorgenommen hat, muß seiner Bedeutung wegen etwas eingehender besprochen werden. In Anlehnung an die Ableitung der barometrischen Höhenformel und die entsprechenden Versuche ließ Perrin sehr feine Mastixkügelchen in Wasser aufschwemmen. Diese hatten eine Dichte von $\rho = 1{,}19\,\mathrm{g/cm^3}$ und einen Radius von $2{,}1 \cdot 10^{-5}$ cm. Bei einer Wasserschicht von der Dicke 1,1 mm konnten an deren Obergrenze 13 und an der Untergrenze 100 Kügelchen im Mikroskop beobachtet werden (vgl. Abb. 1).

Wird nun die barometrische Höhenformel auf diese Verhältnisse angewendet, so ergibt sich

$$N \cdot m \cdot g \cdot h = R \cdot T \cdot \log \frac{n_0}{n_1} \quad \text{und} \quad N = \frac{R \cdot T}{m \cdot g \cdot h} \log \frac{n_0}{n_1}$$

Der von Perrin gefundene Zahlenwert lautete für das „Molvolumen" der Gase (Volumen, welches ein Mol eines Gases, d. h. so viele Gramm des Gases bei 0° C und einer Atmosphäre Druck enthält, wie das Molekulargewicht angibt), $N = 6{,}2 \cdot 10^{23}$ Moleküle!

Wenn man berücksichtigt, daß weder der Radius der Mastixkügelchen, noch deren Dichte, aber auch die Schichtdicke sehr genau bestimmt werden konnten, so muß dieser erste Zahlenwert als erstaunlich genau angesehen werden.

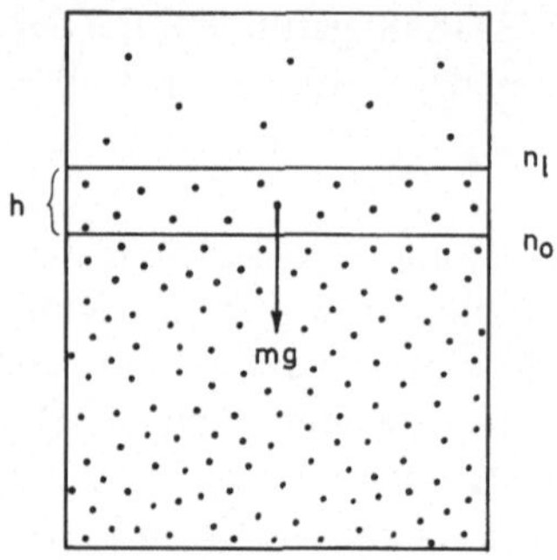

Abb. 1. Versuch von J. P. PERRIN zur Bestimmung der Avogadroschen Zahl; *h* Höhe der betrachteten Schicht; n_l Zahl der Mastixkügelchen am oberen, n_0 am unteren Rand der Schicht; *mg* Schwerkraft, mit der die Kügelchen zum Fallen gezwungen werden

Der nach mehreren neuen Methoden bestimmte, genaue Wert der „Zahl der Moleküle oder Atome pro Mol" beträgt

$$N = 6{,}025 \cdot 10^{23} \text{ Moleküle (Atome)/Mol.}$$

Das ist die nach AMADEO AVOGADRO (1776–1856) benannte Zahl. Die nach diesem Grafen (di Quaregna è Ceretto) benannte Regel aus dem Jahre 1811 sagt nämlich, daß in gleichen Volumina verschiedener Gase bei gleicher Temperatur und gleichem Druck gleich viele Moleküle enthalten sein müssen.

Was bedeutet nun diese unvorstellbar große Zahl von ca. 0,6 Quadrillionen Molekülen in einem Mol (22,4 Liter Gas bei Normalzustand)? Um der Vorstellung zu Hilfe zu kommen, denke man sich ein Band Millimeterpapier, welches von der Erde bis zur Sonne reichen soll. Man lege nun auf jeden Quadratmillimeter ein Molekül (oder ein Atom). Frage: Wie breit wird dieses Band? Der Abstand von der Erde zur Sonne beträgt 150 Millionen km; das sind $150 \cdot 10^6 \cdot 10^3 \cdot 10^3 = 1{,}5 \cdot 10^{14}$ mm. Die Breite des Bandes beträgt damit

$$B \mathrel{\widehat{=}} \frac{6 \cdot 10^{23}}{1{,}5 \cdot 10^{14}} = 4 \cdot 10^9 \text{ mm} = 4 \cdot 10^6 \text{ m} = 4000 \text{ km!}$$

Die Welt besteht aus ungeheuer vielen Molekülen und Atomen!

Man kann nun wieder etwas zurückgreifen zu den vorstehend behandelten Gasgesetzen und aus den angeführten Daten einige Schlüsse ziehen. Zunächst beträgt die Zahl der Moleküle eines idealen Gases pro cm^3 $N' = 6{,}025 \cdot 10^{23}/2{,}24 \cdot 10^4 = 2{,}688 \cdot 10^{19}$ pro cm^3 (26,88 Trillionen). Teilt man ferner die Gaskonstante R durch die Zahl N, also $R/N = k = 8{,}317 \cdot 10^7/6{,}025 \cdot 10^{23}$, so ergibt sich $k = 1{,}3806 \cdot 10^{-16}$ erg/Grad · Molekül. Das ist die nach BOLTZMANN benannte Konstante (Energieänderung eines Moleküls oder eines Atoms bei der Temperaturänderung um 1°C), welche bei allen Energiebetrachtungen von stofflichen Systemen von grundsätzlicher Bedeutung ist. So ergibt sich z.B. die Geschwindigkeit von Gasmolekülen zu $v = \sqrt{\frac{3kT}{m}}$ zu Größenordnungen von 1000 m/s (Helium bei 20°C = 1340 m/s).

4. Am Anfang der Chemie

Die große Mannigfaltigkeit der Mineralien, Erze und Gesteine, die fast zahllosen Pflanzen sowie die Reichhaltigkeit der Tierwelt haben schon in frühesten Zeiten die Frage nach dem Stoff, der „Materie" (materia = Muttersubstanz), aus der alle diese Dinge bestehen, aufgeworfen. Schon im frühen Altertum, bei Ägyptern und Assyrern und besonders dann in Cypern und Kreta waren die „echten" Metalle, die in der Natur „gediegen" vorkommen, bekannt und in Gebrauch. Gold und Silber galten schon damals als „edel" und wertvoll, Kupfer wurde zu allerlei Werkzeugen und Waffen verarbeitet. Wenn man Kupfer mit einem schweren, dunkeln Erz (Kassiterit = Zinnstein) zusammen im Feuer schmolz, so entstand hierbei ein Metall, aus dem man sehr viel bessere Werkzeuge und Waffen herstellen konnte als aus Kupfer allein. Diese „Bronze" hat einem ganzen Zeitalter den Namen gegeben.

Eisen, Blei, Quecksilber und Arsen, aber auch Phosphor, Kohle und Schwefel waren den „Alchemisten" schon im frühen Mittelalter bekannt. Bekannt war auch, daß Kohle und Schwefel im Feuer verbrennen, während die erwähnten Metalle gerade im Kohlenfeuer hergestellt werden mußten.

Gibt es einen Stoff, einen „Grundstoff", mit dem zusammen alle anderen Stoffe verwandelt werden können? Wäre es vielleicht möglich, mit diesem „Stein der Weisen" Blei in Gold zu verwandeln? Zahllose Versuche sind mit diesem Ziel unternommen worden. Noch im 18. Jahrhundert hat König Friederich II. von Preußen (der sog. „Große") längere Zeit eine „Goldmacherin" beschäftigt und fürstlich besoldet.

All diese Bemühungen zusammen mit ernsthaften Überlegungen führten zur Kenntnis mehrerer Stoffe, welche sich nicht mehr weiter zerlegen ließen, welche sich aber mit der Luft, dem Wasser oder auch mit anderen Stoffen, „Agenzien", veränderten und manchmal salzartige oder pulverförmige oder auch erdige Substanzen bildeten. Auf Eisen entstand von selber Rost, der viel früher und auch viel stärker auftrat, wenn beispielsweise Kochsalz zugegen war; das rote Mineral Calomel ergab beim Erhitzen Quecksilber, wobei das Gewicht etwas kleiner wurde. Eisen und Schwefel zusammen erhitzt ergaben unter lebhafter Hitzeentwicklung einen neuen, dunkelgrauen, harten Stoff, der mit Eisen oder Schwefel nichts mehr zu tun zu haben schien.

4.1. Erste Elemente

Der englische Pfarrer Henry Cavendish (1731–1810) fand, daß die Luft zum größten Teil aus einem Gas besteht, in welchem Tiere nicht leben können. Neben dieser Entdeckung des *Stickstoffs* hat er bei seinen chemischen Versuchen auch ein außerordentlich leichtes Gas gefunden, das er (*το ὑδορ* = Wasser) „Hydrogenium" nannte, weil es, der *Wasserstoff,* in Luft verbrannt, Wasser bildete. Sein Landsmann Robert Priestly (1733–1804) fand bein Erhitzen von Calomel ein Gas, welches eine Flamme sehr lebhaft aufleuchten ließ, den *Sauerstoff* (1774). Drei Jahre später hat der damals wohl bedeutendste „Chemiker", Carl Wilhelm Scheele (1742–1786) den von ihm „Feuerluft" genannten Sauerstoff dargestellt und darüber in seinem Werk: „Chemische Abhandlungen über die Luft und das

Feuer“ berichtet. SCHEELE hat zahlreiche chemische Substanzen erstmals hergestellt, so besonders das Chlor. Neben mehreren weiteren Stoffen hat er die Arsensäure, die Blausäure, aber auch mehrere Fruchtsäuren und das Glycerin aufgefunden. Chlorwasserstoff (Salzsäure) und Ammoniak wurden erstmals von PRIESTLEY in seiner Abhandlung: „Experiments and observations of different kinds of air“ beschrieben.

Auf Grund dieser Entdeckungen konnte ANTOINE LAURENT LAVOISIER (1743–1793) die besonderen Wirkungen des Sauerstoffs gründlich untersuchen. Er stellte fest, daß zahlreiche Stoffe bei Gegenwart dieses Gases „oxydiert“ werden, daß sich zum Beispiel das Metall Kupfer mit Sauerstoff zu Kupferoxid verbindet. Besonders wichtig war aber bei diesen Versuchen die Feststellung, daß bei den Umsetzungen mit Sauerstoff, bei genauer Wägung, die Gesamtmasse der beteiligten Stoffe keine Änderung erfährt, daß also stets eine bestimmte Menge Sauerstoff durch die Reaktion zum Oxid an eine bestimmte Menge des Metalls gebunden wird. LAVOISIER fand, daß Sauerstoff bei allen Verbrennungen verbraucht wird, und daß er in mehreren Säuren enthalten ist. Er nannte ihn deshalb Oxygenium = Säurebildner (*οξύς* = sauer). LAVOISIER wußte, daß Sauerstoff auch bei der Atmung verbraucht wird, daß Oxydationen also auch im Organismus stattfinden müssen. Er hat seine Erkenntnisse 1789 in einer größeren Abhandlung: „Traité élémentaire de chymie, présenté dans un ordre nouveau et d'après les découvertes modernes“ niedergelegt.

Die präzisen Wägungen, der sich bei einer chemischen Reaktion umsetzenden Stoffe durch LAVOISIER, zusammen mit den Gesetzen über Druck und Temperatur der Gase, mußten zu weiteren Versuchen über die bei chemischen Umsetzungen vorhandenen Verhältnisse führen. Die stets gleichen Gewichtsrelationen, mit denen sich bei einer Reaktion die Stoffe miteinander verbinden, konnte JOHN DALTON (1766–1844) durch das von ihm aufgestellte „Gesetz der multiplen Proportionen“ darstellen: „Die Massenverhältnisse von zwei sich zu verschiedenen Verbindungen vereinigenden Stoffen stehen in einfacher, rationaler Beziehung zueinander.“ Es mußte sich somit stets eine bestimmte Anzahl Elementarteilchen des einen Stoffes mit einer bestimmten Anzahl Elementarteilchen des anderen Stoffes verbinden. So verbanden sich nach Lavoisier zwei Volumina Wasserstoff mit einem Volumen Sauerstoff zu zwei Volumina Wasserdampf, gleiche Druck- und Temperaturverhältnisse vorausgesetzt. Dalton hat diese, seine außerordentlich wichtigen Erkenntnisse in seinen Büchern: „New system of chemical philosophy" (1808–1810) publiziert.

4.2. Das Atomgewicht

Bei sehr genauen Wägungen von Gasen zeigte sich, daß der Wasserstoff das weitaus leichteste aller Gase war, und daß bei gleichem Volumen und gleichem Druck der Stickstoff vierzehnmal und der Sauerstoff sogar sechzehnmal schwerer waren. Dabei mußte man aber nach Avogadro annehmen, daß bei allen drei Gasen in einem gleichen Volumen bei gleichem Druck und gleicher Temperatur die gleiche Anzahl Moleküle enthalten seien.

Diese verschiedenen Gasgewichte konnten offenbar nur verstanden werden, wenn man den verschiedenen Gasen Moleküle mit verschiedenem Gewicht zuordnete. Man mußte also annehmen, daß ein Molekül Stickstoff vierzehnmal, ein Molekül Sauerstoff sechzehnmal schwerer sei als ein Molekül Wasserstoff. Was aber für die drei Gase galt, mußte sicher auch für andere Stoffe Geltung haben, und was für Moleküle galt, mußte auch für Atome gelten, wenn die Moleküle aus mehr als einem Atom aufgebaut gedacht wurden. Damit ergab sich die außerordentlich wichtige und reizvolle Aufgabe, die (relativen) Gewichte der bekannten Atomarten *(Elemente)* zu bestimmen.

Zur Bestimmung des *Atomgewichtes* eines Stoffes braucht man eine Einheit, in der dieses Gewicht ausgedrückt werden kann (wie das Kilogramm die Einheit des Gewichtes bei jeder Wägung ist). Es war kein Stoff bekannt, welcher im Gaszustand leichter war als Wasserstoff. Es schien deshalb sinnvoll, das Gewicht des Wasserstoffatoms zur Einheit zu setzen. Die Gewichte der anderen Atomarten wurden dann zu Vielfachen des Gewichtes des Wasserstoffatoms.

Setzte man bei sehr genauen Atomgewichtsbestimmungen das Gewicht des Wasserstoffatoms zu 1,000, so ergab sich für Stickstoff ein Wert von 13,889 und für Sauerstoff ein solcher von 15,873. Nun ist aber Sauerstoff ein Element, das sich (bei Oxydationen) mit sehr vielen anderen Elementen verbinden läßt, und Atomgewichtsbestimmungen anderer Stoffe waren besonders leicht durchzuführen, wenn man sie mit einer bestimmten Sauerstoffmenge zu verschiedenen Reaktionen brachte, also beispielsweise verbrannte. Es war daher viel einfacher, wenn man dem Sauerstoffatom das Gewicht 16,000 zuordnete und als Einheit den sechzehnten Teil des Gewichtes des Sauerstoffatoms definierte. Wasserstoff erhielt dann das Atomgewicht 1,008, Stickstoff 14,001.

Auf diesen Grundlagen hat JOHNS JAKOB BERZELIUS (1779–1848) die Sauerstoffverbindungen fast aller damals bekannten Metalle untersucht und dabei zahlreiche Atomgewichtsbestimmungen durchgeführt. Er untersuchte aber auch Sauerstoffreaktionen mit Nichtmetallen und maß die entsprechenden Verbindungsgewichte. Zu den damals bekannten Grundstoffen (Elementen) fand er das Cer, das Selen und das *Thorium* und stellte die Stoffe Silizium, Zirkon und Tantal erstmals rein her. BERZELIUS war überzeugt, daß die Kräfte, die in einer Verbindung die Atome zusammenhalten, elektrischer Natur sein müssen.

5. Sind Atome elektrisch?

Die Kenntnisse über die Elektrizität, die WILLIAM GILBERT in der ersten Hälfte des 17. Jahrhunderts in seinem Werk niedergelegt hatte, waren in den folgenden hundert Jahren nicht wesentlich erweitert worden. OTTO VON GUERIKE (1602–1686) hatte allerdings bei der Reibung an einer rotierenden Schwefelkugel starke elektrische Ladungen erzeugt und damit die erste Elektrisiermaschine erfunden. Ähnliche Apparate wurden in der Folgezeit auch von anderer Seite konstruiert.

Einen bedeutenden Fortschritt brachten die Versuche des italienischen Anatomen LUIGI GALVANI (1737–1798), der an präparierten Froschschenkeln Zuckungen beobachtete, wenn er sie mit verschiedenen Metallen in Berührung brachte. Sein Landsmann ALESSANDRO VOLTA (1745–1827) stellte in der Folge fest, daß bei der Berührung von zwei Platten aus verschiedenen Metallen zwischen ihnen eine elektrische Spannung auftrat. Er konnte diese mit seinem empfindlichen Strohhalmelektroskop (Vorläufer des Blättchenelektrometers) nachweisen. Damit die Spannung auftrat, mußten die beiden Metallplatten („Leiter erster Klasse“) durch einen befeuchteten Lappen („Leiter zweiter Klasse“) voneinander getrennt sein. Wurden die beiden Platten durch einen Draht miteinander verbunden, so konnte in diesem eine „Circulation“ der Elektrizität beobachtet werden. VOLTA wurde damit zum Entdecker des *elektrischen Stromes.* Ähnliche Beobachtungen machte auch WILHELM VON HUMBOLDT (1769–1859), wenn er einen Silberdraht und einen Zinkdraht in Wasser eintauchte.

5.1. Elektrizität und Chemie

Mit diesen ersten, einfachen Versuchen wurde das Wissensgebiet der *Elektrochemie* eingeleitet. WILHELM RITTER (1776–1810) beobachtete die Abscheidung von metallischem Kupfer an einem der Drähte, wenn er die Entladung von einer Leidener Flasche durch eine Lösung von Kupfervitriol hindurchgehen ließ. Die elektrische „Circulation“ mußte also auch in der Lösung vorhanden sein und das gelöste Kupfer zu einem der beiden eingetauchten Drähte („Elektroden“) hinführen.

Bei solchen Versuchen, *Elektrolysen,* unter Verwendung erheblich besserer Stromquellen, hat HUMPHRY DAVY (1778–1829) erstmals die Alkalimetalle dargestellt. Dabei hat er die niedergeschlagenen Metallmengen genau gewogen. Auf gleiche Weise fand er auch die Erdalkalien Calcium, Barium und Strontium und schließlich das Magnesium. Er wies ebenso nach, daß Salzsäure aus Wasserstoff und Chlor besteht, und daß das letztere ein chemisches Element sein mußte.

Diese Untersuchungen wurden von seinem hochbegabten Schüler MICHAEL FARADAY (1791–1867) fortgesetzt. Neben den Gewichten der abgeschiedenen Stoffe maß FARADAY auch die dabei aufgewendeten Strommengen. Dabei fand er die nach ihm benannten Gesetze:

1. „Die bei der Elektrolyse abgeschiedene Stoffmenge ist der verwendeten Elektrizitätsmenge proportional.“

2. „Gleiche Elektrizitätsmengen scheiden aus verschiedenen Lösungen Stoffmengen ab, die sich wie die Äquivalentgewichte zueinander verhalten.“

Um so viele Gramm einer Substanz abzuscheiden, wie ihr Atomgewicht angibt, braucht man stets die Elektrizitätsmenge von 96.520 Coulomb (Ampèresekunden) oder das Doppelte, eventuell das Dreifache oder Vierfache davon; nie aber eine Strommenge, die zwischen diesen ganzzahligen Vielfachen liegt. Diese Stoffmenge, so viel Gramm, wie das Atomgewicht (oder Molekulargewicht) angibt, heißt *ein Mol.* Im Gaszustand, z. B. 1,008 g Wasserstoff, 14,001 g Stickstoff oder 16,000 g Sauerstoff, nimmt diese Gasmenge bei *Normalzustand* (76 cm Hg Druck, 0° C) ein Volumen von 22.415 cm^3 ein.

Mit diesen Zahlenwerten kann man nun einen sehr wesentlichen Schritt weitergehen. Wie früher gezeigt, enthält ein Mol $6{,}025 \cdot 10^{23}$ Atome oder Moleküle. Mit einem Atom oder Molekül ist demnach die Strommenge (Ladung) von

$$e = \frac{96.520}{6{,}025 \cdot 10^{23}} = 1{,}601 \cdot 10^{-19}\ \mathrm{As} = 4{,}8025 \cdot 10^{-10}\ (\mathrm{cgs})$$

oder ein ganzes Vielfaches dieser Ladung verbunden. Bei der Elektrolyse führt also ein Elementarteilchen (Atom oder Atomgruppe) stets eine *Elementarladung* (positive oder negative Elektronenladung) mit sich, oder aber ein ganzes Vielfaches hiervon.

Aus dieser Tatsache hat später SVANTE ARRHENIUS (1859–1927) den Schluß gezogen, daß in Lösungen, die den elektrischen Stom leiten, die Stoffe in geladener Form (als *Ionen*) vorliegen müssen, daß beim Lösungsvorgang also eine elektrische Trennung *(elektrolytische Dissoziation)* der Moleküle in Ionen stattfindet. So wird z. B. beim Auflösen von Kochsalz in Wasser das Molekül nach

$$\mathrm{NaCl} \rightarrow \mathrm{Na}^+ + \mathrm{Cl}^-$$

in ein positiv geladenes Natriumion Na^+ und in ein negativ geladenes Chlorion Cl^- gespalten (dissoziiert).

Wenn man nun annimmt, daß die Atome auch in Kristallen freie elektrische Ladungen tragen, sind die Kräfte, die einen Kristall zusammenhalten, sofort leicht zu verstehen. Gegenteilig geladene Ionen ziehen sich nach den Gesetzen von CHARLES AUGUSTE COULOMB (1736–1806) an, und zwar mit Kräften, die wegen der sehr kleinen Abstände der Ionen in Kristallen, ganz außerordentlich groß sein müssen.

5.2. Das periodische System der Elemente

Die intensive Beschäftigung mit den Eigenschaften der Grundstoffe, zusammen mit den immer zahlreicher werdenden Atomgewichtsbestimmungen, ließen alsbald einige Gesetzmäßigkeiten zwischen den verschiedenen chemischen Elementen erkennen. So stellte JOHANN WOLFGANG DÖBEREINER (1780–1849) fest (1829), daß sich mehrere Elemente in sogenannte „Triaden" einordnen und zusammenfassen lassen, Elementegruppen, in denen ähnliche chemische Eigenschaften vorhanden sind. Als Beispiele mögen gelten Li, Na, K; Ca, Sr, Ba; Cl, Br, I; S, Se, Te.

Eine Weiterführung dieser Gedankengänge führten DIMITRIJ IWANOWITSCH MENDELEJEW (1834–1907) und JULIUS LOTHAR MEYER (1830–1895) unabhängig voneinander zur Aufstellung eines „natürlichen" Systems der Elemente, das wir heute, nach einigen Ergänzungen und Modifikationen als das *„Periodische System der Elemente"* kennen. Die beiden grundsätzlichen Publikationen der erwähnten Autoren, das Buch: „Grundlagen der Chemie" von MENDELEJEW und die Abhandlung: „Die Natur der Elemente als Funktion ihrer Atomgewichte" von LOTHAR MEYER sind beide im selben Jahre (1869) erschienen. Beiden Autoren war es auf Grund ihres Systems möglich, ungefähre Eigenschaften und angenäherte Atomgewichte von damals noch unbekannten Elementen vorauszusagen. Diese Elemente sind später auf Grund des periodischen Systems auch tatsächlich entdeckt worden. In seiner heutigen Form umfaßt das periodische System 100 chemische Elemente mit den Atomgewichten

1,0081 (Wasserstoff) bis 246 (Einsteinium), gegliedert in 8 Gruppen (0–VII) (vertikale Kolonnen) und 7 Perioden (horizontale Zeilen). In jeder der 8 Gruppen und Untergruppen sind Elemente mit ähnlichen chemischen Eigenschaften zusammengefaßt (Erweiterung der Triaden nach DÖBEREINER). Jede Periode umfaßt die chemischen Wertigkeiten von 0 (Edelgase) bis VII (Halogene), wobei jede folgende Periode wieder bei der Wertigkeit 0 beginnt und bei der Wertigkeit VII endet. Jedes Element trägt (mit steigendem Atomgewicht) auch eine *Atomnummer* zwischen 1 (Wasserstoff H) und 100 (Einsteinium Es), über deren außerordentlich bedeutsame physikalische Bedeutung später eingehend berichtet werden muß.

6. Strahlungen bei elektrischen Gasentladungen

Die Erfindung der Elektrisiermaschine durch den Bürgermeister von Magdeburg, OTTO V. GUERIKE, besonders aber die Weiterentwicklung des entsprechenden Prinzips, durch FRANCIS HAUKSBEE, erlaubte die Erzeugung hoher (statischer) elektrischer Ladungen. Diese ließen sich bei entsprechender Vorsicht in „Leidener Flaschen“[1] (erste Form von Kondensatoren) über längere Zeit speichern, wenn streng dafür gesorgt wurde, daß keine Verbindung mit der „Erde“ über irgendeinen Leiter vorhanden war. Mit derart gespeicherter Elektrizität war es möglich, die Ladung als „Circulation“ über lange Drähte zu führen; man konnte sie durch verschiedene stoffliche Systeme hindurchgehen lassen, sogar durch mehrere Menschen, die sich die Hände reichten.

Bei seinen Experimenten bemerkte JAMES WATSON (1740–1790) eine kurze, lebhafte Lichterscheinung, wenn er die Entladung einer Leidener Flasche durch eine leergepumpte Glasröhre hindurchgehen ließ. Sein Landsmann GEORGE MORGAN (1754–1798) fand aber, daß durch ein wirkliches Vakuum keine Entladung möglich ist, sondern daß ein geringer Gasrest den

1 Leidener Flaschen sind zylindrische Glasgefäße, die innen und außen einen Metallbelag (Stanniol) aufweisen

Durchgang der Elektrizität durch ein Rohr erst möglich macht. Träger des Ladungsdurchganges mußten demnach restliche Gasmoleküle sein. Dabei waren aber, je nach äußeren Umständen (Gefäßform, Gasdruck) verschiedene Entladungsformen und auch sehr verschiedene Lichterscheinungen zu beobachten.

Der schon erwähnte, berühmte Chemiker Davy stellte (1822) bei Entladungen durch ein gut evakuiertes Rohr fest, daß bei hohen Spannungen des von ihm verwendeten Induktoriums, an der Glaswand seiner Röhre eine grüne Fluoreszenz auftrat. Davy war damit wohl der erste Forscher, der, ohne es zu wissen, *Röntgenstrahlen* erzeugt hat.

Das Studium der elektrischen Entladungen in stark verdünnten Gasen wurde sehr gefördert durch die Erfindung und den Bau der ersten Quecksilberluftpumpe durch Heinrich Geissler (1815–1879). Dieser Glasbläser und spätere Ehrendoktor der Universität Bonn hat unzählige Entladungsröhren in den verschiedensten Formen hergestellt, die noch heute mit Recht nach ihm als „Geisslerröhren" bezeichnet werden und bei entsprechenden Vorlesungen eindrucksvolle Verwendung finden.

6.1. Aufklärung der Gasentladungen

Es mußte selbstverständlich jeden Forscher, der mit solchen Röhren experimentierte, in höchstem Maße interessieren, was bei den untersuchten Gasentladungen wirklich vor sich geht. Johann Wilhelm Hittorf (1824–1914) hatte schon im Anschluß an die elektrochemischen Versuche von Davy und Faraday die Theorie von der Wanderung von Ionen in der Lösung beim Stromdurchgang aufgestellt. Er wies 1869 nach, daß die Träger des Ladungsdurchganges durch eine Geisslerröhre elektrisch negativ geladen sein mußten. Diesen Schluß folgerte er aus dem Verhalten bei der Einwirkung (im Feld) eines Magneten.

Waren aber die Träger des Stromdurchganges negativ geladen, so mußten sie offenbar vom negativen Pol, von der „*Kathode*" der Geisslerröhre herkommen und einen kontinuierlichen *„Strahl"* bilden. EUGEN GOLDSTEIN (1850–1931) hat dafür die Bezeichnung *„Kathodenstrahlen"* vorgeschlagen (1876). Im gleichen Jahr ließ WILLIAM CROOKES (1832–1919) Kathodenstrahlen auf ein in der Geisslerröhre eingebautes, bewegliches Rädchen fallen. Dabei stellte er ihre *kinetische Energie* fest. Zwingend war hieraus zu schließen, daß der Stromdurchgang in Form der Kathodenstrahlen aus einzelnen *Korpuskeln* (corpuscula = Körperchen) bestehen mußte. Diesen war, wegen ihrer Bewegungsenergie, eine *schwere Masse* zuzuordnen. Ablenkungsversuche an einem ausgeblendeten Kathodenstrahl mit einem Magneten bestätigten die negative Ladung der Korpuskeln.

Wie nahe CROOKES bei seinen Versuchen der relativistischen Auffassung von Materie und Energie gekommen ist, geht wohl aus seiner Bemerkung hervor, man sei mit den elektrischen Entladungen in evakuierten Gefäßen, besonders aber mit den an Kathodenstrahlen gewonnenen Erkenntnissen in das „Grenzland vorgestoßen, wo Kraft und Stoff ineinander fließen". Heute würde man wohl sagen: Energie und Materie sind im Grunde dasselbe und durch eine konstante Zahl (das Quadrat der Lichtgeschwindigkeit) miteinander verbunden. Die verschiedenen Erscheinungsformen sind durch äußere Umstände und die Art der Betrachtung bedingt.

Bei seinen ausgedehnten Experimenten mit Kathodenstrahlen stellte GOLDSTEIN 1886 fest, daß von einer durchlochten Kathode aus auch eine Strahlung nach rückwärts, also der Richtung der Kathodenstrahlen entgegengesetzt, vorhanden war. Diese von ihm als *Kanalstrahlen* bezeichnete Entladung schien sich durch einen Magneten nicht ablenken zu lassen. WILHELM WIEN (1864–1928) fand aber, daß bei Verwendung eines starken Magneten (1898) eine Ablenkung stattfindet. Diese war derjenigen der Kathodenstrahlen entgegengesetzt gerichtet. Die Kanalstrahlen mußten demnach elektrisch *positiv* geladen sein.

Vorher schon (1887) hatte HEINRICH HERTZ (1857–1894) bei seinen Untersuchungen mit elektrischen Funkenstrecken bemerkt, daß der Durchschlag viel häufiger und auch bei wesentlich größeren Kugelabständen stattfand, wenn die Funkenstrecke mit ultraviolettem Licht bestrahlt wurde. Dieser Effekt war besonders auffallend bei Kugeln aus Zink. Eine mit dem negativen Pol der Spannungsquelle verbundene Metallplatte wurde bei Bestrahlung mit ultraviolettem Licht schnell entladen. Demgegenüber behielt eine positiv geladene Platte ihre Ladung.

Diese als „lichtelektrischer Effekt" *(Photoeffekt)* bezeichnete Erscheinung wurde von PHILIPP LENARD (1862–1947) erneut untersucht. Es war ihm früher (1883) gelungen, Kathodenstrahlen durch ein dünnes Metallfenster in der Geisslerröhre („Lenardfenster") nach außen in den freien Raum austreten zu lassen. Dabei stellte er deren Natur als Strom von *Elektronen* fest. In der Umgebung des austretenden Elektronenstrahls wurde die Luft elektrisch leitend („ionisiert"). Bei seinen Versuchen über den Photoeffekt fand er in der Umgebung der mit ultraviolettem Licht bestrahlten Metallplatte ebenfalls eine Ionisierung der Luft. LENARD führte diese Erscheinung auf Elektronen zurück, welche bei Bestrahlung aus der Metallplatte austreten.

WILHELM HELMHOLTZ hatte schon im Jahre 1881 darauf hingewiesen, daß bei Gültigkeit der nach FARADAY benannten Gesetze nicht nur die Stoffe einen atomistischen Aufbau haben müßten, sondern, daß auch die elektrische Ladung aus einzelnen „Ladungsatomen" bestehen müßte. Zehn Jahre später (1891) hat JONSTONE STONEY (1826–1911) für das „elektrische Elementarquantum" die Bezeichnung *„Elektron"* vorgeschlagen. Die diskontinuierliche Struktur der elektrischen Ladung (aus Elektronen bestehend) und damit auch des elektrischen Stromes, hat nach den erwähnten Versuchen von LENARD allgemeine Anerkennung gefunden. Sie ist heute eine unumstößliche Tatsache.

Es dauerte aber noch über zwanzig Jahre, bis erstmals eine direkte Messung der Ladung des Elektrons ausgeführt wurde. Der von ROBERT ANDREWS MILLIKAN (1868–1953) in den Jahren 1913–1917 angestellte, geniale Versuch ist im Prinzip derart einfach und geistreich, daß er kurz besprochen werden soll: An einem sehr präzise gebauten Plattenkondensator mit dem Plattenabstand d liegt die elektrische Gleichspannung U derart, daß der positive Pol der Spannungsquelle mit der oberen, der

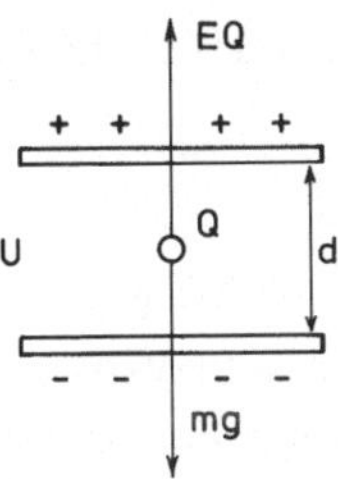

Abb. 2. Prinzip des Versuches von R. A. Millikan zur Bestimmung der Elektronenladung (Elementarladung). U Kondensatorspannung; d Plattenabstand; Q Ladung des Öltröpfchens; EQ Kraft des elektrischen Feldes; mg Schwerkraft

negative Pol mit der unteren Platte verbunden ist. In den Zwischenraum zwischen den Platten (also in das elektrische Feld des Kondensators) werden feine Öltröpfchen gesprüht. Gleichzeitig wird auf irgendeine Weise, z.B. durch Bestrahlung mit Röntgenstrahlen, die Luft im Kondensator ionisiert. Die im Kondensator schwebenden Öltröpfchen können durch ein Mikroskop beobachtet werden. Die Kondensatorspannung kann variiert und auf beliebige Werte eingestellt werden (Abb. 2).

Wird nun durch die ionisierte Luft eine negative elektrische Ladung Q, z.B. ein oder einige Elektronen auf ein Öltröpfchen übertragen, so wirken auf dieses zwei Kräfte. Die eine ist die Schwerkraft $K_s = m \cdot g$, wenn m die Masse des Öltröpfchens und g die Beschleunigung durch die Erdschwere bedeuten. Die andere Kraft ist die Einwirkung des elektrischen Feldes. Diese ergibt sich zu $K_e = Q\frac{U}{d}$. Unter den erwähnten Versuchsbedingungen zieht die Schwerkraft K_s das Tröpfchen nach unten und das elektrische Feld mit der dem Coulombschen Gesetz gehorchenden elektrischen Kraft K_e nach oben. Man kann nun offenbar die Kondensatorspannung so einstellen, daß die beiden Kräfte genau gleich groß sind. Dann muß das Öltröpfchen völlig still stehen und in der Schwebe bleiben, also weder wegen seines Gewichtes fallen, noch wegen seiner elektrischen Ladung steigen. Hierbei gilt die Gleichheit

$$Q\frac{U}{d} = m \cdot g$$

und damit die Ladung des Tröpfchens

$$Q = \frac{d}{U} \cdot m \cdot g.$$

Kennt man die Dichte des Öls und den Durchmesser des Öltröpfchens, so ist seine Masse sofort berechenbar. Die Kondensatorspannung U, der Plattenabstand d und die Beschleunigung durch die Erdschwere g sind bekannt und damit ist die Ladung Q bestimmbar.

MILLIKAN hat gefunden, daß die Tröpfchenladung stets ein ganzes Vielfaches der *Elektronenladung* $e = 4{,}8025 \cdot 10^{-10}$ (cgs) (elektrostatische Einheiten der Ladung) war, also e, $2e$, $3e \ldots 16e$, nie aber ein Zwischenwert zwischen diesen Ganzzahligkeiten. Diese Untersuchungen wurden mit dem Nobelpreis für Physik 1923 ausgezeichnet.

6.2. Spezifische Ladung

Nach den früheren Versuchen von CROOKES mußte den Elektronen im Kathodenstrahl auch eine bestimmte schwere Masse zugeordnet werden. Sie hätten ja sonst keine Bewegungsenergie mit sich führen können. Es mußte deshalb als eine besonders reizvolle und wichtige Aufgabe erscheinen, die Elektronenmasse zu bestimmen. Dieser Arbeit hat sich besonders J. J. THOMSON (1856–1940) gewidmet. Wenn die Elektronen die Träger der elektrischen Ladung sind, so müssen sie in ihrer Bewegung durch ein homogenes magnetisches Feld auf einen Kreisbogen gezwungen werden (Induktionsgesetz). Ebenso müssen sie aber auch durch ein elektrisches Feld abgelenkt werden (Coulombsche Gesetze).

Ist H die magnetische Feldstärke, v die Geschwindigkeit und e die Ladung des Elektrons, so wird die ablenkende Kraft (Abb. 3)

$$K = e \cdot v \cdot H = \frac{m \cdot v^2}{r},$$

wenn r den Krümmungsradius der Kreisbahn bedeutet. Es ist dann, umgeformt

$$H \cdot r = \frac{m \cdot v}{e} \text{ und damit } \frac{e}{m} = \frac{v}{H \cdot r}.$$

Durchfliegt ein ausgeblendeter Strahl, bestehend aus geladenen Teilchen (Abb. 4), z. B. Elektronen, einen auf eine Spannung U aufgeladenen Kondensator von der Länge l und dem Plattenabstand d, so wird er nach den nachfolgenden Gesetzmäßigkeiten um den Betrag y abgelenkt:

Die elektrische Feldstärke im Kondensator beträgt $E = \frac{U}{d}$; die Zeit des Durchlaufes $t = \frac{l}{v}$. Die Beschleunigung durch das elektrische Feld auf das Teilchen entspricht der darauf einwirkenden Kraft K durch die Masse m, also

$$b = \frac{K}{m} = \frac{E \cdot e}{m}.$$

Sein Fallweg y wird dabei zu $y = \frac{b}{2} t^2 = \frac{E \cdot e}{2m} t^2 = \frac{E \cdot e}{2m} \cdot \frac{l^2}{v^2}$

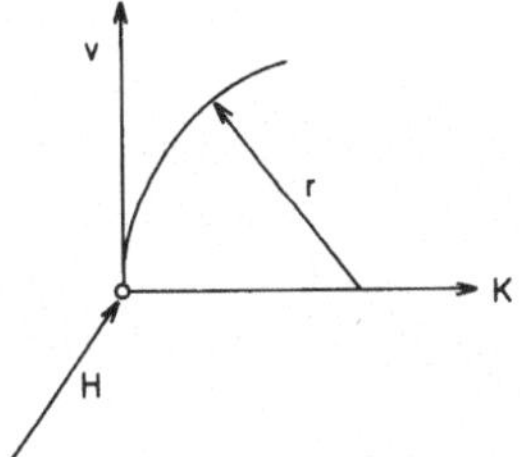

Abb. 3. Ablenkung eines elektrisch geladenen Teilchens im magnetischen Feld von der Feldstärke H bei einer Teilchengeschwindigkeit von v; K ablenkende Kraft; r Krümmungsradius der Teilchenbahn

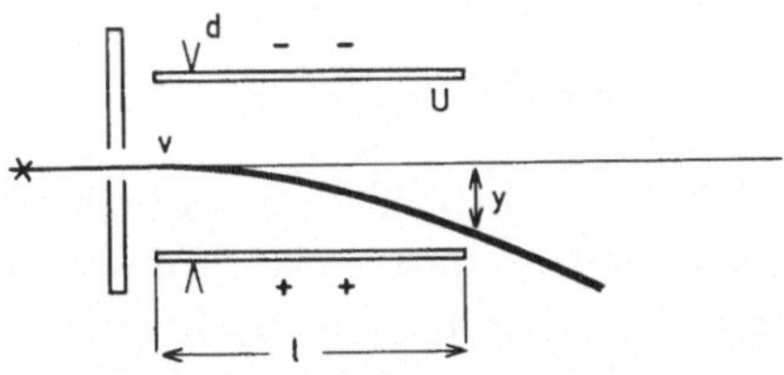

Abb. 4. Ablenkung eines Kathodenstrahls im elektrischen Feld. U Spannung zwischen den Ablenkplatten; d Plattenabstand; l Plattenlänge; v Teilchengeschwindigkeit; y Ausmaß der Ablenkung

und damit $\frac{e}{m} = \frac{2y \cdot v^2}{E \cdot l^2}$.

Setzt man jetzt die beiden Resultate einander gleich, so erhält man

$$\frac{e}{m} = \frac{v}{H \cdot r} = \frac{2y \cdot v^2}{E \cdot l^2}$$

und schließlich die Teilchengeschwindigkeit zu

$$v = \frac{E \cdot l^2}{2y \cdot H \cdot r}$$

In Verbindung mit dem Ergebnis der magnetischen Ablenkung läßt sich jetzt das Verhältnis von Ladung zu Masse des Elektrons berechnen. Mit den von THOMSON gemessenen Zahlenwerten findet sich dieses Verhältnis für Elektronen zu

$$\frac{e}{m} = 5{,}277 \cdot 10^{17} \text{ (cgs)/g} = 1{,}758 \cdot 10^{11} \text{ C/kg.}$$

(Einheiten des Zentimeter-Gramm-Sekunden-Systems pro Gramm Elektronen, resp. Coulomb pro Kilogramm Elektronen). Bei einer Ladung des Elektrons von $4{,}8025 \cdot 10^{-10}$ (cgs) resultiert die Masse des Elektrons *(„Ruhemasse“)* von

$$m_o = 9{,}1085 \cdot 10^{-28}\text{ g } (= 9{,}1085 \cdot 10^{-31}\text{ kg}).$$

Bei entsprechenden Ablenkungsversuchen von Kanalstrahlen wurde von THOMSON, wenn die Geisslerröhre geringe Mengen Wasserstoff enthielt, ein Verhältnis von Ladung zu Masse von

$$\frac{e}{M} = 2{,}8719 \cdot 10^{14} \text{ (cgs)/g}$$

gefunden, ein Wert, der fast 2000mal geringer ausfiel als für Elektronen. Wird angenommen, daß jedes positiv geladene Wasserstoffatom (als H^+-Ion) eine positive Elementarladung trägt, findet sich die Masse des Wasserstoffions (heutiger Wert) zu

$$H^+ = 1{,}6724 \cdot 10^{-24}\text{ g.}$$

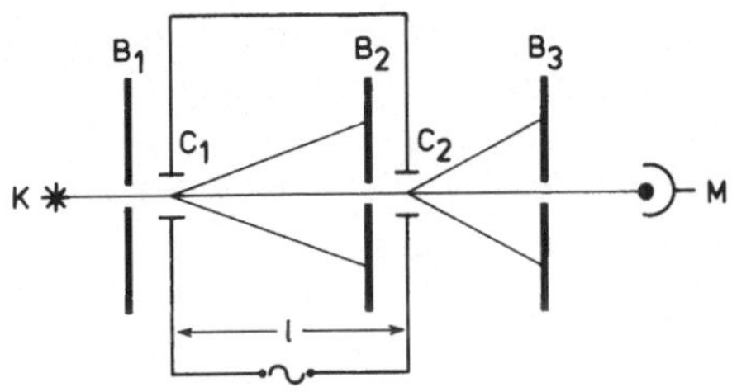

Abb. 5. Prinzip der direkten Messung der Elektronengeschwindigkeit in einem Kathodenstrahl nach E. WIECHERT. *K* Kathode; *M* Nachweisgerät für die durchtretenden Elektronen; C_1, C_2 gleichartige Kondensatoren; *l* Kondensatorenabstand; B_1, B_2, B_3, Blenden; B_1 dient als Anode

Die Bestimmung der Elektronenmasse aus dem Verhältnis von Ladung zu Masse auf Grund der Ablenkungsversuche im magnetischen und elektrischen Feld hatte doch noch einen geringen, unbefriedigenden Inhalt. Wenn es auch als sicher gelten durfte, daß ein Strom von Elektronen in einer Entladungsröhre sich gleich verhalten mußte, wie ein elektrischer Strom durch einen Draht, so war doch bisher die Elektronengeschwindigkeit in einer Geisslerröhre noch nicht direkt (also ohne Umweg über die Ablenkung) gemessen worden. Dieser Aufgabe hat sich mit Erfolg EMIL WIECHERT (1861–1928) gewidmet (Abb. 5).

Von einer Kathode *K* gehen Elektronen aus. Sie werden durch eine Blende B_1, welche gleichzeitig als *Anode* (positiver Pol der Geisslerröhre) dient, beschleunigt und in ein schmales Bündel ausgeblendet. Dieses durchläuft den Kondensator C_1 und anschließend die Blende B_2. Hinter dieser befindet sich der Kondensator C_2 und anschließend die Blende B_3 und schließlich das Registriergerät für die Elektronen *M*. An den beiden Kondensatoren C_1 und C_2 liegt dieselbe hochfrequente Wechselspannung mit der Frequenz ν.

Durch die Wechselspannung am Kondensator C_1 wird das Elektronenbündel abwechselnd nach oben und unten abgelenkt. Es kann nur durch die Blende B_2 hindurchgehen, wenn gerade ein Polwechsel am Kondensator C_1 stattfindet, wenn also gerade die Spannung 0 herrscht. Tritt jetzt das Bündel in den Kondensator C_2 ein, so wird es hier wieder abgelenkt und kann auch von da nur durch die Blende B_3 zum Anzeigegerät hindurchtreten, wenn auch am Kondensator C_2 gerade ein Polwechsel (Spannung 0) stattfindet. Zwischen den beiden Kondensatoren müssen die Elektronen eine Strecke l durchlaufen, Ihre Geschwindigkeit ist somit $v = \frac{l}{t}$, wenn t die Zeit bedeutet, die die Elektronen brauchen, um von Kondensator C_1 zu C_2 zu gelangen.

Damit nun die beiden Kondensatoren gerade die Spannung 0 haben, damit also an ihnen gleichzeitig ein Polwechsel stattfindet, muß die Durchlaufzeit gerade einer halben Periodenlänge der hochfrequenten Wechselspannung entsprechen, oder auch ein ganzes Vielfaches dieser Zeit. Ist ν die Frequenz der Wechselspannung, so lautet die Beziehung für die Durchlaufzeit

$$t = \frac{1}{n \cdot 2\nu}; \; n = 1, 2, 3, \ldots$$

Damit berechnet sich die Elektronengeschwindigkeit zu

$$v = 2 n \nu l \text{ cm/s}.$$

Die auf diese Weise bestimmten Elektronengeschwindigkeiten in Geisslerröhren ergaben sich, je nach der angelegten Spannung, zu 10^9 bis 10^{10} cm/s, in Übereinstimmung mit den Werten aus den Ablenkungen.

6.3. Entdeckung der Röntgenstrahlen

Die Bemühungen um die elektrischen Entladungen in Geisslerröhren und um den Stromdurchgang durch verdünnte Gase haben nicht nur zur Abklärung des Wesens und der Natur der Kathoden- und Kanalstrahlen, zur Bestimmung ihrer Ladungen, Massen und Geschwindigkeiten geführt. Das vielleicht wichtigste „Nebenresultat“ dieser Untersuchungen war die von Conrad Wilhelm Röntgen (1845–1923) am 8. November 1895 abends entdeckte und nach ihm benannte Strahlung. In seiner ersten Publikation vom 28. Dezember 1895 (Mitteilung Nr. 767 der Sitzungsberichte der Würzburger physikalisch-medizinischen Gesellschaft) hat der Maschineningenieur der ETH und der Dr. phil. der Universität Zürich und spätere Ordinarius der Universität Würzburg alle damals nachweisbaren wesentlichen Eigenschaften der von ihm entdeckten Strahlen niedergelegt, so z.B. ihre hohe Durchdringungsfähigkeit, ihre Unablenkbarkeit im magnetischen und elektrischen Feld sowie das Fehlen einer Reflexion und Brechung.

Es zeugt wohl von der außerordentlichen Bedeutung dieser Entdeckung, wenn schon im ersten Jahr (1896) die kaum glaubhafte Zahl von 1044 Publikationen über Wesen und Anwendungen der Röntgenstrahlen in der ganzen Welt erschienen sind. Schon in den ersten Wochen nach ihrer Entdeckung wurde ihre unvergleichliche medizinisch-diagnostische Hilfe erkannt, nachdem Röntgen selbst am 21. Dezember 1895 ein photographisches Bild der Handknochen seiner Gattin (Berta Ludwig aus Zürich) hergestellt hatte. Schon im Januar und Februar 1896 wurden in Frankreich, Deutschland und der Schweiz röntgendiagnostische Bilder von Organen an Patienten aufgenommen, und auch schon 1899 wurden Röntgenstrahlen erstmals zur Krebsbehandlung (TAGE SJÖGEN, Stockholm) angewendet. Röntgen erhielt für seine Entdeckung 1901 den Nobelpreis für Physik.

7. Henry Becquerel und das Uran

Die Entdeckung RÖNTGENS hat aber auch, und dies ist ohne Zweifel eine ihrer wichtigsten Folgen, zur Entdeckung der *Radioaktivität* geführt! Besonders glückliche Umstände waren hierbei von wesentlicher Bedeutung. Sie sollen deshalb etwas eingehender dargestellt werden.

Am 20. Januar 1896 hielt der große Mathematiker und Wissenschaftsphilosoph HENRI POINCARÉ (1854–1912) in der französischen Akademie der Wissenschaften einen großen Vortrag über den damaligen Stand der Naturwissenschaften, insbesondere der Physik und der Chemie. POINCARÉ war als Professor für mathematische Physik und Wahrscheinlichkeitsrechnung an der Faculté des Sciences zu einer derartigen Umschau besonders berufen. Er hatte sich neben seinen eigentlichen Fachgebieten auch gründlich mit Aufgaben der Himmelsmechanik und besonders mit wissenschaftsphilosophischen Problemen beschäftigt. So betrachtete er beispielsweise sein Hauptgebiet, die Mathematik und deren Anwendungen in der Mechanik, als eine Schöpfung des menschlichen Intellekts, ohne absolute Gültigkeit außerhalb desselben. Es gab für ihn (im Gegensatz zu den meisten Wissenschaftern seiner Zeit) also keinen primitiven Determinismus. In seiner Vorstellung mußte die Welt nicht nach „strengen, ehernen, ewigen Gesetzen" ablaufen.

Anläßlich dieses seines Vortrages demonstrierte POINCARÉ auch die ersten Bilder, welche mit den von RÖNTGEN elf Wochen vorher entdeckten Strahlen hergestellt worden waren. Er orientierte sein Auditorium auch über die Apparate und Versuche, die RÖNTGEN zu seiner Entdeckung geführt hatten.

Inmitten der Hörer seines Vortrages saß auch das Akademiemitglied HENRY BECQUEREL (15. 12. 1852–25. 8. 1908), Professor der Physik an der Ecole politechnique de Paris. Er hatte sich seit Jahren besonders eingehend mit den Erscheinungen der *Fluoreszenz* beschäftigt und deren Auftreten unter verschiedenen Bedingungen an zahlreichen Stoffen, besonders an Kristallen, studiert. Schon sein Großvater ANTOINE CÉSAR BECQUEREL (1788–1878) und besonders sein Vater, ALEXANDRE EDMOND BECQUEREL (1820–1891) waren bekannte Physiker gewesen und hatten Erscheinungen und Wirkungen des Lichtes an verschiedenen Stoffsystemen studiert. HENRI BECQUEREL besaß von seinen Forschungen her und auch von denen seines Vaters eine umfangreiche Sammlung fluoreszierender Kristalle, welche bei Bestrahlung mit ultraviolettem Lichte in den schönsten Farben aufleuchteten, eben fluoreszierten.

HENRI POINCARÉ wies in seinem Vortrage besonders auch darauf hin, daß die Strahlung RÖNTGENS, wie dieser gefunden hatte, von der Stelle der Wand in der Geisslerröhre ausging, auf welche die Kathodenstrahlen auftrafen. Dabei zeigte diese Stelle eine lebhafte, gelbgrüne Fluoreszenz.

7.1. Die Uranstrahlung

Hat diese grüne Fluoreszenz vielleicht etwas mit der Entstehung der Röntgenstrahlen zu tun, und wenn ja, was? Steht diese Fluoreszenz mit der Entstehung der Röntgenstrahlung in engem Zusammenhang, ist sie wohl gar deren Ursache? So fragte sich der Fluoreszenzforscher HENRI BECQUEREL anläßlich des Vortrages. Und er ging sofort daran, diese Fragen durch entsprechende Versuche zu prüfen!

Unter seinen zahlreichen fluoreszierenden Kristallen war es besonders das Kaliumuranylsulfat $K_2(UO_2)(SO_4)_2 \cdot 2H_2O$, welches bei Bestrahlung mit ultraviolettem Licht eine starke, gelbgrüne Fluoreszenz zeigt, sehr ähnlich derjenigen der Wand der Geisslerröhre bei der Entstehung der Röntgenstrahlen. BECQUEREL legte also einen Kristall des besagten Salzes auf eine in schwarzes Papier eingehüllte Photoplatte und setzte die Kombination einige Stunden dem Sonnenlicht aus. Nach der Entwicklung zeigte die Platte, dort wo der Kristall gelegen hatte, eine Schwärzung, die annähernd der Kristallform entsprach. BECQUERELS Idee schien bestätigt. Offenbar war eine Strahlung vom Kristall ausgegangen, und sie durchdrang, ähnlich wie die Röntgenstrahlen, dunkles Papier, aber auch dünne Glasplatten und gar Aluminiumbleche, welche zwischen Platte und Kristall gelegt worden waren. Durch diese Zwischenlagen konnte bewiesen werden, daß die Schwärzung der photographischen Schicht tatsächlich durch eine durchdringende Strahlung und nicht etwa durch chemische Einflüsse des Kristalls auf die Platte verursacht worden war.

In einer kurzen Mitteilung vom 24. Februar 1896 hat BECQUEREL seine Entdeckung veröffentlicht. Die Publikation (Comptes rendus des séances de l'Académie des sciences 122, 1896.420) hat folgenden Wortlaut:

«Avec le sulfate double d'uranium et de potassium, dont je possède des cristaux, j'ai pu faire l'expérience suivante: On enveloppe une plaque photographique Lumière, au gélatinobromure, avec deux papiers noirs très épais, tel que la plaque ne se voile pas par une exposition au soleil, durant une journée.

On pose sur la feuille de papier, à l'extérieur, une plaque de la substance phosphorescente, et l'on expose le tout au soleil pendant plusieurs heures. Lorsqu'on developpe ensuite la plaque photographique, on reconnaît que la silhouette de la substance phosphorescente apparaît en noir sur le cliché.

On peut répéter les mêmes expériences en interposant entre la substance phosphorescente et le papier une mince lame de verre, ce qui exclut la possibilité d'une action chimique due à des vapeurs qui pourraient émaner de la substance échauffée par les rayons solaires.

On doit donc conclure de ces expériences que la substance phosphorescente en question émet des radiations qui traversent le papier opaque à la lumière et réduisent les sels d'argent».

Schon zwei Wochen später, in einer Mitteilung vom 5. März 1896, schrieb aber BECQUEREL, daß eine Belichtung des Kristalls durch das Sonnenlicht keineswegs nötig war, sondern daß die Schwärzung der Photoplatte durch das Auflegen von Kristallen aus Kaliumuranylsulfat auch stattfand, wenn der Versuch im Dunkeln durchgeführt wurde und sogar auch, wenn die verwendeten Kristalle nie an der Sonne gelegen hatten. BECQUEREL fand weiter, daß andere im ultravioletten Licht fluoreszierende Stoffe, wie z.B. Zinksulfid oder Calciumsulfid, keine derartigen Wirkungen zeigten, weder bei Belichtung, noch im Dunkeln. Die Schwärzung der photographischen Schicht fand nur mit Uranverbindungen, hier aber mit allen solchen statt. Die neue, von ihm entdeckte Strahlung, später auch „Becquerelstrahlung" genannt, war eine besondere Eigenschaft des Urans und seiner chemischen Verbindungen.

Es war ohne Zweifel ein besonderer Glücksfall, daß BECQUEREL zu seinem ersten Versuch gerade eine Uranverbindung verwendete; hätte er nämlich hierzu einen anderen gelbgrün fluoreszierenden Stoff genommen, so wäre das Ergebnis, wie er ja selber zeigte, völlig negativ gewesen. Er wäre dann wahrscheinlich nicht zum Entdecker der Radioaktivität geworden.

Uran war als chemischer Grundstoff schon seit längerer Zeit bekannt. Es wurde im Jahre 1799 von MARTIN HEINRICH KLAP-

ROTH (1743–1817) bei seinen chemischen Mineralanalysen aus „Pecherz“ und aus besonderen Glimmermineralien isoliert. Nach dem von HERSCHEL (1738–1822) kurz vorher entdeckten Planeten Uranus erhielt es den Namen „Uran“. Sein Atomgewicht wurde erstmals annähernd richtig (1872) von MENDELEJEW zu A = 240 angesetzt (genauer Wert: 238,03).

Wichtigstes Uranmineral ist besonders sein Oxid, die *Pechblende* oder Pecherz (U_3O_8), weiter die Oxide *Ulrichit* (UO_2) und *Bröggerit* (U_2O_5). Daneben gibt es aber sehr zahlreiche, chemisch komplizierter zusammengesetzte wichtige Uranmineralien, von denen noch besonders *Chalkotit,* ein Kupfer-Uranphosphat, *Carnotit,* ein Kalium-Uranvanadat, und die verschiedenen, wasserhaltigen Urancarbonate (auf sekundärer Lagerstätte) erwähnt werden sollen.

Die wichtigsten Lagerstätten von Uranmineralien finden sich in Haut Kathanga, Südafrika, Kanada (Bear Lake), Utah, New Mexico, Colorado, im Radium District von Australien. Früher war die wichtigste Quelle für Uran das Bergbaugebiet von St. Joachimsthal im Erzgebirge (CSSR) gewesen. Da die dortige Bergbauunternehmung bei den Entdeckungen der Radioaktivität eine sehr wichtige Rolle gespielt hat, soll darüber noch einiges gesagt werden.

Der Bergbau in St. Joachimsthal begann schon im 15. Jahrhundert. Die Lagerstätten von Bleiglanz erwiesen sich als sehr silberreich, weswegen sie damals fast nur des Silbers wegen abgebaut wurden. Der aus dem St. Joachimsthaler Silber geprägte Guldengroschen war wegen seines hohen Silbergehaltes zu jener Zeit eine in der weiten Welt sehr gesuchte Münze. Er zirkulierte in ganz Europa unter dem Namen: „Joachimsthaler“. Hieraus resultierte später für wertvollere Silbermünzen die Bezeichnung „Thaler“, woraus sich in neuerer Zeit in den USA und in mehreren anderen Staaten der “Dollar“ entwickelte.

Nach dem weitgehenden Versiegen des Silbers wurde der Bergwerksbetrieb auf die Bleigewinnung umgestellt. Aber auch diese, wirtschaftlich wenig ergiebig, mußte wegen weitgehender Erschöpfung wieder aufgegeben werden. Mit der Förderung von Uran, um die Mitte des 19. Jahrhunderts, konnte die Bergarbeit mit Zuschüssen des k. und k. Österreichisch-Ungarischen Bergbauministeriums schlecht und recht aufrechterhalten werden. Das Uran diente damals besonders der Herstellung von gelben, braunen und dunklen Farben (Uranoxide und -silikate) für die Glas- und Keramikindustrie.

Mit der Entdeckung des Radiums begann in St. Joachimsthal sofort ein Aufschwung der Urangewinnung. Dieser wurde aber nach dem Ersten Weltkrieg durch die Konkurrenz aus den USA, besonders aber aus Kathanga, wieder zunichte gemacht. Eine ungeahnte Nachfrage nach Uran brachte die Atombombenherstellung in Zweiten Weltkrieg. Als Folge der damit verbundenen außergewöhnlichen wissenschaftlichen Anstrengungen ist seit 1945 die Urangewinnung zur technisch-wirtschaftlichen Realisierung der Atomenergiegewinnung noch sehr stark angestiegen und beträgt heute Tausende von Tonnen.

8. Marya Sklodowska und Pierre Curie; Polonium und Radium

Am 7. November des Jahres 1867 wird in Warschau, als Kind des Gymnasiallehrers Wladislaw Sklodowsky die Tochter Marya Sklodowska geboren. Der Vater ist Vorsteher des Gymnasiums an der Nowopolski-Straße und lehrt hier die Knaben Physik und Mathematik. Seine Tochter zeigt schon in frühen Lebensjahren für diese beiden Fächer eine besondere Vorliebe und wird ihnen auch als Schülerin des Gymnasiums stets hohes Interesse entgegenbringen.

Die Sklodowskys sind nicht reich. So muß Marya, siebzehnjährig, nach Abschluß ihrer Gymnasialzeit, eine Stelle als Erzieherin bei einer wohlhabenden Familie in der Provinz annehmen; freie Station und 400 Rubel im Jahr! Im Herbst 1891, also mit 24 Jahren, wird ihr sehnlichster Wunsch erfüllt. Marya Sklodowska kann nach Paris fahren, um ihr Studium der Physik und Chemie an der Sorbonne aufzunehmen. Schon nach zwei Jahren erwirbt sie sich das Lizentiat in Physik, nach drei dasjenige in Chemie. Das russisch-polnische Alexandrowitsch-Stipendium erlaubt ihr nach einem längeren Aufenthalt in Polen zu Hause und bei Verwandten, wieder nach Paris an die Sorbonne zurückzukehren. Hier bereitet sie sich auf das Doktorat vor; ihr „Doktor-Vater“ ist Henri Becquerel, und hier begegnet sie auch Pierre Curie.

Pierre Curie (1859–1906) ist 35 Jahre alt, als er Marya Sklodowska kennenlernt. Er hat die Leitung der Arbeiten der Schule für Physik und Chemie der Stadt Paris inne. Dies erlaubt ihm, seiner neuen Bekannten einen Arbeitsplatz für ihre chemischen Arbeiten in seinem Laboratorium zur Verfügung zu stellen. Pierre Curie ist durch seine Arbeiten über Piezoelektrizität, die er zusammen mit seinem Bruder Jacques Curie unternommen hat, bekannt geworden. Diese besondere Eigenschaft von Quarzkristallen, bei Druck oder Zug elektrische Spannungen zu produzieren, wird zu einer der wichtigen Voraussetzungen der Entdeckung der radioaktiven Stoffe werden.

Das häufige Zusammensein im Laboratorium, bei Vorträgen und Diskussionen führt dazu, daß Pierre Curie seine angeborene Zurückhaltung aufgibt und der Polin Marya Sklodowska einen formellen Antrag macht. Am 26. Juli 1895 findet ihre Hochzeit statt; Marya Sklodowska heißt nunmehr Mme. Marie Curie.

Ihr Mentor Henri Becquerel hat die Strahlungen des Urans weiter verfolgt. Er fand am 5. März 1896, saß diese Strahlen die Luft ionisieren, also elektrisch leitend machen. Er wies auch durch einen geistreichen Versuch nach, daß ein starker Magnet die Strahlung ablenkt. Die Doktorarbeit der Marie Curie sollte die Strahlungseigenschaften der verschiedenen bekannten und zugänglichen Uranmineralien abklären. Dies mußte quantitativ geschehen. Hierzu war eine besondere Meßmethode erforderlich. Die Schwärzung der photographischen Schicht war wohl eine ausgezeichnete qualitative Nachweismethode, zu genauen quantitativen Angaben genügte sie jedoch keineswegs.

Hier nun bot sich die äußerst wertvolle Hilfe ihres Schwagers Jacques Curie an. Seine Bemühungen um die Piezoelektrizität erlaubte ihm, für Marie Curie ein piezoelektrisches Elektrometer zu bauen. Ein solches Instrument arbeitet nach den folgenden Angaben:

Wenn man aus einem einheitlichen Bergkristall eine zur Basis parallele Platte herausschneidet und daraus einen Stab von der Länge l und der Dicke d herauspräpariert, so zeigt dieser an seinen Flächen eine elektrische Ladungsdifferenz, wenn man ihn in seiner Längsrichtung dehnt oder preßt. Wird der Stab beispielsweise mit einem Gewicht in seiner Längsrichtung gedehnt und hat das Gewicht die Größe P, so ergibt sich eine Ladungsdifferenz von

$$Q = K \frac{l}{d} P \text{ (cgs).}$$

Die Konstante hat dabei den Wert von $K = 0{,}068$ (cgs)/kg.

Das Elektrometer selber funktioniert auf folgende Weise: In eine „Ionisationskammer" (ein mit Luft gefüllter, abgeschlossener Raum, in dem sich zwei Elektroden befinden) werden als Elektroden zwei parallele Platten eingebaut, die gegeneinander isoliert sind. Auf die untere Platte wird die zu messende Substanz in Pulverform aufgetragen. Diese Platte ist mit einer Spannungsquelle verbunden. Wird die Luft in der Kammer durch die Strahlung der Substanz ionisiert, so fließt ein „Ionisationsstrom" durch die Kammer. Dadurch wird das Elektrometer aufgeladen. Dieses würde mit der Zeit eine stets höhere Spannung aufweisen. Nun wird aber die Ladung des Elektrometers durch die entgegengesetzte Ladung des Piezoquarzes kompensiert, wenn das aufgelegte Gewicht P gerade dazu ausreicht. Die Elektrometerplättchen zeigen dann einen bestimmten, unveränderlichen Ausschlag. Die Aufladung des Elektrometers durch die ionisierende Wirkung der Strahlung in der Ionisationskammer ist damit gleich groß wie diejenige durch den Piezoquarz, also Q. Daraus ergibt sich die Größe der Strahlung des Präparates und damit seine *„Aktivität"* (vgl. Abb. 6).

8.1. Erste Entdeckungen: Thorium, Polonium, Radium

Um miteinander vergleichbare Resultate zu erhalten, war es notwendig, das zu messende Präparat in „strahlungssatter"

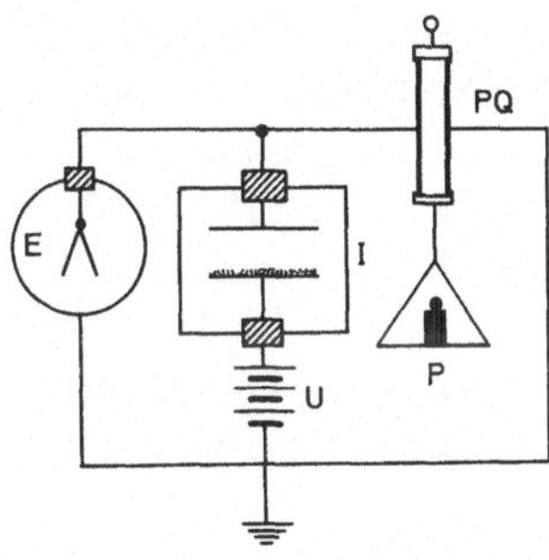

Abb. 6. Piezoelektrisches Elektrometer nach JACQUES CURIE. *PQ* Piezoquarz mit Metallbelägen; *E* Elektrometer; *P* Gewicht; *I* Ionisationskammer; *U* Elektrometerspannung

Schicht auf die untere Platte aufzutragen. „Satt“ ist eine Schicht dann, wenn sie so dick gemacht worden ist, daß die Strahlung der untersten Teilchen des Pulvers innerhalb der Schicht vollständig absorbiert wird, also nicht mehr nach oben (außen) gelangen kann. Mit zunehmender Schichtdicke verläuft der Ionisationsstrom I nach einer Sättigung I_o hin, dem Strom, der für die vorhandene Strahlung einer „unendlich dicken Schicht“ entspricht.

Mit diesem Instrument und mit ihren gründlichen chemischen Kenntnissen ausgerüstet ging nun MARIE CURIE 1897 an ihre Aufgabe. Da Uran das höchste Atomgewicht der damals bekannten Elemente aufwies, war es naheliegend, zu untersuchen, ob auch andere Elemente mit hohem Atomgewicht Strahlungen aussenden. So konnte MARIE CURIE schon nach wenigen Monaten, am 12. April 1898, mitteilen, daß auch das Element *Thorium* (Atomgewicht A = 232) Strahlungen emittiert. Dieselbe Entdeckung machte eine Woche früher, am 4. April 1898, auch GERHARD CARL SCHMIDT (1865–1949).

Die systematische Durchmusterung aller ihr zugänglichen Mineralien zeigte MARIE CURIE sehr bald, daß Strahlungen nur vorhanden waren, wenn die Kristalle entweder Uran oder Thorium enthielten. In manchen Mineralien waren beide Elemente enthalten. Ferner ergab sich, daß die Intensität der Strahlung und damit die „Aktivität“ des Präparates um so höher war, je mehr von diesen Elementen in den Mineralien vorhanden war. Es mußte aber auffallen, daß diese beiden Elemente im periodischen System gewissermaßen eine Sonderstellung einnahmen. Ihre Atomgewichte, 238 für Uran und 232 für Thorium, lagen 25 bis 30 Atomgewichtseinheiten höher als die nach sinkenden Werten folgenden, nämlich Wismuth ($A = 209$) und Blei ($A = 207$). Diese große Lücke war völlig unverständlich und mußte offenbar ein Geheimnis bergen, das zur Lösung aufforderte.

Für jede Messung ist eine Vergleichsgröße notwendig, die als Einheit zu dienen hat (1 m, 1 kg, 1 s). Als Vergleichsgröße wurde von Marie Curie die Strahlung einer satten Schicht von reinem Uranoxid U_3O_8 verwendet (später als „Uraneinheit" bezeichnet). Diese bewirkte in ihrem Elektrometer eine Ionisationsstromstärke von $2{,}0 \cdot 10^{-11}$ Ampère (A). Das reine Uranoxid wurde aus einer Pechblende von St. Joachimsthal hergestellt. Die quantitative chemische Analyse dieses Minerals ergab:

U_3O_8	75%	CaO	5%
PbS	5%	FeO	3%
SiO_2	3%	MgO	2%.

Die restlichen 7% verteilten sich auf die seltenen Erden, auf Wismuth, Arsen, Kupfer, Barium und noch etwa 10 weitere Elemente.

Die systematische Strahlenmessung an Pulvern der wichtigsten Uran- und Thoriummineralien ergab ein höchst überraschendes Resultat. Marie Curie fand die folgenden Ionisationsströme:

U_3O_8 (Standard)	$2{,}0 \cdot 10^{-11}$ A
Pechblende	$6{,}5 \cdot 10^{-11}$ A
Chalkotit	$5{,}2 \cdot 10^{-11}$ A
Carnotit	$6{,}5 \cdot 10^{-11}$ A
Thorianit	$5{,}0 \cdot 10^{-11}$ A
Monazit	$0{,}5 \cdot 10^{-11}$ A.

Alle Mineralien, mit Ausnahme des Monazits, der Thorium aber nur in relativ geringen Beimengungen enthält, ergaben gut zwei- bis fast viermal höhere Ströme als das reine Uranoxid! Wie war das zu erklären? Sogar eingedampfte Lösungen der Mineralien, aus denen das Uran durch Fällung abgetrennt worden war, zeigten noch erhebliche Strahlungseffekte.

MARIE CURIE zog aus diesen Ergebnissen den einzig möglichen Schluß, daß in den untersuchten Mineralien, neben dem Uran, noch mindestens ein weiteres strahlendes Element vorhanden sein mußte. Dieses Element kam wohl in die große Lücke des periodischen Systems zwischen Thorium (232) und Wismuth (209) zu liegen. In diesem wissenschaftlich aufregenden Dilemma machte sich MARIE CURIE, zusammen mit ihrem Gatten PIERRE CURIE, sofort auf, dieses weitere strahlende Element zu suchen.

Uranerze, insbesondere Pechblende, wurden nun nach den bekannten Regeln der analytischen Chemie in ihre elementaren Komponenten getrennt und diese jeweils als Niederschläge in feste Form übergeführt. Es zeigte sich sehr bald, daß von einzelnen Fraktionen Strahlungen emittiert wurden, während andere praktisch inaktiv blieben. Die Intensität der Strahlenwirksamkeit, die nun vom Ehepaar CURIE die Bezeichnung *„Radioaktivität"* erhielt, diente als Wegweiser für das weitere chemisch-analytische Vorgehen. Nach mehreren Trennungen wurde eine das Wismuth enthaltende Fraktion erhalten, die etwa vierhundertmal stärker strahlte als der Standard Uranoxid. Diese ungewohnte, sehr hohe Aktivität mußte einem neuen Element zugeordnet werden, welches durch Schwefelwasserstoff aus Lösungen ausgefällt werden konnte. Zu Ehren der Heimat von MARIE CURIE wurde dafür der Name *„Polonium"* vorgeschlagen (C.R. Acad. Sci. 127. 1898. 175). Einige der entscheidenden Sätze aus dieser Publikation sollen zitiert werden. Sie lauten: ... «Les sulfures précipités contiennent une substance très active en même temps que du plomp, du bismouth, du cuivre, de l'arsenic, de l'antimone ... Finalement le corps actif reste avec le bismouth ... Nous croyons donc que la substance que nous avons retirée de la pechblende contient un métal non encore signalé, voisin du bismouth par ses propriétés analytiques. Si l'existance du nouveau métal se confirme, nous proposons de l'appeler polonium, du nom du pays d'origine de l'un de nous».

Weitere chemisch-analytische Arbeiten, zusammen mit dem Chemiker G. BÉMONT, ergaben eine relativ hohe Aktivität der uranfreien Sulfatniederschläge aus Pechblendelösungen. So konnte schon am 26. Dezember desselben Jahres 1898 ein weiteres neues Element angezeigt werden (C.R. Acad. Sci. 127. 1898. 1215). Einige Sätze aus dieser wohl wichtigsten Publikation des Ehepaares CURIE lauten: ... «Au courant de nos recherches nous avons rencontré une deuxième substance fortement radioactive et entièrement différente de la première par ses propriétés chimiques ... La nouvelle substance radioactive que nous venons de trouver a toutes les apparences chimiques du baryum prèsque pur ... Nous croyons néanmoins que cette substance, quoique constituée en majeure partie par le baryum, contient en plus un élément nouveau qui lui communique la radioactivité, et qui d'ailleurs est très voisin du baryum par ses propriétés chimiques ... En dissolvant ses chlorures dans l'eau et en précipitant une partie par l'alcool, la partie précipitée est bien plus active que la partie restée dissoute. ... Nous avons optenu ainsi des chlorures ayant une activité 900 fois plus grande que celle de l'uranium ... M. DÉMARÇAY a trouvé dans le spectre une raie qui ne semble du à aucun élément conu ... Cette raie ... est devenue notable avec le chlorure enrichi par fractionnement jusqu'à l'activité de 900 fois l'uranium ... Les divers raisons que nous venons d'énumerer nous portent à croire que la substance radioactive renferme un élément nouveau, auquel nous proposons de donner le nom radium».

Die Entdeckung des *Radiums* erwies sich in der Folge als außerordentlich viel wichtiger als diejenige des Poloniums. Von höchstem allgemeinem und experimentellem Interesse war die Tatsache, daß Salze dieses Elementes, im Gegensatz zum Polonium, in wägbaren Mengen isoliert werden konnten. Man wurde damit in die Lage versetzt, beliebige Manipulationen und Versuche anzustellen. Sehr früh auch schon wurden Radiumpräparate medizinisch zur Strahlentherapie verwendet (DANLOS, ROLLINS).

Zur absoluten Sicherstellung des neuen Elementes Radium war es notwendig, die zwei seiner wichtigsten besonderen Eigenschaften zu eruieren, nämlich sein Atomgewicht einerseits und sein Lichtspektrum andererseits. Jedes Element hat ein nur ihm zukommendes Atomgewicht, und jedes Element sendet, wenn es zum Leuchten gebracht wird (z. B. durch Verdampfen in der Gasflamme oder im elektrischen Lichtbogen oder Funken), ein charakteristisches Licht aus. Wird dieses Licht durch ein optisches Prisma geschickt und dabei in seine Farben zerlegt, so besteht sein „Spektrum" aus ganz bestimmten Linien, die nur diesem besonderen Element zukommen. MARIE und PIERRE CURIE haben versucht, die beiden genannten zur Charakterisierung erforderlichen Eigenschaften des Radiums festzulegen.

8.2. Reine Radiumsalze

Bei den chemischen Arbeiten, die zur Abtrennung des Radiums aus Uranlösungen führen sollten, hatte sich herausgestellt, daß beim Eindampfen von salzsauren Lösungen die ersten sich bildenden Kristalle eine höhere Radioaktivität zeigten als die später ausfallenden. Radiumchlorid ($RaCl_2$) mußte offenbar etwas schwerer löslich sein als die Salze der chemisch verwandten Erdalkalien, insbesondere Bariumchlorid. Auf Grund dieser Tatsache wurden nun in einem ziemlich elenden Schuppen der Ecole de Physique der Stadt Paris Versuche unternommen, die dem Zweck dienten, das Element Radium rein darzustellen. Dabei erbot sich der damals wohl beste Kenner der Spektralanalyse in Frankreich, E. DÉMARÇAY, an, an den jeweiligen Fraktionen spektroskopische Prüfungen vorzunehmen.

Eine erste auf diese Weise erhaltene Fraktion aus dem Jahr 1899 zeigte eine Aktivität, die neunhundertmal höher war als diejenige des Standards Uranoxid. Eine von MARIE CURIE vorgenommene Atomgewichtsbestimmung ergab den Wert von 137, also das Atomgewicht des Bariums! (genauer Wert: 137,34), DÉMARÇAY fand aber im Funkenspektrum dieses Chlorids eine sehr schwache Spektrallinie mit der Wellenlänge von 381,47 nm, die er keinem der bisher bekannten Elemente zuordnen konnte.

Mit einer mehrmals umkristallisierten, neuen Fraktion, mit der sehr hohen Aktivität des 3500fachen Uranoxidwertes wurde im selben Jahr ein Atomgewicht von 140 gefunden. Es mußte also im Bariumchlorid eine Beimischung eines Elementes mit höherem Atomgewicht enthalten sein. Die Spektrallinie mit der Wellenlänge 381,47 nm (im nahen Ultraviolett) war jetzt sehr gut sichtbar. Dazu trat eine neue Linie bei der Wellenlänge 508,13 nm (im Blau) auf. Eine erneute fraktionierte Umkristallisation ergab im folgenden Jahr 1900 ein Präparat mit einer 7500fachen Aktivität des Standards, und wieder fand DÉMARÇAY eine Verstärkung der Spektrallinien. Die Atomgewichtsbestimmung an dieser Fraktion zeitigte wieder einen etwas höheren Wert von 145,8.

Diese Ergebnisse schienen einerseits sehr ermutigend; andererseits waren sie aber recht bemühend. Es war anzunehmen, daß das Atomgewicht des im Bariumchlorid enthaltenen Radiums in der großen Lücke des periodischen Systems zwischen dem Wismuth (209) und dem Thorium (232) liegen müsse. Die Fraktionen mit den Atomgewichten um 140 herum konnten demnach nur geringe Mengen Radium enthalten. Trotzdem waren aber für deren Präparation schon relativ große Massen Pechblende nötig gewesen.

Wägbare Radiummengen konnten also nur durch Verarbeitung relativ sehr großer Massen an Ausgangsmaterial gewonnen werden. Wo sollte aber dieses Material hergenommen werden können? In Würdigung der bedeutungsvollen Forschungen des Ehepaares CURIE wandte sich die französische Akademie der Wissenschaften an ihre Schwesterinstitution im Kaiserreich Österreich-Ungarn mit der Bitte, dem Ehepaar CURIE entsprechendes Rohmaterial zur Verfügung zu stellen. Die Minenunternehmung von St. Joachimsthal in Böhmen war damals die einzige wirklich größere Quelle für Uran. Der Präsident der österreichischen Akademie der Wissenschaften, der weltbekannte Geologe EDUARD SUESS (1831–1914), setzte sich dafür ein, diesem Gesuch zu entsprechen. Zum großen Glück konnte für die Arbeiten des Ehepaares CURIE „praktisch wertloses“ Material abgegeben werden, das sich aber zur Isolierung des Radiums besonders gut eignete. Bei der Urangewinnung aus dem rohen

Material Pechblende wurde diese zunächst bei hoher Temperatur geröstet, dann pulverisiert und mit Schwefelsäure (H_2SO_4) ausgelaugt. Dabei ging das Uran in Lösung, und das Radium blieb als unlösliches Sulfat ($RaSO_4$) im Rückstand. Diese Uranrückstände waren jahrelang in den nahen Bach geworfen worden und damit verlorengegangen.

Der damalige Direktor der Uranfabrik von St. Joachimsthal, G. Kroupa, hatte aber größere Mengen dieser Rückstände sammeln und auf eine Halde werfen lassen, um daraus vielleicht später doch noch etwas Silber oder Blei zu extrahieren. Auf die Veranlassung von Eduard Suess hat das k. und k. Ackerbauministerium dem Ehepaar Curie zunächst zwei Eisenbahnwagenladungen dieser Rückstände unentgeltlich zur Verfügung gestellt. Nur die Transportkosten mußten bezahlt werden. Später erfolgten dann noch weitere, große Gratislieferungen. Alles in allem hat die österreichische Regierung 60 Tonnen Uranrückstände dem Ehepaar Curie zur Radiumgewinnung ohne Entgelt abgegeben. Sie hat sich damit höchste Verdienste um die Wissenschaft der Radioaktivität erworben. Die daraus isolierten Radiummengen stellten später einen Wert von einigen Millionen Goldfranken dar!

Die in größerem Maßstab in dem Schuppen der Ecole de Physique vorgenommenen Aufbereitungen der Uranrückstände hatten nun kaum mehr Laboratoriumscharakter. Es war jetzt notwendig, mit Fässern, Bottichen, Kannen und großen Schalen zu manipulieren. Auch besonders die zur Radiumisolierung notwendigen fraktionierten Umkristallisationen der Chloride mußten fast nach chemotechnischen Verfahren durchgeführt werden. Dabei erwies sich ein kontinuierliches „Recycling“-Verfahren als besonders geeignet. Die nach der Auskristallisation der ersten Chloridfraktionen nun an Radium verarmten Lösungen wurden immer in einer rückwärtigen Stufe erneut zur Kristallisation gebracht. Damit ging kein wertvolles Material verloren. Die an Radium angereicherten Kristalle wurden wieder aufgelöst und in einer nachfolgenden Schale erneut eingedampft und auskristallisiert (Abb. 7).

Durch diese langwierige und mühevolle, stets gleichartige Arbeit (wohl nur eine Frau konnte hierzu die nötige Geduld und

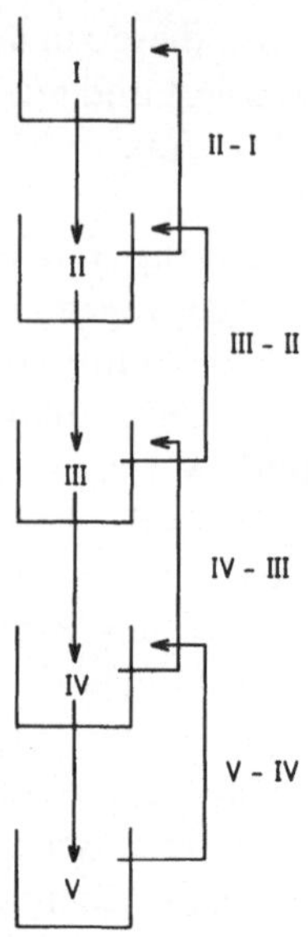

Abb. 7. „Recycling"-Verfahren zur Trennung der Chloride vom Radium und Barium. Die an Radium verarmten Lösungen, nach Abtrennung der an Radium reicheren Kristalle, werden wieder einer rückwärtigen Lösung zur weiteren Kristallisation zugeführt

Ausdauer aufbringen, gelang es MARIE CURIE im Jahre 1902, zwei Präparate herzustellen, deren Aktivität eine Million mal höher war als die des Uranoxids. Die hiermit vorgenommenen Atomgewichtsbestimmungen ergaben die Werte 223 und 225. Immer noch waren aber nach DÉMARÇAY die Spektrallinien des Bariums neben einer ganzen Serie neuer Linien des Radiums sehr deutlich sichtbar. Die erhaltenen Salze waren also noch keineswegs reine Radiumchloride. Noch weitere fünf Jahre stets gleichförmiger und damit sicher langweiliger Kristallisationsarbeit mußten aufgewendet werden, bis endlich im Jahre 1907 DÉMARÇAY mitteilen konnte, daß an einer Probe aus diesem Jahr die stärkste Bariumlinie von 453,33 nm gerade noch schwach sichtbar sei. Dieses Salz ergab bei der Bestimmung ein Atomgewicht von 226,34 (heutiger Wert: 226,05). Hiermit war die Existenz des Radiums als neues Erdalkalimetall über alle Zweifel sichergestellt. Zu dieser Reindarstellung des Radiumchlorids waren insgesamt etwa 50 nacheinander folgende Kristallisationen notwendig gewesen. Später wurde von MATIGNON gefunden, daß bei der fraktionierten Kristallisation der Bromide ($RaBr_2$ und $BaBr_2$) zur Reindarstellung des Radiumbromids nur etwa 15 Umkristallisationen erforderlich sind, weil Radiumbromid in Wasser bedeutend schwerer löslich ist als Bariumbromid.

Mittlerweile waren die Entdeckungen von BECQUEREL und dem Ehepaar CURIE in aller Welt bekannt geworden, und in aller Welt wandten sich auch die Forscher dem neuen und aufregenden Wissensgebiet „Radioaktivität" zu. Den Entdeckern dieser, die damaligen wissenschaftlichen Anschauungen in ihren Gründen erschütternden Naturerscheinungen. HENRI BECQUEREL und MARIE und PIERRE CURIE wurde im Jahre 1903 der Nobelpreis für Physik verliehen, „als Anerkennung für die außerordentlichen Verdienste, die sie sich durch die Entdeckung der spontanen Radioaktivität und der Strahlungsphänomene erworben haben". In seinem Nobelvortrag für sich und seine Gattin (6. Juni 1905) hat PIERRE CURIE erstmals darauf hingewiesen, daß der Fortschritt der Wissenschaft für die Menschheit nicht nur günstige Seiten hat, sondern daß damit auch ernsthafte Gefahren verbunden sein könnten. Acht Monate später wurde er in Paris das Opfer eines Verkehrsunfalles.

Wir Heutigen sind, ein Menschenalter später, mit den Gefahren der Wissenschaft in schauerlichster Weise konfrontiert worden, und viele unserer Generation haben die Folgen der ethischen Unreife der Menschheit gegenüber der umfassenden Naturerkenntnis am eigenen Leibe erfahren müssen. Trotzdem darf aber mit Bestimmtheit gesagt werden, daß die sinnvollen Anwendungen von Radioaktivität und Strahlenforschung in den vergangenen 85 Jahren mehr menschliches Leben erhalten als vernichtet haben, und dies einschließlich der Toten von Hiroshima und Nagasaki!

Bis von MARIE CURIE eine größere Menge reinstes Radiumchlorid hergestellt werden konnte, mußten nochmals vier Jahre intensivster Arbeit verbracht werden. Im August 1911 konnte sie ein Präparat von 21,99 mg (Milligramm) in Brüssel einer internationalen Kommission vorlegen, die es zum „Internationalen Radiumstandard" erklärte.

Im Anschluß daran wurde Marie Curie, als bisher einzigen Person 1911 der zweite Nobelpreis, diesmal derjenige der Chemie, verliehen, „als Anerkennung des Verdienstes, das sie sich um die Entwicklung der Chemie erworben hat durch die Entdeckung der Elemente Radium und Polonium, durch die Charakterisierung des Radiums und dessen Isolierung in metallischem Zustand und durch die Untersuchungen über die Natur und die chemischen Verbindungen dieses Elements".

9. Neue Stoffe

Jede große Entdeckung der Wissenschaft, gleichgültig wer sie gemacht hat und wo sie stattfand, hat sofort eine Flut von Arbeiten auf dem neu gefundenen Wissensgebiet zur Folge. Überall sind deshalb im Anschluß an die Entdeckungen von Becquerel und diejenigen des Ehepaares Curie die Probleme und Erscheinungen der Radioaktivität als neues Arbeitsgebiet von Forschern aller Naturwissenschaften, von Physikern, Chemikern, Mineralogen, Biologen und Ärzten, mit Energie aufgegriffen und bearbeitet worden.

Wie bereits erwähnt, konnte noch im gleichen Jahr mit dem Polonium und dem Radium von Schmidt und Marie Curie auch die Radioaktivität des *Thoriums* (Th) gefunden werden. Eingehende chemisch-analytische Untersuchungen an Uranmineralien führten A. Debierne 1898 zur Auffindung des Elementes *„Aktinium"* (Ac). Dieser neue, radioaktive Grundstoff wurde zusammen mit Eisen aus Pechblendelösungen abgeschieden. Ein Jahr später (1899) entdeckte R. B. Owens bei thoriumhaltigen Stoffen die Gegenwart eines radioaktiven Gases, einer „Emanation". Diese erhielt später die Bezeichnung *Thoron* (Tn). Eine entsprechende „Emanation", später als *Radon* (Rn) bezeichnet, fand E. Dorn auch in radiumhaltigen Präparaten. Schließlich konnte F. Giesel 1902 mit Actinium zusammen auch eine „Emanation", später *Actinon* (An) genannt, nachweisen.

Alle Gegenstände, die sich in der Nähe von offenen, radiumhaltigen Präparaten befanden, zeigten nach einiger Zeit, wie erstmals von MARIE und PIERRE CURIE beobachtet wurde, eine „induzierte" Radioaktivität. Diese Beobachtung war zunächst schwer zu verstehen. Über längere Zeit ausgeführte Messungen von P. CURIE und J. DANNE ergaben 1903 ein zeitliches Auf- und Absteigen und später ein ziemlich schnelles Abklingen der „induzierten" Aktivität. Diese ließ sich durch Behandlung der Oberfläche der Körper mit Mineralsäuren ablösen und fand sich dann in der Lösung wieder. Die „induzierte" Radioaktivität erhielt deshalb später die Bezeichnung *aktiver Niederschlag.* Die Deutung des zeitlichen Verlaufes gab zwei Jahre später ERNEST RUTHERFORD (1871–1937). Er stellte fest, daß der aktive Niederschlag aus der zeitlichen Folge von drei verschiedenen Stoffen besteht, die auseinander entstehen. Er benannte sie mit *Radium A* (Po-Isotop), *Radium B* (Pb-Isotop) und *Radium C* (Bi-Isotop). Zur gleichen Zeit fand er auch einen aktiven Niederschlag, der durch Thorium verursacht wurde und der sich ebenfalls aus drei Gliedern, *Thorium A* (Po-Isotop), *Thorium B* (Pb-Isotop) und *Thorium C* (Bi-Isotop) zusammengesetzt erwies. Daß auch aus Actinium ein aktiver Niederschlag entsteht, ist erst 1910 durch HANS GEIGER (1882–1945) gefunden worden. Auch hier liegt eine Zusammensetzung aus *Actinium A* (Po-Isotop), *Actinium B* (Pb-Isotop) und *Actinium C* (Bi-Isotop) vor.

Schon 1900 war aufgefallen, daß frisch hergestellte Uranpräparate nach einigen Tagen sehr bedeutend stärker strahlten als kurz nach ihrer Präparation. Dabei war die Strahlung gealterter, reiner Uranverbindungen durch schwarzes Papier hindurch photographisch wirksam. Bei ganz frischen Verbindungen war sie das nicht. W. CROOKES ist es gelungen, diesen photographisch wirksamen Anteil vom Uran chemisch abzutrennen. Er war dabei sicher, einen neuen Stoff entdeckt zu haben und nannte ihn Uran X. Viel später, nämlich erst 1913, wurde dann von K. FAYANS und O. GÖHRING nachgewiesen, daß dieser vom Uran abtrennbare, stark strahlende Stoff aus zwei Elementen besteht, die als *Uran* X_1 (Th-Isotop) und *Uran* X_2 (Pa-Isotop) bezeichnet worden sind.

Aus den besonderen Strahlungsverhältnissen des reinen Urans haben H. N. McCoy und W. H. Ross schon 1906 geschlossen, daß dieses Element nicht einheitlicher Natur sein könne. H. Geiger und E. Rutherford haben dann 1910 gefunden, daß die Strahlung des reinen Urans aus zwei Komponenten besteht und daß sie zahlenmäßig etwa doppelt so stark ist wie diejenige von Radium oder Radon. Aus diesen Beobachtungen haben sie geschlossen, daß Uran aus zwei *Isotopen* (gleichartige Stoffe mit verschiedenem Atomgewicht) bestehen müsse. Diese erhielten die Bezeichnungen *Uran I* (Atomgewicht 238) und *Uran II* (Atomgewicht 234). In neuerer Zeit wurde dann noch ein drittes Uranisotop mit dem Atomgewicht 235 gefunden. Dieser Grundstoff ist seiner besonderen Eigenschaften wegen zu höchster technischer, aber auch politischer und militärischer Bedeutung gelangt. Nach genauen Untersuchungen der vergangenen Jahre setzt sich das natürliche Uran aus 99,2743% Uran-238, 0,7200% Uran-235 und 0,0057% Uran-234 zusammen.

Uran- und Thorium-Mineralien enthalten, wie sich an zahlreichen Laboratorien zeigte, eine ganze Anzahl Stoffe, die sich mit verfeinerten chemisch-analytischen Methoden voneinander trennen und isolieren lassen. Neben den schon erwähnten Elementen wurde von B. B. Boltwood 1906 zusammen mit den seltenen Erden eine radioaktive Substanz gefunden, die die Bezeichnung *Ionium* (Io) erhielt und sich später als Isotop des Thoriums erwies. Bei der Reindarstellung dieses letztgenannten Elementes wurde von Otto Hahn (1879–1968) ein weiterer, stark radioaktiver Stoff gefunden, der den Namen *Radiothor* (Th-Isotop) erhielt. Anschließend, im Jahre 1907, fand Hahn in mehrere Wochen alten, reinen Thoriumpräparaten noch zwei weitere Substanzen, denen die Bezeichnungen *Mesothor I* (Ra-Isotop) und *Mesothor II* (Ac-Isotop) zugeordnet wurden.

Bei der schon früher vorgenommenen chemischen Untersuchung von Thorium durch Rutherford und F. Soddy konnte 1902 in geringen Mengen ein stark strahlender Stoff zusammen mit Barium abgeschieden werden, der von den Autoren mit *Thorium X* (Ra-Isotop) bezeichnet worden ist.

Schon in der frühesten Zeit der Radioaktivitätsforschung war aufgefallen, daß alle Uran- und Thorium-Mineralien stets in verschiedenen Konzentrationen Blei enthalten. Aus diesen Mineralien abgeschiedene reine Bleipräparate erwiesen sich als radioaktiv. Auch von irgendwelchen Körpern, welche eine „induzierte Radioaktivität" aufwiesen, konnte mit Säuren in sehr geringen Mengen ein Stoff abgelöst werden, der sich als Blei erwies und von J. ELSTER und H. GEITEL als „Radioblei" bezeichnet wurde. Unter Einbezug aller drei aktiven Niederschläge (Radium, Thorium, Actinium) fand sich dieses „Radioblei" später aus vier Bleiisotopen zusammengesetzt, denen die Bezeichnungen Ra B (A = 214), Th B (A = 212), Ac B (A = 211) und Ra D (A = 210) zugeordnet wurden. Dazu sind im natürlichen Blei noch die vier nichtradioaktiven Isotope mit den Atomgewichten 208, 207, 206 und 204 enthalten.

Die sehr eingehende Untersuchung des Wismuth-Isotops Ra C aus dem aktiven Niederschlag des Radiums durch OTTO HAHN und LISE MEITNER ergab 1909 die Uneinheitlichkeit dieser Substanz. Es konnte darin ein Po-Isotop, das die Bezeichnung Ra C′ und ein Tl-Isotop, das die Bezeichnung Ra C″ erhielt, nachgewiesen werden. Ebenso wurden anschließend zusammen mit Th C und Ac C die Po-Isotope Th C′ und Ac C′ und die Tl-Isotope Th C″ und Ac C″ gefunden. Schließlich entdeckten HAHN und MEITNER und ebenso SODDY und J. A. CRANSTON einen Grundstoff, der den Namen *Protactinium* (Pa) erhielt.

Nach der Einordnung all dieser neuen Stoffe in die Tabelle des periodischen Systems war die große Lücke zwischen Thorium (232) und Wismuth (209) beinahe geschlossen. Für ihre Entdeckungen und Stoffcharakterisierungen erhielten Nobelpreise die Forscher E. RUTHERFORD (1909, Chemie), F. SODDY (1921, Chemie) und G.T. SEABORG (1951, Chemie). Die beiden letzten noch fehlenden Elemente des periodischen Systems, das *Francium* (Kernladungszahl 87) und das *Astatinum* (Kernladungszahl 85), wurden erst 1939 und 1940 auf Grund einer Voraussage von W. MINDER (1938) entdeckt. Das letztere war schon vorher durch SEABORG künstlich hergestellt worden.

10. Die Strahlungen der radioaktiven Stoffe

Die Bezeichnung „radioaktiv“ rührt von der Tatsache her, daß die so bezeichneten Stoffe „strahlenwirksam“ sind. Die Radioaktivität wurde ja auch der Strahlungen wegen von Becquerel entdeckt, und es war durchaus verständlich, daß ursprünglich von „Becquerelstrahlen“ gesprochen wurde. Nun war aber schon früh aufgefallen, daß diese Strahlungen nicht von einheitlicher Natur sein konnten. Es zeigte sich nämlich, wie Pierre Curie 1900 erstmals nachwies, daß die ionisierende Wirkung in der Luft, etwa eines Poloniumpräparates, nur innerhalb kurzer Abstände von etwas über 3 cm nachzuweisen war, während aber ein Elektrometer durch die Strahlung eines Radiumpräparates auch auf relativ große Abstände langsam aber sicher entladen wurde. Schon im Jahre vorher hatte Rutherford die sehr verschiedene Durchdringungsfähigkeit der Becquerelstrahlen nachgewiesen. So wurde der Hauptteil ihrer ionisierenden Wirkung schon durch sehr dünne Stoffschichten, etwa durch ein Blatt dickes Papier zurückgehalten, während ein geringerer Anteil dickere, eventuell sehr dicke Schichten auch schwererer Stoffe zu durchdringen vermochte.

Eine weitere Klärung der Natur der Strahlungen brachten die gleichzeitig von Becquerel in Paris und von St. Meyer und E. v. Schweidler in Wien 1899 unternommenen Versuche, besonders aber die zwei Jahre später von Becquerel erneut durchgeführten, gründlichen Untersuchungen über die Ablenkung der Becquerelstrahlen im magnetischen Feld. Becquerel bediente sich dabei einer sehr geistreichen aber einfachen Versuchsanordnung. In einer flachen Metallkapsel von etwa 10 cm Durchmesser befindet sich an deren Peripherie eine weitere kleine Kapsel von etwa 2 cm Durchmesser, an deren Peripherie eine Anzahl Löcher angeordnet sind. Auf dem Grund der kleinen Kapsel befindet sich ein Radiumpräparat, dessen Strahlungen durch die peripheren Löcher in die große Kapsel austreten können. Längs deren Mantel ist ein photographischer Film eingelegt. Das ganze System ist evakuiert. Jeder austretende Strahl verursacht auf dem Film einen engumschriebenen Schwärzungspunkt. Wird nun der Apparat zwischen die

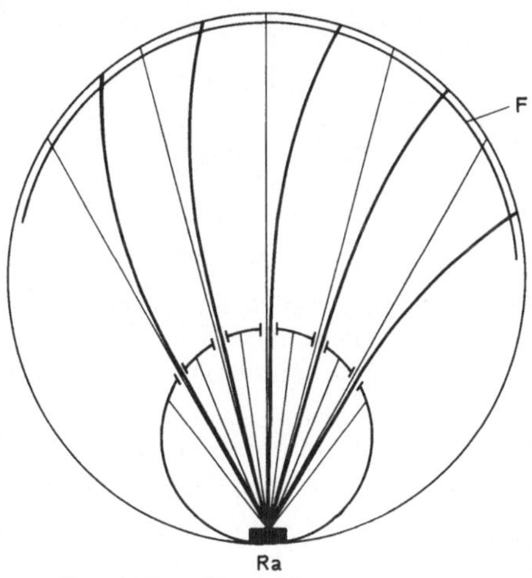

Abb. 8. Versuchsanordnung von Becquerel zum Nachweis der Ablenkung der „Becquerelstrahlen" in einem Magnetfeld. *Ra* Radiumpräparat; *F* photographischer Film

Pole eines starken Magneten gebracht, so verschieben sich die Schwärzungen gegenüber den geometrischen Projektionen der Löcher der kleinen Kapsel auf den Film. Gleichzeitig werden die Schwärzungspunkte auseinandergezogen. Aus der Richtung der Ablenkung konnte Becquerel schließen, daß die Strahlung negativ geladen sein mußte und der damals schon bekannten Kathodenstrahlung ähnlich war (Abb. 8).

10.1. Charakterisierung der Strahlungen

Versuche zur Ablenkung der Strahlung eines Poloniumpräparates im Magnetfeld ergaben zunächst negative Resultate. Es wurde deshalb angenommen, daß diese Strahlung elektrisch ungeladen sei. In einem scharfsinnig konzipierten Versuch von Rutherford (Abb. 9) konnte aber 1902 ihre positive Ladung erwiesen werden. Die Strahlung eines starken Radiumpräparates (auf einer Platte niedergeschlagenes Radiumsalz) mußte zunächst eine Serie von parallelen Metallplatten mit geringen Zwischenräumen durchlaufen. Die Strahlung konnte also nur

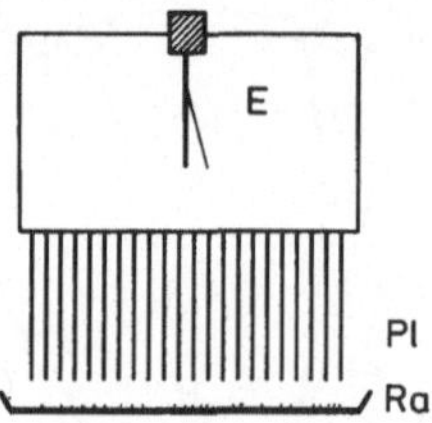

Abb. 9. Versuch von E. RUTHERFORD zur magnetischen Ablenkung der α-Strahlen. *E* Elektrometer; *Pl* parallele Metallplatten; *Ra* auf einer Metallunterlage niedergeschlagenes Radiumsalz

parallel zu diesen Platten in ein angeschlossenes Elektrometer gelangen. Ein starkes Magnetfeld parallel zu den Platten lenkte die Strahlung ein wenig ab, so daß sie in den Platten absorbiert wurde und nicht mehr ins Elektrometer eintreten konnte. Während ohne Magnetfeld ein starker Ionisationsstrom gemessen wurde, fiel dieser mit magnetischem Feld bis auf einen geringen Anteil aus.

HENRI BECQUEREL bewies dann 1903 auch die Ablenkung der Poloniumstrahlen. Das Polonium lag am Boden einer Bohrung in einem kleinen Bleiblock. Über der Bohrung befand sich eine Metallplatte mit einer Öffnung, eine Blende, durch die die Strahlung aus dem Bohrloch durchtreten konnte. Oberhalb der Metallplatte war eine Photoplatte angebracht. Wurde das ganze System zwischen die Pole eines starken Magneten gebracht, so bildete sich die durch die Öffnung in der Metallplatte durchdringende Strahlung neben deren geometrischer Projektion ab. Beim Umpolen des Magnetfeldes wurden zwei Schwärzungsflecke erhalten, die symmetrisch zur geometrischen Richtungsprojektion angeordnet waren.

Die Strahlungsverhältnisse eines älteren Radiumpräparates, wie sie sich aus all diesen Untersuchungen ergeben hatten, haben durch RUTHERFORD 1902–1903 auf Grund eines wohldurchdachten Versuchs die endgültige Interpretation erfahren. Dabei bediente er sich grundsätzlich derselben Methode, die schon BECQUEREL angewandt hatte. In der tiefen Bohrung eines Bleiblocks befand sich ein Radiumpräparat, dessen Strahlung nur als feines Bündel nach außen treten konnte. In einem starken

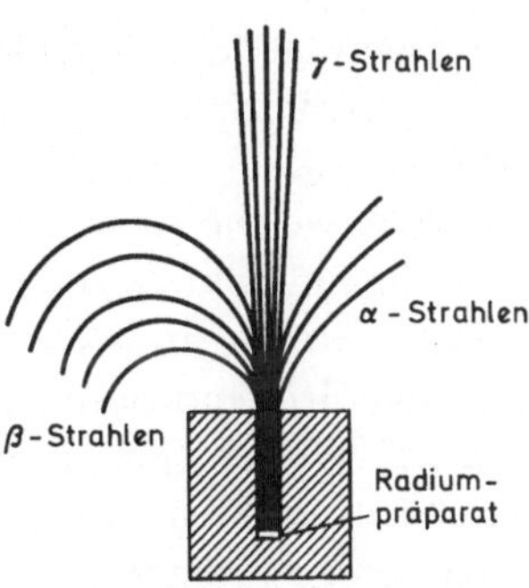

Abb. 10. Grundversuch von RUTHERFORD zur magnetischen Zerlegung der Strahlung von Radium in die Komponenten: α-Strahlen, β-Strahlen und γ-Strahlen. Durch das Magnetfeld werden die α-Strahlen nach rechts, die β-Strahlen nach links und die γ-Strahlen nicht abgelenkt

Magnetfeld wurde die Strahlung in drei Komponenten zerlegt. Eine Komponente wurde stark nach links abgelenkt, eine zweite in geringem Maße nach rechts, und eine dritte erlitt gar keine Ablenkung. Zum Ergebnis dieses Versuches äußerte sich RUTHERFORD, wie folgt: „Es gibt (Abb. 10)

α) Strahlen, gebildet aus positiv geladenen, rasch fliegenden Partikeln der Größe der Heliumatome, die wenig ablenkbar sind im magnetischen Feld, und zwar im Sinne der Kanalstrahlen.

β) Strahlen, gebildet aus elektrisch negativen Korpuskeln (Elektronen), die relativ stark ablenkbar sind, je härter, desto weniger, in voller Analogie zu den Kathodenstrahlen.

γ) Strahlen, die sich als unablenkbar erweisen und keine Ladung tragen.“

Die griechischen Buchstaben *α*, *β*, *γ* sind in der Folge als direkte Bezeichnungen für die drei Strahlenarten verwendet worden, so daß man an diese Versuche anschließend und bis zum heutigen Tage von *α*-Strahlen, *β*-Strahlen und *γ*-Strahlen sprach und spricht.

Mit dieser Einteilung waren aber die Probleme der „Becquerelstrahlung“ noch nicht vollständig gelöst; im Gegenteil. Es mußte als besonders vornehme wissenschaftliche Aufgabe angesehen werden, die jeweilige Natur der einzelnen Strahlenarten und deren besondere Eigenschaften zu untersuchen und aufzuklären. Die ganze wissenschaftliche Welt widmete sich diesen erregenden Fragen. Ein ganz besonders schwieriges Problem bot die Erklärung der Energie, welche diese Strahlungen mit sich führen. Woher nahmen die radioaktiven Grundstoffe die Kraft, Partikel von der Masse des Heliumatoms auszuwerfen, dies mit Geschwindigkeiten von der Größenordnung etwa eines Zehntels der Lichtgeschwindigkeit? Woher auch stammten die elektrischen Ladungen, welche α-Strahlen und β-Strahlen mit sich führen? Warum zeigten einige radioaktive Elemente neben α- oder β-Strahlen zusätzlich γ-Strahlen, andere aber nicht? Fragen über Fragen, wissenschaftlich brennende Fragen, die gebieterisch eine umfassende Antwort erheischten.

Da war schon 1903 durch Pierre Curie und A. Laborde entdeckt worden, daß Radiumsalze stets wärmer sind, als ihre Umgebung, indes, ohne daß hierbei irgendwelche andere Änderungen festgestellt werden konnten. Im selben Jahre fanden William Ramsay (1852–1916) und Frederik Soddy (1877–1956), daß in eine Geisslerröhre eingeschlossenes Radon nach einiger Zeit ein Heliumspektrum zeigte, also *Helium* gebildet worden war. Bestand wohl zwischen der Wärmeentwicklung und der Heliumbildung ein Zusammenhang? Waren vielleicht die als α-Strahlen bezeichneten Korpuskeln Heliumatome? War deren Geschwindigkeit und die damit verbundene kinetische Energie die Ursache der Wärmebildung? Woher kam diese Energie?

Zwei Möglichkeiten der Erklärung konnten in Betracht gezogen werden, wollte man nicht soweit gehen, das als umfassend geltende Prinzip von der Erhaltung der Energie in Frage zu stellen:

a) Möglicherweise besitzen schwere Atome einen Vorrat an *potentieller Energie,* der sich bei der Emission der Strahlungen in freie Energie umwandelt.

b) Radioaktive Stoffe haben die Fähigkeit, Energie aus der Umgebung aufzunehmen, sei es in Form von Wärme (Crookes) oder aber in Form von irgendwelcher unbekannter Strahlung (Marie Curie). Sie können diese aufgenommene Energie dann in der Form ihrer Strahlungen wieder abgeben.

Die zweite der erwähnten Hypothesen (b) mußte schon frühzeitig aus theoretischen (Zweiter Hauptsatz der Thermodynamik) und experimentellen Gründen (J. ELSTER und H. GEITEL) aufgegeben werden. Welcher Art aber die „potentielle Energie" (a) der Atome ist, konnte erst in neuester Zeit aufgeklärt und verstanden werden.

10.1.1. α-Strahlen

Nachdem schon 1897 J. BORGMANN gezeigt hatte, daß ein mit Zinkblendepulver bestrichener Schirm sich durch sein Fluoreszenzleuchten besonders gut zum Nachweis von α-Strahlen eignet, haben CROOKES sowie ELSTER und GEITEL 1903 gefunden, daß sich dieses Leuchten bei Betrachtung durch eine starke Lupe in voneinander getrennte, sehr kurzzeitige, schwache Lichtblitze, sog. *„Szintillationen"* auflöst. ERICH REGENER (1881–1955) hat später (1908) bewiesen, daß jedem einzelnen Lichtblitz das Einfallen eines α-Strahls auf den Schirm zukommt. Damit war erwiesen, daß die α-Strahlung aus einzelnen Strahlenpartikeln besteht. Gleichzeitig war aber auch eine Methode zu deren Zählung gefunden.

Ein weiteres Verfahren zur Strahlenzählung wurde schon im gleichen Jahr von RUTHERFORD und besonders von HANS GEIGER (1852–1945) angewandt. Es gründet sich auf die Wirkung eines Gasions in einem hohen elektrischen Feld. Das Ion erleidet hierbei eine starke Beschleunigung. Auf seinem Weg durch das Feld stößt es mit Gasmolekülen zusammen und entreißt ihnen dabei Elektronen. So werden zahlreiche weitere Gasionen gebildet. Durch diesen Vorgang der „Stoßionisation" können in einem geeigneten, abgeschlossenen (Abb. 11) Raum („Geiger-Röhre") so starke „Ionenlawinen" erzeugt werden, daß sie an einem empfindlichen Elektrometer einen erheblichen Ausschlag verursachen. Natürlich können die Spannungsänderungen durch die Ionenlawine an der Innenelektrode der Geiger-Röhre auch durch einen Verstärker so verstärkt werden, daß durch sie ein elektrisches Zählwerk („Geigerzähler") oder ein anderes Registriergerät betrieben werden kann. Solche und ähnliche (Szintillationszähler) moderne Apparaturen haben in den letzten

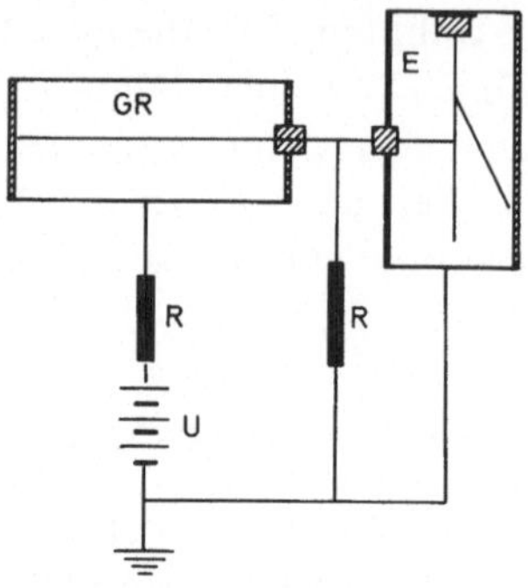

Abb. 11. Prinzipschaltung einer Geigerröhre (*GR*) mit einem Elektrometer (*E*) zur Zählung von α-Strahlen. *U* hohe Spannung an der Geigerröhre; *R* Widerstände

Jahren technisch eine außerordentliche Entwicklung erfahren und erlauben heute praktisch jede Art von Radioaktivitätsmessungen, unter weitestgehender Anwendung zahlreicher Formen der Automatik. Es soll aber nochmals auf die an sich erstaunliche Tatsache hingewiesen werden, daß mit diesen Apparaturen *einzelne Strahlen* und damit *einzelne Atomprozesse* registriert werden können.

Damit die α-Strahlen in die Geiger-Röhre eintreten können, muß diese eine Öffnung aufweisen. Hat das α-strahlende Präparat von dieser Öffnung den Abstand r, und weist die Öffnung die Fläche f auf, so ist die Zahl der in die Röhre eintretenden α-Strahlen durch den Ausdruck $n' = n \cdot f/4\pi r^2$ gegeben, wenn n die Gesamtzahl der vom Präparat emittierten α-Strahlen beträgt. Mit diesen beiden erwähnten Zählmethoden wurde die von einem Präparat bekannten Gewichtes ausgesandte Anzahl α-Strahlen bestimmt.

Konkret wurde von Rutherford und Geiger so vorgegangen, daß sie eine sehr dünne Schicht von Ra C (Bi-Isotop) aus einem gewogenen Radiumpräparat auf eine Metallunterlage niederschlugen und die Zahl der davon ausgesandten α-Strahlen bestimmten. Ähnliche Messungen sind in der Folge in größerer Zahl von verschiedenen Forschern vorgenommen worden. Der beste Wert der Zahl der von einem Gramm Radium emittierten α-Strahlen beträgt

$$3{,}71 \cdot 10^{10} \ \alpha\text{-Strahlen pro Sekunde und Gramm,}$$

also 37 Milliarden pro Gramm Radiumelement ohne Folgeprodukte.

Daß α-Strahlen eine positive elektrische Ladung mit sich führen, ergab sich schon aus ihrer Ablenkung im magnetischen Feld. Ablenkungen im elektrischen Felde, die bereits 1902 durch RUTHERFORD vorgenommen worden waren, ergaben dasselbe Resultat. Aus der Kombination der beiden Ablenkungen, aus den dabei erzielten experimentellen Ergebnissen und den dazu erforderlichen magnetischen und elektrischen Feldstärken konnten zwei sehr wichtige Größen bestimmt werden. Das eine dieser Ergebnisse war die sogenannte *spezifische Ladung* der α-Strahlen, d.h. das Verhältnis der Ladung E zur Masse M, also $\frac{E}{M}$, das andere die Geschwindigkeit der Korpuskeln.

Bei der Ablenkung im magnetischen Feld ergab sich die Beziehung $\frac{M}{E}v = k_1$, eine Konstante, die sich aus der magnetischen Feldstärke und dem Krümmungsradius der Ablenkung zusammensetzt. Die Ablenkung im elektrischen Feld ergab einen anderen konstanten Wert, nämlich $\frac{M}{E}v^2 = k_2$, in dem die elektrische Feldstärke, die Länge des Weges im elektrischen Feld und die Geometrie der Ablenkung enthalten sind. Hieraus folgen sofort die Resultate für die Geschwindigkeit

$$v = \frac{k_2}{k_1}$$

und für die spezifische Ladung

$$\frac{E}{M} = \frac{k_2}{k_1^2}.$$

Erste Bestimmungen der spezifischen Ladung ergaben etwas unterschiedliche Zahlenwerte um etwa $5 \cdot 10^4$ elektromagnetische Einheiten pro Gramm α-Strahlen. Der heute angenommene, sehr sorgfältig bestimmte Wert beträgt

$$\frac{E}{M} = 4{,}819 \cdot 10^4 \text{ elm. Einheiten} = 14{,}457 \cdot 10^{13} \text{ (cgs)/g.}$$

Folgt man nun nach den Beobachtungen von RAMSAY und SODDY der Annahme, daß die α-Strahlen geladene Heliumatome sind, so kann sofort deren Ladung berechnet werden. Aus der Avogadroschen Zahl und dem Atomgewicht des Heliums ergibt sich, daß in 1 g Helium $6{,}025 \cdot 10^{23}/4{,}003 = 1{,}5052 \cdot 10^{23}$ Atome enthalten sind. Bei der spezifischen Ladung von $14{,}457 \cdot 10^{13}$ (cgs)/g folgt damit die Ladung eines Heliumatoms zu

$$2e = 14{,}457 \cdot 10^{13}/1{,}5052 \cdot 10^{23} = 9{,}605 \cdot 10^{-10} \text{ (cgs),}$$

oder $3{,}202 \cdot 10^{-19}$ Coulomb. Das ist aber genau die doppelte Elektronenladung von $e = 4{,}8025 \cdot 10^{-10}$ (cgs) $= 1{,}601 \cdot 10^{-19}$ C. Die α-Strahlen sind somit doppelt positiv geladene Heliumatome oder besser ausgedrückt, doppelt positiv geladene Heliumionen.

In der Fortsetzung der Kombination der vorstehenden Zahlenwerte folgt sofort noch ein weiteres wichtiges Ergebnis. Teilt man nämlich die gefundene Ionenladung durch die spezifische Ladung, also $9{,}605 \cdot 10^{-10}/14{,}457 \cdot 10^{13} = 6{,}644 \cdot 10^{-24}$ g, so erhält man die Masse M des α-Teilchens. Dies ist aber genau die vierfache Masse der Atomgewichtseinheit von $A = 1 = 1{,}661 \cdot 10^{-24}$ g; als Beweis für die Identität des α-Strahls mit dem Heliumion.

Der direkte Nachweis der α-Strahlen als Heliumionen wurde 1909 durch RUTHERFORD und T. ROYDS erbracht. Der dazu verwendete, sinnreiche Apparat bestand aus einem größeren Glasgefäß R, an das eine Geisslerröhre GR angeschmolzen war. Im Gefäß R befand sich ein sehr dünnwandiges Glasröhrchen, in dem sich eine bekannte Menge eines Radiumsalzes befand. Das ganze System war mit einer Quecksilberwaagenpumpe verbunden und vollständig evakuiert. Die α-Strahlung des Radiumsalzes konnte durch die Wandung des Röhrchens Ra nach außen in den freien Raum von R austreten. Hier wurde sie zu Helium-

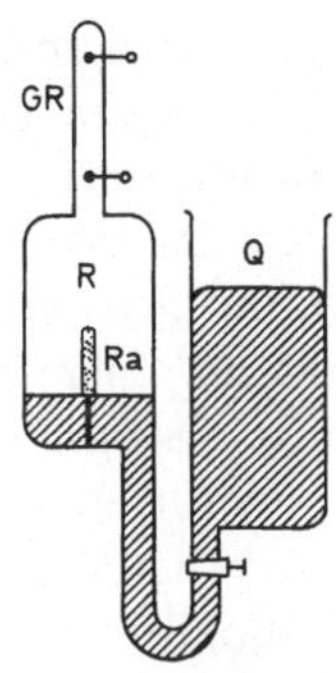

Abb. 12. Versuchsanordnung von Rutherford und Royds zum Nachweis des Heliums bei der α-Strahlung. *GR* Geisslerröhre; *R* Raum, in den die α-Strahlen austreten konnten; *Ra* Radiumpräparat; *Q* Quecksilberwaagenpumpe

atomen, also zu Heliumgas neutralisiert. Durch Heben des Quecksilberniveaus konnte die gesamte Gasmenge in die Geisslerröhre getrieben werden. Diese zeigte bei Betrieb das Linienspektrum des Heliums (Abb. 12).

Eine ähnliche Versuchsanordnung wurde zuerst von J. Dewar 1910 zu quantitativen Messungen verwendet. Bei diesen Untersuchungen wurde gefunden, daß 1 g Radium während eines Jahres 42,3 mm^3 Helium von Normalzustand (0° C, 76 cm Hg Druck) erzeugt. Nun enthält 1 cm^3 eines idealen Gases $2{,}688 \cdot 10^{19}$ Atome. Die Anzahl der von 1 g Radium im Jahr erzeugten Heliumatome beträgt deshalb $0{,}0423 \cdot 2{,}688 \cdot 10^{19} = 1{,}14 \cdot 10^{18}$ Atome. Diese Anzahl läßt sich aber sofort auch aus den Ergebnissen der Zählung der α-Strahlen berechnen. Danach emittiert 1 g Radium pro Sekunde $3{,}71 \cdot 10^{10}$ α-Strahlen. Im Jahr mit 365,24 Tagen zu je 86.400 Sekunden sind dies $365{,}24 \cdot 86.400 \cdot 3{,}71 \cdot 10^{10} = 1{,}17 \cdot 10^{18}$ α-Strahlen! Aus diesen Versuchen und Überlegungen und der Gleichheit der beiden Zahlenwerte folgt mit Sicherheit, daß jeder α-Strahl ein Heliumion ist, und daß bei jeder α-Emission ein Heliumion vom radioaktiven Stoff ausgesandt wird.

Diese Ergebnisse bedingen aber Konsequenzen von ganz grundsätzlicher Bedeutung. Zunächst folgt aus der Gleichheit der beiden Zahlen, daß die zur Berechnung der Zahl der He-Atome aus der pro Jahr erzeugten Gasmenge erforderlichen Konstanten, also die Avogadrosche Zahl ($6{,}025 \cdot 10^{23}$ Atome/Mol) und das Molvolumen der Gase ($22.415\,cm^3$/Mol) reelle Fundamentalgrößen sind, mit ganz grundsätzlicher Bedeutung für Physik und physikalische Chemie. Weiter folgt aber aus dem Ladungstransport eines α-Strahls ($9{,}605 \cdot 10^{10}$ cgs) ein neuer Beweis für die diskontinuierliche Struktur der elektrischen Ladung und damit auch der Ladung des Grammatoms oder Grammoleküls (96.520 Coulomb). Das ist aber noch lange nicht alles!

Wenn ein Radiumatom vom Atomgewicht $A = 226$ und der Atomnummer $Z = 88$ ein Heliumion vom Atomgewicht $A = 4$ und der Atomnummer $Z = 2$ emittiert, so muß damit eine Atomänderung verbunden sein. Das hierbei entstehende, neue Atom muß eine Masse von $A = 222$ und eine Atomnummer von $Z = 86$ aufweisen.

Die Tatsache, daß in Gegenwart eines Radiumsalzes stets das radioaktive Gas Radon vorhanden war, ließ schon früh (Rutherford 1903) den Gedanken reifen, daß dieses Gas mit dem Radium in einem direkten Zusammenhang stehen müsse. Zu dessen Beweis schien eine Atomgewichtsbestimmung des Radons notwendig. Dieser stellten sich aber, der außerordentlichen Kleinheit der verfügbaren Radonmengen wegen, fast unüberwindliche Schwierigkeiten entgegen. Trotzdem wurde diese Aufgabe zu lösen versucht. Im Anschluß an zahlreiche theoretische Überlegungen verschiedener Autoren haben R. Whytlaw-Gray und W. Ramsay 1911 direkte Wägungen der Radonmenge aus einem Radiumpräparat bekannten Gewichtes durchgeführt. Zu diesem Zweck konstruierten sie eine unwahrscheinlich empfindliche Waage, bei der sie sich der Biegung eines einseitig festgehaltenen feinen Quarzfadens bedienten. Es war mit dieser Apparatur möglich, Gewichte von der Größenordnung von tausendstel Mikrogramm (!) zu bestimmen. Die mit den erhaltenen Gewichten vorgenommenen Atomgewichtsbestimmungen des Radons lagen zwischen den Werten von 218 als Minimum und 227 als Maximum mit einem Durchschnittswert von 222,5. Auf Grund dieses Zahlenwertes darf man den vermuteten Zusammenhang des Radiums mit dem Randon als gesichert annehmen und deshalb die α-Emission des Radiums (modern) folgendermaßen darstellen:

$$^{226}_{88}\text{Ra} \longrightarrow {}^{222}_{86}\text{Rn} + {}^{4}_{2}\alpha\ ({}^{4}_{2}\text{He}).$$

Ähnlich muß aber die Emission von α-Strahlen auch bei anderen α-strahlenden Elementen vor sich gehen, wie z. B.

$$^{222}_{86}\text{Rn} \longrightarrow {}^{218}_{84}\text{RaA}\ ({}^{218}\text{Po}) + {}^{4}_{2}\text{He}, \text{ oder auch}$$

$$^{210}_{84}\text{Po} \longrightarrow {}^{206}_{82}\text{Pb} + {}^{4}_{2}\text{He}.$$

Diese Übergänge, welche von äußeren Umständen völlig unabhängig von selbst, „spontan“, vor sich gehen, bedeuten einen Abbau der radioaktiven Atome. Man spricht deshalb (nach RUTHERFORD) ganz allgemein von einem *„radioaktiven Zerfall“*. Dabei muß bei jeder einzelnen Strahlenemission ein Atom des Ausgangsstoffes „zerfallen“ und gleichzeitig ein neues Atom der Folgesubstanz entstehen.

10.1.2. Reichweiten

Wie vorstehend schon erwähnt, hatte das Ehepaar CURIE bereits 1900 gefunden, daß die Wirkung der Strahlung des Poloniums nach einem Durchgang durch ca. 3 cm Luft plötzlich aufhört. Gleichartige Verhältnisse wurden auch bei anderen α-strahlenden Substanzen, z. B. beim Radium und beim Radon gefunden. Hier fanden sich etwas andere Zahlenwerte für die *Reichweiten* der α-Strahlen. Nun ist die Reichweite in Luft aber offenbar ein Maß dafür, mit welcher (kinetischen) Energie die α-Strahlen das radioaktive Atom verlassen. In Tabelle 1 sind die Reichweiten von α-Strahlen in cm Luft von 15° C und 76 cm Hg Druck, ihre Anfangsgeschwindigkeiten in 10^9 cm/sec, sowie ihre Energien in Megaelektronvolt (MeV) wiedergegeben:
Die Geschwindigkeiten der α-Strahlen liegen etwa zwischen einem Zwanzigstel und einem Zehntel der Lichtgeschwindigkeit von $3 \cdot 10^{10}$ cm/s.

Tabelle 1. Reichweiten, Geschwindigkeiten und Energien der α-Strahlen der Uranreihe

Element	Reichweite cm Luft	Geschwindigkeit 10^9 cm/sec	Energie[a] MeV
Uran	2,67	1,396	3,949
Radium	3,26	1,517	4,793
Radon	4,014	1,625	5,488
RaA (Po)	4,62	1,699	6,000
RaC (Bi)	4,039	1,628	5,506
RaC′ (Po)	6,87	1,922	7,683
Polonium	3,805	1,597	5,300
Thorium	2,90	1,437	4,282
ThX (Ra)	4,35	1,653	5,786
ThA (Po)	5,601	1,805	6,903
ThC (Bi)	4,78	1,711	6,201
ThC′ (Po)	8,533	2,135	8,779

[a] Die Energie von 1 Elektronenvolt eV entspricht der Energieänderung, die ein Elektron erfährt, wenn es eine Spannungsdifferenz von 1 Volt frei durchlaufen hat; $1\,\text{eV} = 1{,}602 \cdot 10^{-12}$ erg; 1 keV = 1.000 eV; $1\,\text{MeV} = 10^6$ eV

Neben den in Tab. 1 angeführten Reichweiten von α-Strahlen finden sich in ganz seltenen Fällen auch solche mit wesentlich größerer Reichweite bis zu etwa 11,5 cm Luft von Normalzustand. Ihre Anzahl beträgt, je nach Element, etwa ein solcher Strahl auf 5.000 bis 50.000 „normale" α-Strahlen. Sie treten nur bei den sog. C-Produkten (Bi-Isotope) auf. Zum Verständnis dieser sog. *weitreichenden* α-Strahlen ist die Kenntnis der Entstehung der γ-Strahlen erforderlich (vgl. später). Trotzdem soll die Besonderheit ihrer Emission schon hier besprochen werden. Die Radionuklide RaC und ThC weisen einen sog. „dualen Zerfall" auf, d.h. ein Teil ihrer Atome zerfällt unter α-, der andere unter β-Emission. Dabei ist der α-Zerfall in die C″-Produkte (Tl-Isotope) unwahrscheinlicher als der β-Zerfall in die C′-Stoffe (Po-Isotope). Die an sich nicht langlebigen β-

Zerfälle zeigen ein kompliziertes Zerfallschema mit zahlreichen Anregungsniveaus und entsprechenden γ-Quanten. Sie führen in die äußerst kurzlebigen C′-Produkte über. Hat nun nach der β-Emission der hoch angeregte C′-Kern sein γ-Quant noch nicht emittiert, bevor er durch α-Zerfall in RaD resp. ThD (Pb-Isotope) übergeht, so addiert sich seine Anregungsenergie zur α-Zerfallsenergie und führt dadurch zu einem entsprechend energiereicheren und damit weitreichenden α-Strahl.

10.1.3. Ionisierung von Gasen

Es ist schon kurz darauf hingewiesen worden, daß beim Durchgang einer geladenen Partikel durch ein Gas, z.B. durch die Luft als verbreitetstes Gas, den Gasmolekülen Elektronen entrissen werden und dadurch elektrisch geladene Moleküle, *Ionen,* entstehen. Verliert ein Molekül ein, oder in seltenen Fällen zwei Elektronen, so entsteht ein einwertiges, oder aber ein zweiwertiges, positives Ion. Lagert sich an ein Molekül ein Elektron an, so wird das Molekül zum negativen Ion. Beim Durchgang von geladenen Korpuskeln durch ein Gas entstehen natürlich gleich viele positive und negative Ionen. Letztere sind, besonders kurz nach Durchgang der Partikel, zu einem wesentlichen Teil in Form freier Elektronen vorhanden. Ohne ein trennendes elektrisches Feld, wie es bei zahlreichen Meßinstrumenten für die Radioaktivität angewandt wird, würden sich die positiven und negativen Ionen (Elektronen) wieder miteinander vereinigen, „rekombinieren". Das Gas wäre nach einiger Zeit (Größenordnung Sekunden) wieder elektrisch neutral.

Die Zahl der durch geladene Partikel erzeugten Ionenpaare ist offenbar ein sehr verläßliches Maß für ihre Energie. Durch viele, teilweise sehr aufwendige Versuche ist die Energie (Arbeit) zur Bildung eines Ionenpaares in Luft möglichst genau bestimmt worden. Sie beträgt

$$W = 34{,}0 \text{ eV/Ionenpaar}$$

und ist von der Natur und Energie der Partikel nur in geringem Maße abhängig. Bestimmt man deshalb die Anzahl der gebildeten Ionen in Luft, indem man sie durch ein elektrisches Feld genügender Stärke trennt und ihre Ladung einem Meßsystem zuführt, so kann damit die Energie der ionisierenden (geladenen) Partikel bestimmt werden. Wenn z. B. nach Tabelle 1 die Energie der α-Strahlen des Poloniums 5,300 MeV = $5{,}3 \cdot 10^6$ eV beträgt, so kann sofort durch Division berechnet werden, daß auf der Bahn jedes α-Strahls von Polonium $5{,}3 \cdot 10^6/34 = 155.900$ Ionenpaare erzeugt werden. Umgekehrt könnte natürlich, wenn die Ionenzahl und die Energie der Partikel bekannt sind, auch die Arbeit pro Ionenpaar *W* berechnet werden. Es war dies eine der Methoden zur Bestimmung des oben genannten Zahlenwertes. Wie sich die Ionisierung der Luft beim Durchgang von geladenen Partikeln präsentiert, konnte, gewißermaßen als Nebenresultat bei Untersuchungen mit einem anderen Ziel gezeigt werden.

10.1.4. Die Nebelkammer

Die Bewohner von London haben mehr als andere Europäer unter starkem und andauerndem Nebel zu leiden. Dies besonders im Winter. Neben der geographischen Lage und dem relativ warmen Wasser aus dem Golfstrom sind es besonders die starken Immissionen von Rauch und Ruß in die Atmosphäre, welche eine Kondensation der Luftfeuchtigkeit unter Nebelbildung bewirken. Die besondere klimatische Situation Englands macht es verständlich, daß hier die Umstände der Entstehung von Nebel und Wolken mehr als anderswo wissenschaftlichen Untersuchungen unterzogen worden sind.

In den Jahren 1895 bis 1900 hat der englische Meteorologe Charles Thomas Rees Wilson (1869–1959) die Frage der Nebel- und Wolkenbildung als Folge der Ionisierung der Luft durch die Sonnenstrahlung und die Ausdünstungen der Erde zu untersuchen begonnen. Um von äußeren Wetterbedingungen möglichst unabhängig zu sein, versuchte Wilson die zu Nebel und Wolken führenden Vorgänge künstlich durch Experimente nachzuahmen. Nebel entsteht, wenn die Luft mit Wasserdampf übersättigt ist, wenn also die Temperatur der Luft nicht ausreicht, um all das darin enthaltene Wasser in die Dampfform überzuführen.

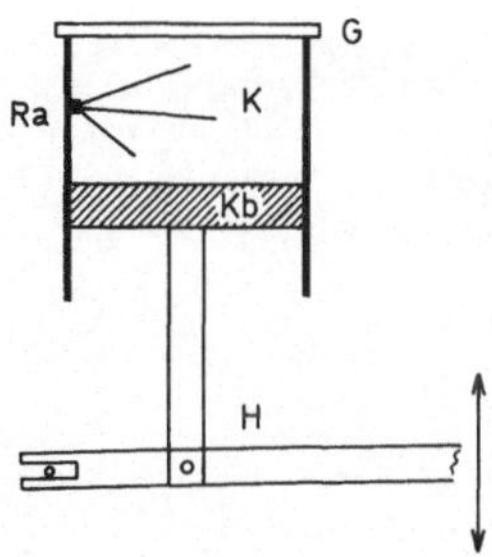

Abb. 13. Schema der Nebelkammer nach C. T. R. WILSON. *G* Glasplatte; *K* Expansionskammer; *Kb* Kolben; *H* Hebelsystem zur willkürlichen Expansion; *Ra* radioaktiver Stoff emittiert α-Strahlen

Die Apparatur, die WILSON zu seinen Untersuchungen konstruierte, bestand im wesentlichen aus einem Zylinder, in dem ein Kolben hin und her bewegt werden konnte. Zur Beobachtung war der Zylinder auf seiner Oberseite mit einer Glasplatte verschlossen. Ist nun die Luft im Zylinder mit Wasserdampf gesättigt, und wird der Kolben rasch zurückgezogen, so dehnt sich die Luft aus und wird nach den Gasgesetzen kühler. Dabei entsteht eine Übersättigung des Wasserdampfes, und der jetzt vorhandene Überschuß muß sich als Nebel kondensieren. Der Apparat wird deshalb als *„Nebelkammer"* oder auch als „Wilsonkammer" bezeichnet. Ist die Luft in der Kammer sehr rein, so bildet sich der Nebel nur sehr schwer oder fast nicht aus. Enthält sie aber feinste Staubteilchen oder auch Ionen, so wirken diese als Kondensationskerne für die Wasserdampfmoleküle, und die Nebelbildung ist kräftig (Abb. 13).

Bringt man nun in eine Wilsonkammer ein schwaches radioaktives Präparat, so entstehen an den Bahnen der ausgesandten Strahlen zahlreiche Ionen. Wird weiter im Moment der Emission eines Strahls der Kolben rasch zurückgezogen und die Luft damit verdünnt, so entstehen die Nebeltröpfchen an den Ionen, welche durch den Strahl gebildet worden sind. Es entsteht damit in der Kammer eine *Nebelspur*, die genau der Spur der Strahlenpartikel in der Kammerluft entspricht. In der Wilsonkammer können somit sowohl die Spuren von α-Strahlen, als auch diejenigen von β-Strahlen, aber auch von weiteren ionisierenden

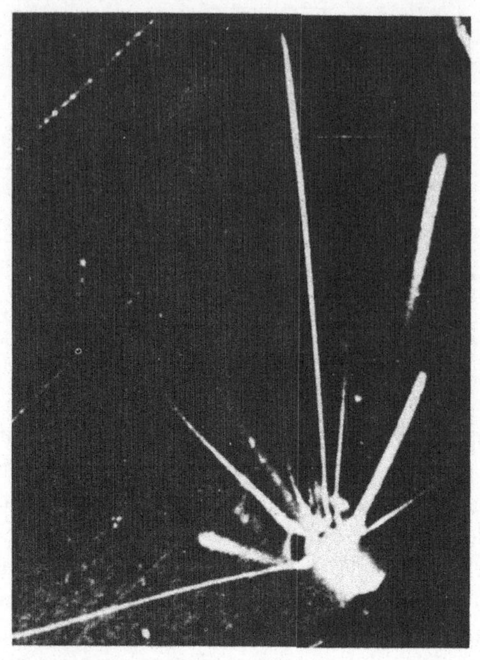

Abb. 14. Nebelkammerbild der α-Strahlen von Thorium C (*kurze Spuren*) und Thorium C′ (*lange Spuren*). Auf einem Metallträger (*rechts unten*) ist die Substanz niedergeschlagen. Die α-Strahlen werden nach allen Seiten emittiert, aber durch eine Blende nur in einer Ebene durchgelassen. (Originalaufnahme)

Partikeln sichtbar gemacht werden. Die dabei entstehenden Bilder sind außerordentlich eindrucksvoll, handelt es sich dabei doch um das Sichtbarmachen atomarer Prozesse. In Abbildung 14 ist ein Nebelkammerbild der α-Strahlung von ThC (Bi-Isotop, kurze Spuren) und ThC′ (Po-Isotop, lange Spuren) wiedergegeben. Die Substanz war auf einem kleinen Metallplättchen mit vorgeschalteter Schlitzblende niedergeschlagen. Selbstverständlich werden die Strahlen nach allen Seiten emittiert. Durch die Blende wurden nur diejenigen in einer Ebene durchgelassen. Solche Wilsonbilder können natürlich zur Messung der Reichweite der Strahlungen verwendet werden.

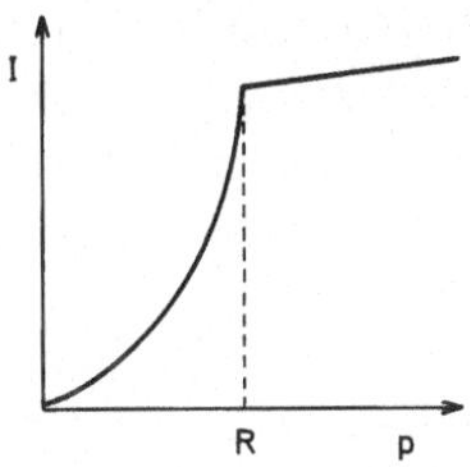

Abb. 15. Verlauf der Ionisation I in Abhängigkeit vom Druck p bei Reichweitemessungen nach der Vakuummethode; R Reichweite

Reichweitemessungen mit verschiedenen Methoden sind in großer Zahl durchgeführt worden (vgl. Tabelle 1). Neben der Wilsonkammer sind in früheren Zeiten auch die Szintillationen eines Zinksulfidschirmes angewandt worden. Eine besonders elegante und präzise Methode bedient sich der Ionisation der Luft bei verschiedenen Drucken. Dazu wird im Zentrum eines kugelförmigen Ionisationsgefäßes (einer „Ionisationskammer") auf einem isolierten Träger das α-strahlende Präparat angebracht. Dieser Träger ist zur Ionisationsmessung mit einem Meßgerät (z.B. Elektrometer) verbunden. Ist der Gasdruck in der Kammer nur klein, so können nur wenige Ionen gebildet werden. Die Reichweite der α-Strahlen ist dabei so groß, daß sie bis an die Kammerwand (die Peripherie der Kugel) gelangen. Läßt man jetzt den Gasdruck langsam ansteigen, so muß der Ionisationsstrom zunehmen, auch wenn die α-Strahlen immer noch bis an die Kammerwand hinfliegen. Von einem ganz bestimmten Gasdruck an nimmt dann aber der Ionisationsstrom kaum mehr zu, dann nämlich, wenn die Reichweite der Strahlen jetzt genau dem Radius der kugelförmigen Kammer entspricht. Die Strom-Druckkurve muß also hier einen scharfen Knick zeigen. Abbildung 15 gibt eine derartige Kurve wieder.

H. Geiger hat 1910 auf Grund vieler Reichweitemessungen an α-Strahlen eine empirische Formel für den Zusammenhang zwischen Reichweite und Geschwindigkeit aufgestellt. Diese lautet (etwas modifiziert):

$$v = 1{,}025 \cdot 10^9 \sqrt[3]{R} \text{ cm/sec.}$$

Nach dieser Formel ergibt sich z.B. für die α-Strahlung von Radon eine Geschwindigkeit von $1{,}629 \cdot 10^9$ cm/sec bei einer aus Ablenkungen gemessenen, tatsächlichen Geschwindigkeit von $1{,}625 \cdot 10^9$ cm/sec, also eine bemerkenswert gute Übereinstimmung.

Wie gezeigt, ist bei nicht sehr hohen Magnetfeldern die Ablenkung der α-Strahlen wegen ihrer hohen Energie von einigen MeV nur gering. Sehr starke Ablenkungen sind daher nur mit außerordentlich starken Magneten möglich. Lange Zeit wurde deshalb die Auffassung vertreten, daß die scheinbar sauber bestimmbaren Reichweiten der α-Strahlen in Luft der Ausdruck für ihre einheitliche Energie und damit Geschwindigkeit (vgl. Tabelle 1) sei. Mit Hilfe des Riesenmagneten der Académie des Sciences in Paris stellte S. ROSENBLUM 1929 fest, daß die α-Strahlung von ThC (Bi-Isotop) aus Strahlen mit etwas verschiedener Geschwindigkeit besteht. Ähnliche Strahlengruppierungen fanden sich später auch bei RaC, weiter bei RaC′ (Po-Isotop), beim Radium selber, sowie bei Actinium und schließlich auch bei Uran und Thorium und ihren Isotopen. Demgegenüber emittierten die radioaktiven Pb-Isotopen und die Po-Isotopen nur α-Strahlen einer einzigen Gruppe. Gründliche Vergleiche und Abklärungen zeigten in der Folge, daß alle Elemente mit mehr als einer α-Strahlengruppe gleichzeitig auch γ-Strahlen aussenden, während sich diese Strahlenart bei den Stoffen mit einer einzigen α-Strahlung nicht findet. Es ist schon früh vermutet worden, daß hier ein Zusammenhang der beiden Strahlenarten bestehen müßte. Auf diesen wird später noch gründlicher eingegangen werden.

10.1.5. β-Strahlen

Die magnetischen und elektrischen Ablenkungen der β-Strahlen zeigten deren Wesensgleichheit mit den schon früher bekannten Kathodenstrahlen. Das hierbei festgestellte Verhältnis der Ladung zur Masse von $\frac{e}{m} = 5{,}2618 \cdot 10^{17}$ (cgs)/g ist 3.640mal höher als dasjenige der α-Strahlen. Es ist dies eine außerordentlich hohe elektrische Ladung. Ein Gramm β-Strahlen würde bis zum vollständigen Auslauf ausreichen, um einen elektrischen Strom von 1 Ampère während fünfeinhalb Jahren aufrecht zu erhalten! Ein Gramm β-Strahlen würde andererseits der Gesamtladung von 18.224 Mol einwertiger Ionen entsprechen, also beispielsweise etwa 291,6 kg Sauerstoff!

Wie bereits früher erwähnt, war Becquerel wohl der erste (1899), der nach früheren Versuchen anderer Autoren zeigen konnte, daß die Strahlung radioaktiver Stoffe durch ein Magnetfeld abgelenkt wird. Durch E. Dorn und Becquerel wurde dann (1900) auch die Ablenkung im elektrischen Feld erwiesen. Die aus den Ablenkungen zunächst bestimmten Geschwindigkeiten der β-Strahlen ergaben keine exakten Werte, sondern es fand sich, daß von ein und demselben radioaktiven Element β-Strahlen mit weitgehend verschiedenen Geschwindigkeiten emittiert werden. Die Meßwerte lagen zwischen etwa $5 \cdot 10^9$ und $2 \cdot 10^{10}$ cm/sec, also zwischen etwa 20 und 70% der Lichtgeschwindigkeit von $3 \cdot 10^{10}$ cm/sec.

Bei seinen gründlichen Untersuchungen über die spezifische Ladung der β-Strahlen ist es schon 1901 W. Kaufmann (1871–1935) aufgefallen, daß dieses Verhältnis *(e/m)* bei β-Strahlen hoher Geschwindigkeit bedeutend kleiner ist als bei energiearmen, langsamen. Kaufmann war sogar in der Lage, Zahlenwerte dieser Veränderung anzugeben. Es schien eine stetige Abnahme der spezifischen Ladung mit zunehmender Geschwindigkeit der β-Strahlen vorhanden zu sein. Durch eine von Kaufmann vorgeschlagene, relativ einfache Formel konnten Verlauf und Zusammenhang angenähert dargestellt werden. Eine Verkleinerung der Ladung der β-Strahlen mit ihrer Geschwindigkeit war wegen der angenommenen Konstanz der Elektronenladung als sehr unwahrscheinlich anzunehmen; es mußte sich also, was aber ebenso unwahrscheinlich schien, die Masse der β-Strahlen mit zunehmender Geschwindigkeit vergrößern. Zahlenwerte der angenommenen Massenvergrößerung einer zweiten Untersuchung von Kaufmann (1902) sind in Tabelle 2 wiedergegeben. Die Tabelle enthält zum Vergleich auch die Zahlen, die sich nach der von H. A. Lorentz ausgearbeiteten Formel für die Massenänderung bei der Bewegung deformierbarer Elektronen ergeben. Diese lautet:

$$m_v = \frac{m_0}{\sqrt{1-\beta^2}};$$

dabei bedeutet $\beta = \frac{v}{c}$, das Verhältnis der Elektronengeschwindigkeit zur Lichtgeschwindigkeit.

Tabelle 2. Energien, Geschwindigkeiten, maximale Reichweiten in Luft für β-Strahlen zwischen 10 und 99,9% der Lichtgeschwindigkeit, sowie der Massenänderung nach den Theorien von KAUFMANN und LORENTZ

$\beta = \frac{v}{c}$	v in 10^{10} cm/sec	E keV	$\frac{m_v}{m_0}$ Kfm.	$\frac{m_v}{m_0}$ L.	R_{max} cm Luft
0,1	0,3	2,58	—	1,005	0,04
0,2	0,6	10,53	—	1,021	0,23
0,4	1,2	46,53	—	1,091	3,40
0,6	1,8	127,7	—	1,250	17,9
0,723	2,196	239	1,34	1,466	48
0,801	2,403	342	1,47	1,668	84
0,860	2,580	490	1,65	1,960	152
0,883	2,619	575	1,73	2,133	185
0,933	2,799	908	2,05	2,778	370
0,963	2,889	1.385	2,42	3,712	610
0,999	2,997	10.900	—	22,366	2.500

Das Massenwachstum mit zunehmender Geschwindigkeit gilt nicht nur für β-Strahlen (Elektronen), sondern grundsätzlich nach der *Relativitätstheorie* (1905) von ALBERT EEINSTEIN (1879–1955) für jeden bewegten Körper. Ein meßbarer Einfluß ist aber erst bei Geschwindigkeiten oberhalb etwa $\frac{1}{10}$ der Lichtgeschwindigkeit von Bedeutung und beträgt hier erst 5‰. Da schwere Korpuskeln, wie beispielsweise die α-Strahlen, diese Geschwindigkeit meist nicht erreichen, braucht bei theoretischen Überlegungen über ihre Energie die Massenänderung mit der Geschwindigkeit in der Regel nicht berücksichtigt zu werden.

Die Ablenkung der β-Strahlen im magnetischen Feld erlaubt die Bestimmung ihrer Energie. Nach den ersten qualitativen

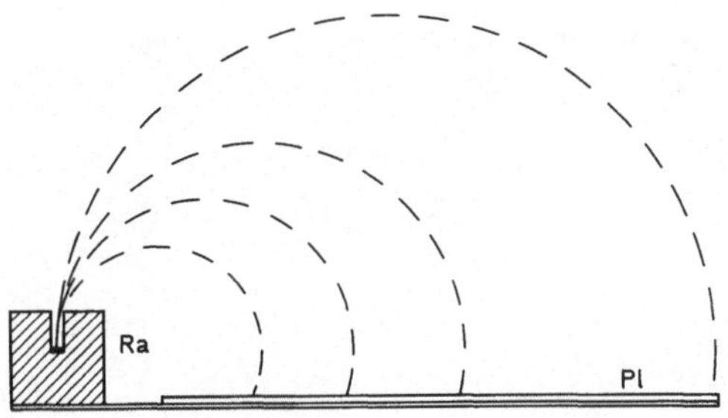

Abb. 16. Prinzip der Ablenkung der β-Strahlen im magnetischen Feld. *Ra* β-strahlendes Präparat; *Pl* Photoplatte

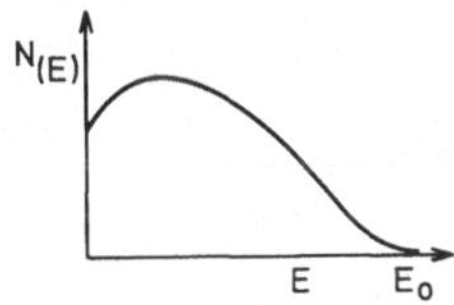

Abb. 17. Energieverteilung der Strahlung eines reinen β-strahlenden Elementes. $N_{(E)}$ Zahl der β-Strahlen einer bestimmten Energie E; E_0 Maximalenergie der emittierten β-Strahlung

Versuchen von Becquerel, St. Meyer und E. v. Schweidler (1900) haben Otto Hahn und Lise Meitner (1908), besonders aber J. Danysz (1911) präzise Methoden zur magnetischen Ablenkung der β-Strahlen ausgearbeitet. Das Prinzip der von ihnen verwendeten Apparatur zeigt Abbildung 16. Ein schmales Strahlenbündel wird durch ein normal dazu stehendes Magnetfeld abgelenkt. Dabei beschreiben die energiearmen, langsamen β-Strahlen einen kleinen, die schnellen, energiereichen einen großen Kreis. Auf diese Weise entsteht auf der Photoplatte ein „magnetisches Spektrum" (Energiespektrum) der β-Strahlung. Dieses hat bei einem „reinen" β-strahlenden Element, wie z. B. RaE (Bi-Isotop), die Form eines „verwaschenen" Bandes. Die Energieverteilung ist *kontinuierlich;* sie beginnt bei der Energie $E = 0$ und endet bei einer Maximalenergie E_o. Die Zahl (N) der β-Strahlen mit der Maximalenergie E_o ist verschwindend klein. Meist ist auch die Zahl der Strahlen mit sehr geringer Energie klein. Dazwischen durchläuft die Kurve der Strahlenzahl ein

Abb. 18. Nebelkammerbild der β-Strahlen von RaE (Bi-Isotop). Durch ein Magnetfeld werden die β-Strahlen entsprechend ihrer Energie auf Kreisbahnen gebogen. (Nach LECOIN)

Maximum, das etwa bei einem Drittel der Maximalenergie E_0, also bei $\frac{E_0}{3}$ liegt. Die Abb. 17 gibt die Verteilung der Anzahl β-Strahlen (N_E) in Abhängigkeit von ihrer Energie wieder, und

Abb. 18 zeigt eine Nebelkammeraufnahme von β-Strahlen im magnetischen Feld. Sehr deutlich kommen darin die verschiedenen Krümmungsradien entsprechend den verschiedenen Geschwindigkeiten und damit Energien zum Ausdruck.

Sendet das radioaktive Element (das *Radionuklid*) auch γ-Strahlen aus, ist das Energiespektrum komplizierter. Neben dem kontinuierlichen Band ist jetzt auch ein Linienspektrum vorhanden, welches jenem überlagert ist. Die Linien umfassen ganz bestimmte Energien und entsprechen beispielsweise beim wichtigsten Radioelement Radium den Energien 88, 172 und 185 keV. Andere radioaktive Grundstoffe haben oftmals viel mehr Linien. So wurden beispielsweise beim Stoffpaar RaC und RaC′ 67 Linien ausgemessen.

Eine kontinuierliche Energieabgabe zwischen 0 und einem Maximalwert bei einem atomaren Prozeß, wie es die Emission von β-Strahlen zwischen $E = 0$ und $E = E_o$ ist, bringt sehr große Schwierigkeiten für ihr Verständnis. Atomprozesse verlaufen stets spontan unter genau angebbaren Energieumsätzen. Warum haben bei der Emission der β-Strahlung von z.B. 1.000 Strahlen nur etwa deren 5 die Energie E_o, vielleicht aber etwa 500 Energien zwischen $E_o/4$ und $E_o/2$, und vielleicht auch wieder nur etwa 20 eine sehr geringe Energie? Muß man verschiedene Prozesse der β-Emission annehmen, oder muß man gar an verschiedene Eigenschaften der β-emittierenden Atome ein und desselben radioaktiven Elementes denken? Solche Gedanken mußten sich die Forscher machen, nachdem BECQUEREL schon 1900 die kontinuierliche Energieverteilung vermutet hatte. Oder mußte man ganz grundsätzliche physikalische Prinzipien, wie z.B. dasjenige von der Erhaltung der Energie in Frage stellen oder gar aufgeben? Das Energieprinzip war ja schon allein durch die Entdeckung der Radioaktivität fraglich geworden. Man mußte sich doch sehr ernsthaft fragen, woher denn die radioaktiven Atome die Energie beziehen, die sie den von ihnen ausgesandten Strahlungen (besonders natürlich den α-Strahlen) übermitteln.

Diese ganz grundsätzlichen Probleme des tieferen Wesens zwischen „Kraft und Stoff“, zwischen Energie und Materie haben erst in unserer Zeit eine unumstößliche Lösung gefunden.

Zum Verständnis der kontinuierlichen Energieverteilung der β-Strahlung hat 1931 WOLFGANG PAULI (1900–1958) eine sehr einfache Lösung vorgeschlagen. Er forderte die Existenz eines neutralen Teilchens von Elektronenmasse. Dieses würde die Energiedifferenz $E_0 - E$, also die Energiegröße, um welche die konkrete Energie eines bestimmten β-Strahls kleiner ist als die Maximalenergie des Spektrums E_o, mit sich führen. Bei jeder β-Emission wird nach dieser Hypothese dem strahlenden Atom die Maximalenergie entzogen, und diese verteilt sich statistisch auf die beiden Teilchen, den β-Strahl einerseits und das neutrale Teilchen, das *Neutrino* andererseits, also muß

$$E_o = E_\beta + E_\nu$$

gelten. Auf dieser Forderung von PAULI hat dann später (1934) ENRICO FERMI (1901–1954) eine Theorie der β-Strahlenemission aufgebaut. Diese hat in der Folge wesentliche Erweiterungen und Modifikationen erfahren. Da das Neutrino ungeladen ist, kann es nicht ionisieren, und da es auch sehr leicht ist, kann ein Stoß mit einem Atom keine meßbare Wirkung verursachen. Ein direkter Nachweis dieses Teilchens ist daher äußerst schwierig und erst in letzter Zeit möglich geworden. An der Existenz des Neutrinos ist aber sicher nicht zu zweifeln.

Ein Beweis für die Neutrinohypothese wurde schon früher (1928) von LIESE MEITNER und E. ORTHMANN auf Grund der Energieverhältnisse beim „dualen" Zerfall von Th C (Bi-Isotop) geliefert. Dieses Nuklid geht nach dem Schema:

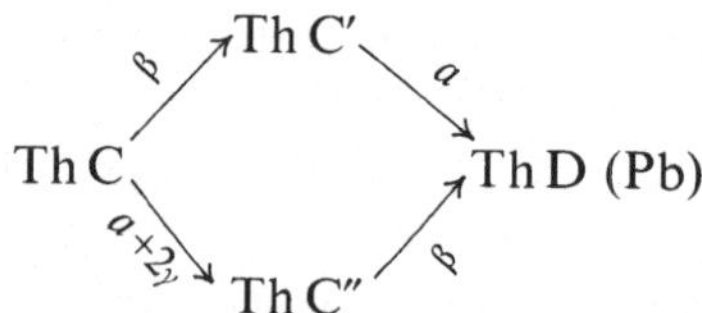

einerseits durch β-Zerfall (65%) zunächst in Th C′ (Po-Isotop) und anschließend durch α-Zerfall in Th D, andererseits (35%) durch α-Emission und 2γ-Quanten in Th C″ (Tl-Isotop) und dann durch β-Emission ebenfalls in Th D (^{208}Pb) über. Die

Maximalenergie E_0 der β-Strahlung des Th C (oberer Übergang) beträgt 2,24 MeV, diejenige des Th C″ (unterer Übergang) 1,81 MeV. Die Energien der γ-Quanten beim Übergang von Th C in Th C″ beziffern sich zu 0,58 respektive 2,62 MeV. Die Energieverhältnisse der beiden Übergänge lauten demnach:

Oberer Übergang: 2,24 MeV (β) + 8,96 MeV (α) = 11,20 MeV,

Unterer Übergang: 6,20 MeV (α) + 0,58 MeV (γ) + 2,62 MeV (γ) + 1,81 MeV (β) = 11,21 MeV.

Die Energiebilanzen der beiden Übergänge führen nur dann zu identischen Werten, wenn für die β-Strahlungen deren Maximalenergien E_0 eingesetzt werden.

Ein zusätzliches Linienspektrum der β-Strahlen wird nur gefunden, wenn der betreffende radioaktive Grundstoff auch gleichzeitig γ-Strahlen aussendet. Ein Zusammenhang ist damit sehr nahe gelegt. Genaue Messungen der Energie der β-Linien und der γ-Strahlung haben diesen Zusammenhang aufgeklärt. Die β-Strahlung des Linienspektrums ist *sekundärer* Natur und wird durch die Absorption der (primären) γ-Strahlung in der Elektronenhülle des Atoms verursacht. Wird ein γ-Strahlenquant durch ein Elektron der Atomhülle absorbiert, so wird dieses aus dem Atomverband frei gemacht und beschleunigt. Zur Ablösung aus der Elektronenhülle ist eine „Ablösearbeit" A erforderlich. Ist die Energie des γ-Strahls (γ-Quants) größer als A, so erhält das abgelöste Elektron zusätzlich eine kinetische Energie E_β. Es muß deshalb die einfache Beziehung gelten:

$$E_\gamma = E_\beta + A.$$

Einige Ablösearbeiten aus den Energieniveaus zwischen K und N der schweren radioaktiven Atome sind in Tab. 3 zusammengestellt.

Quantitative Angaben über den Zusammenhang zwischen sekundärer β-Strahlung (Linienspektrum) und der γ-Strahlung können erst nach der Darstellung der letzteren gemacht werden.

Die β-Strahlen, ob primär oder sekundär, sind schnell bewegte Elektronen. Weil sie eine endliche Masse haben

Tabelle 3. Ablösearbeiten für Elektronen aus verschiedenen Energieniveaus der schwersten Elemente in Kiloelektronvolt

Element	K (keV)	L (keV)	M (keV)	N (keV)
92^{U}	115	21,7	5,54	1,44
90^{Th}	109	20,5	5,17	1,33
88^{Ra}	104	19,2	4,82	1,23
$83^{\mathrm{Bi\,(RaC)}}$	89,4	16,3	3,98	0,94
$82^{\mathrm{Pb\,(RaD)}}$	87,6	15,8	3,85	0,89
$81^{\mathrm{Tl\,(RaC')}}$	85,2	15,3	3,70	0,85

($9{,}1085 \cdot 10^{-28}$ g), so ist mit ihrer Bewegung eine Bewegungsenergie (kinetische Energie) verbunden. Da aber die Masse bewegter Elektronen, wie vorstehend angegeben, mit zunehmender Geschwindigkeit ansteigt, kann ihre kinetische Energie nicht einfach nach den Gesetzen der elementaren Mechanik dargestellt werden. In einer Formel zwischen der Energie E der Elektronen und ihrer Geschwindigkeit v muß der Massenzuwachs berücksichtigt werden. Dies geschieht durch die *relativistische Energieformel*:

$$E = m_o c^2 \left(\frac{1}{\sqrt{1-\beta^2}} - 1 \right) = \frac{m_o c^2}{\sqrt{1-\beta^2}} - m_o c^2.$$

Da aber der Ausdruck $\frac{m_o}{\sqrt{1-\beta^2}} = m_v$ der Masse des Elektrons bei der Geschwindigkeit $v = \beta \cdot c$ entspricht, gilt offenbar die einfache Beziehung

$$E = c^2 (m_v - m_o) = \Delta m c^2.$$

Die Energie eines bewegten Elektrons entspricht der Differenz der Massen des Elektrons in Bewegung m_v und derjenigen in Ruhe m_o. Aus dieser Überlegung ergibt sich aber die außerordentlich wichtige Folgerung, daß *eine Masse multipliziert mit dem Quadrat der Lichtgeschwindigkeit einer Energie entspricht.*

Die obengenannte relativistische Energieformel kann auch als Reihe dargestellt werden und lautet dann:

$$E = \frac{m}{2} v^2 \left(1 + \frac{3}{4}\frac{v^2}{c^2} + \frac{5}{8}\frac{v^4}{c^4} + \cdots\right).$$

Es ist nun sofort einzusehen, daß, wenn v wesentlich kleiner ist als c, also bei $v \ll c$, alle Glieder mit den Potenzen des Bruches $\frac{v}{c}$ verschwinden müssen. Beträgt beispielsweise die Elektronengeschwindigkeit $1/10$ der Lichtgeschwindigkeit, so wird $\frac{v^2}{c^2} = 0{,}01$ und $\frac{v^4}{c^4} = 0{,}0001$. Bei kleinen Teilchengeschwindigkeiten $v < 0{,}1\,c$ gilt damit mit großer Annäherung die einfache Energieformel:

$$E = \frac{m}{2} v^2.$$

In einer allgemeinen Theorie der Energieverhältnisse (relativistische Quantenmechanik) hat im Jahr 1930 P. A. M. DIRAC gegenüber einer denkbaren Situation, bei der die physikalischen Größen Energie und Ladung den Wert 0 hätten, eine Art Gleichgewicht gefordert. Wenn in der beobachtbaren Welt der kleinste Elementarbaustein, das Elektron, die Masse m_o hat und damit eine ihm innewohnende Energie $m_o c^2$ aufweist, so ist dies offenbar die kleinste, konkret vorhandene materielle Energiekonzentration. Ebenso ist die Elektronenladung e die kleinste, konkret vorhandene elektrische Ladung. Es gibt daher für diese beiden physikalischen Sachen den Zahlenwert 0 nicht. Wenn nun Elektronen eine negative Ladung mit sich führen und andererseits Atomkernbestandteile positive Ladungen innehaben, so muß nach dieser Theorie des Gleichgewichtes bei der Entstehung eines Elektrons als Kompensation gegen den 0-Wert eine entsprechende positive Ladung und für eine positive Ladung eines Kernbestandteiles eine entsprechende negative Ladung vorhanden sein. Bei Gleichgewicht müßten demnach zum Elektron ein „Antielektron“ und zum positiven Kernbestandteil ein negativer Baustein („Antiproton“) gefordert werden.

Drei Jahre später (1933) hat C. D. ANDERSON bei Studium des Durchganges der kosmischen Strahlung durch Metallplatten in seiner Wilsonkammer die Spuren von Teilchen entdeckt, deren Ablenkung im Magnetfeld derjenigen bewegter Elektronen entgegengesetzt war. Diese Teilchen von Elektronenmasse, aber positiver Ladung, erhielten die Bezeichnung *Positronen.*

Positronen werden auch, wie in neuerer Zeit entdeckt wurde, von gewissen radioaktiven Stoffen als positiv geladene β-Strahlen ausgesandt. Die Voraussetzung hierzu ist die Existenz eines Isotops, dessen Atommasse (Atomgewicht) wesentlich kleiner ist als diejenige der nicht radioaktiven Isotope des entsprechenden chemischen Elementes. Eine Atomgewichtsdifferenz von ein oder zwei Einheiten fällt aber gegenüber dem Atomgewicht eines Stoffes dann besonders ins Gewicht, wenn die Atommasse an sich klein ist. Positive β-Strahler *(„Positronstrahler")* werden deshalb besonders bei Isotopen der leichten Atome, etwa bis zum Atomgewicht 60 gefunden. Abgesehen von der entgegengesetzten Ladung sind die Strahlungsverhältnisse von denen der gewöhnlichen β-Strahler nicht verschieden. Die positiven β-Strahler zeigen ein kontinuierliches Energiespektrum. Wenn sie gleichzeitig auch γ-Strahlen emittieren, so ist dieses durch ein entsprechendes Linienspektrum überlagert.

Wenn auch bei der Emission eines negativen oder positiven β-Teilchens, im Gegensatz zur α-Strahlung, keine Atommasse ausgesandt wird, so spricht man trotzdem auch hier von einem „radioaktiven Zerfall". So kann man auch beim (negativen oder positiven) *β-Zerfall* entsprechende Umwandlungsgleichungen aufstellen, so etwa bei der Umwandlung von RaB in RaC

$$^{214}_{82}\text{RaB (Pb-Isotop)} \rightarrow {}^{214}_{83}\text{RaC (Bi-Isotop)} + \beta^-$$

oder aber von radioaktivem Fluor in Sauerstoff

$$^{18}_{9}\text{F} \rightarrow {}^{18}_{8}\text{O} + \beta^+.$$

Auch beim β-Zerfall findet aber doch eine ganz geringe Massenverkleinerung statt. So betragen im zweitgenannten Beispiel die Massen für ^{18}F = 18,0056 und für ^{18}O = 18,0038

Atomgewichtseinheiten. Die Differenz beziffert sich auf $\Delta M =$ 0,0018. Multipliziert man diese Differenz mit dem Quadrat der Lichtgeschwindigkeit, so ergibt sich die Energie von $\Delta M \cdot c^2 =$ 1,67 MeV. Es ist dies die Energie, mit welcher ^{18}F in ^{18}O zerfällt, die *Zerfallsenergie.*

10.1.6. γ-Strahlen

Die dritte Strahlenart radioaktiver Stoffe, γ-Strahlen genannt, wird im magnetischen und elektrischen Feld nicht abgelenkt. Sie muß infolgedessen ladungslos sein. Ihre Entdecker P. Villard und H. Becquerel machten schon 1900 auf eine Strahlung aufmerksam, die noch durch die Lichterregung auf einem Fluoreszenzschirm nachweisbar war, wenn das Radiumpräparat mit einer 1 cm dicken Bleiplatte überdeckt war! Unablenkbarkeit im magnetischen und elektrischen Feld und hohe Durchdringungsfähigkeit zeigten aber auch die von C. W. Röntgen entdeckten Strahlen. Eine hohe Analogie war also vorhanden; man dachte deshalb schon früh an eine Wesensgleichheit.

Erste, entscheidende Versuche, um die Natur der γ-Strahlen festzulegen, wurden 1904 von A. S. Eve vorgenommen. Dabei fand sich, daß, genau wie beim Durchgang von α-Strahlen oder β-Strahlen, Gase auch beim Durchgang von γ-Strahlen ionisiert wurden. Allerdings schien ihr Ionisierungsvermögen viel geringer zu sein als dasjenige der anderen beiden Strahlenarten. Es war schon seit der ersten Publikation von C. W. Röntgen bekannt, daß auch die nach ihm benannten Strahlen die Luft ionisieren. Bei der auffälligen Ähnlichkeit der beiden Strahlenarten war es deshalb naheliegend, ihre Ionisierungsvermögen miteinander zu vergleichen. Dieser Vergleich zwischen „harten" Röntgenstrahlen und der γ-Strahlung vom Radium wurde von Eve vorgenommen. Ein Auszug aus seinen Ergebnissen ist in Tab. 4 wiedergegeben.

Die weitgehende Gleichheit der Meßwerte sowie die angenäherte Proportionalität des Ionisierungsvermögens mit der Gasdichte bei beiden Strahlenarten lassen den Schluß zu, daß diese ihrem Wesen nach nicht voneinander verschieden sind.

Tabelle 4. Relatives Ionisierungsvermögen von Röntgen- und γ-Strahlen in verschiedenen Gasen

Gas	relative Dichte	Röntgenstrahlen	γ-Strahlen
Luft	1,0	1,0	1,0
Schwefelkohlenstoff	1,2	0,9	1,2
Chloroform	4,3	4,6	4,8
Tetrachlorkohlenstoff	5,3	4,9	5,2

Man muß sich natürlich fragen, wie die Ionisierung der Luft und anderer Gase durch die γ-Strahlung, die ja keine elektrische Ladung mit sich führt, zustande kommt. Es kann sich dabei primär nicht um Anziehungs- oder Abstoßungskräfte nach den Coulombschen Gesetzen handeln, wie bei den beiden anderen Strahlenarten, die den Gasmolekülen Elektronen entreißen.

Die Wechselwirkungen zwischen γ-Strahlen (und Röntgenstrahlen und Licht aller Wellenlängen) und stofflichen Systemen können nur verstanden werden, wenn dafür die Gesetze der *Quantentheorie* angewandt werden. MAX PLANCK (1858–1947) hatte bei der theoretischen Bearbeitung der Strahlung des sog. „schwarzen Körpers" eine neue Konstante (1900) einführen müssen. Diese Konstante hat sich später als „universell" erwiesen und ist bei vielen theoretischen Überlegungen über molekulare oder atomare Probleme von grundsätzlicher Bedeutung. ALBERT EINSTEIN benützte diese Konstante zur quantitativen Formulierung des Gesetzes der Energieverhältnisse (1905) beim lichtelektrischen Effekt. Nach der Quantentheorie kann ein Lichtstrahlenbündel (ähnlich der „Emanationstheorie") als eine Strömung von einzelnen *Lichtquanten* oder *„Photonen"* aufgefaßt werden, die mit Lichtgeschwindigkeit c von der Lichtquelle ausgesandt werden. Hat die Strahlung die Schwingungszahl ν, so darf jedem Lichtquant (Photon) die Energie $E = h\nu$ zugeordnet werden. Man darf nun diese Energie aber auch als Produkt einer Masse μ mit dem Quadrat der Lichtgeschwindigkeit auffassen, also schreiben $E = h\nu = \mu c^2$ und damit dem Lichtquant die Masse

$$\mu = \frac{h\nu}{c^2}$$

zuordnen. Dabei hat die sog. *Plancksche Konstante* den Zahlenwert von $h = 6{,}625 \cdot 10^{-27}$ erg · s. Sie ist eine der wenigen Fundamentalgrößen der physikalischen Weltbeschreibung.

Auf Grund dieser Voraussetzungen ist es nun sofort möglich, der Wechselwirkung der Lichtquanten mit den Hüllelektronen der durchstrahlten Substanz erweiterte, aus der Mechanik übernommene verfeinerte Gesetze zugrunde zu legen. Hierbei sind drei Möglichkeiten vorhanden.

a) Bei der *Absorption* eines Photons durch ein stark gebundenes Elektron *(Photoeffekt)* reicht die Zeit bis zur Abtrennung des Elektrons aus, daß diesem die gesamte Energie des Photons übertragen werden kann. Damit führt das „Photoelektron" die ganze Photonenenergie, vermindert um die *Ablösearbeit A* als kinetische Energie E_k mit sich. Die Energiebeziehung beim Photoeffekt muß deshalb lauten:

$$h\nu = E_k + A.$$

Stößt ein energiereiches Photon mit einem „freien", d.h. nur lose gebundenen Elektron zusammen, so wird dieses sofort aus seinem Verband gerissen und, je nach Richtung, mit einer bestimmten Geschwindigkeit hinausgeworfen. Dazu ist aber keineswegs die Gesamtenergie des Strahlenquants erforderlich, sondern es genügt hierzu, wieder je nach Richtung, ein kleinerer oder größerer Anteil. Der Rest der Photonenenergie wird *gestreut.* Die dabei auftretenden Energie- und Richtungsverhältnisse wurden von P. Debye einerseits und A. H. Compton andererseits theoretisch durchgearbeitet und quantitativ aufgeklärt. Man bezeichnet diese Form der Wechselwirkung zwischen Photonenstrahlungen und Materie als *Streuvorgang* oder nach dem zweitgenannten Forscher meist als *Comptoneffekt.* Die dabei zur Wirkung kommenden Energieverhältnisse lassen sich durch die Beziehung

$$h\nu = E_k + h\nu'$$

darstellen, wobei die primäre Photonenenergie $h\nu$ auf die kinetische Energie des „Streu- oder Compton-Elektrons" E_k einerseits und das „Streuphoton" (Streuquant) $h\nu'$ andererseits verteilt wird. Die Ablösearbeit kann hier vernachlässigt werden.

c) Wird ein energiereiches Strahlenquant im sehr hohen Kraftfeld eines Atomkerns absorbiert, so gibt es seine Energie vollständig an dieses Feld ab. Dabei „hebt" es nach der vorerwähnten Theorie von Dirac ein Elektron aus dem „Nullniveau" zu dessen reeller Existenz. Dazu wird dem Strahlenquant die der Elektronenmasse äquivalente Energie $m_o \cdot c^2 =$ 0,511 MeV entzogen. Das nun im Nullniveau fehlende Elektron, das „Elektronenloch", muß sich aus Gründen der Symmetrie als positive Elementarladung manifestieren. Es muß also gleichzeitig mit dem Elektron ein Teilchen derselben Masse, aber mit positiver Ladung, also ein *Positron,* entstehen. Auch hiefür muß dem einfallenden Photon die Energie $m_o \cdot c^2 = 0{,}511$ MeV entzogen werden. Bei dieser als *Paarbildung* bezeichneten Wechselwirkung von Photonenstrahlungen mit stofflichen Systemen muß also das Photon (Strahlenquant) mindestens die Energie $2\,m_0 c^2 = 1{,}022$ MeV aufweisen. Ist dabei eine Überschußenergie vorhanden, so verteilt sich diese statistisch als kinetische Energie auf die beiden Elektronen. Die Energiegleichung des *Paarbildungseffektes* muß also lauten

$$h\nu = 1{,}022\,\text{MeV} + E_{k1} + E_{k2}\,.$$

Kommt das Positron beim Durchgang durch das materielle System zur Ruhe, so vereinigt es sich mit einem Elektron eines Atoms unter Aussendung von zwei Photonen von je 0,511 MeV. Dieser Vorgang wird als *„Zerstrahlung"* bezeichnet.

Bei allen drei Vorgängen der Schwächung von Photonenstrahlungen (Quantenstrahlungen, elektromagnetische Wellenstrahlungen) werden demnach schnelle, freie Elektronen gebildet (Photo-, Compton- und Paarbildungselektronen). Diese sind es, welche beim Durchgang durch Gase (und andere Stoffsysteme) die Ionisierung bewirken.

Das entscheidende Experiment, nach welchem die γ-Strahlung radioaktiver Stoffe als „elektromagnetische Wellenstrahlung", wie die Röntgenstrahlen und das Licht aller Wellenlängen festgelegt wurde, gründet sich auf die Theorie der Wechselwirkung kurzwelliger Strahlungen mit der gitterartigen Anordnung der Atome in Kristallen. Diese Theorie, auf Grund derer mit einem Male sowohl die Wellennatur der Röntgenstrahlung als auch der Gitterbau der Kristalle erwiesen wurde, ist von MAX V. LAUE (1879–1960) im Jahre 1912 ausgearbeitet worden. Die von W. FRIEDRICH und P. KNIPPING im selben Jahre vorgenommenen Versuche haben diese Theorie vollauf bestätigt und damit die Erforschung des Kristallbaues eingeleitet. Nach der von WILLIAM BRAGG (1862–1942) modifizierten Theorie gilt

$$n \cdot \lambda = 2d \sin\varphi,$$

daß der Sinus des „Glanzwinkels" φ, unter welchem ein Interferenzstrahl den durchstrahlten Kristall verläßt, multipliziert mit dem doppelten Kristallgitterabstand ($2d$) ein ganzes Vielfaches der Wellenlänge λ der eingestrahlten Röntgenstrahlung betragen muß. Kennt man deshalb den Gitterabstand im Kristall (z. B. Steinsalz $d = 2{,}8140 \cdot 10^{-8}$ cm), so kann die Wellenlänge der Strahlung bestimmt werden.

Erste derartige Wellenlängenmessungen der γ-Strahlung mit Hilfe von Steinsalzkristallen wurden 1914 von RUTHERFORD und P. ANDRADE beim Stoffpaar RaB + RaC durchgeführt. Dabei ergaben sich Linienspektren mit den Wellenlängen zwischen 0,950 und 0,210 Å (Ångströmeinheiten; 1 Å = 10^{-8} cm). Sehr gründliche Versuche wurden später von J. THIBAUD (1925) und besonders von M. FRILLEY (1928) durchgeführt. Besonders der letztgenannte Autor hat mit außergewöhnlichem Aufwand (sehr starkes Radonpräparat, Abstand zwischen Strahlenquelle mit Kristall und Photoplatte bis 1,6 m) 22 Wellenlängen zwischen 0,232 und 0,016 Å messen können, entsprechend γ-Energien zwischen 0,05345 und 0,775 MeV. Die zweitgenannte Wellenlänge muß als ganz kurz bezeichnet werden und könnte als Röntgenstrahlung nur mit besonderem Aufwand erzeugt werden. Aus diesen Versuchen ist die Wesensgleichheit der γ-Strahlen mit energiereichen Röntgenstrahlen erwiesen worden; ebenso ihre Wellennatur. Die γ-Strahlen sind elektromagnetische Wellenstrahlen kurzer Wellenlänge oder Photonenstrahlungen hoher Energie.

Selbstverständlich ist es eine wichtige Frage, woher die γ-Strahlung kommt, woher sie ihre Energie bezieht und wie sie entsteht. Für die beiden anderen Strahlenarten ist, wie dargelegt, eine Atomumwandlung in ein anderes Element mit geringerer Energie die Ursache. Aus Radium entsteht bei der Emission von α-Strahlen Radon, aus Phosphor-32 beim Aussenden von β-Strahlen Schwefel-32. Da die γ-Strahlung weder Masse noch Ladung mit sich führt, kann für sie eine Atomumwandlung im genannten Sinne nicht die Ursache sein.

Bei einem α- oder β-Zerfall ist das Ausgangsatom vor dem Zerfall im sog. *Grundzustand*; es ist gewissermaßen vor der Strahlenemission in „Ruhe". Der Übergang in das Folgeatom, von der „Muttersubstanz" in die „Tochtersubstanz", geht häufig so vor sich, daß auch die Atome der letzteren sich im Grundzustand, also nach ihrer Bildung in Ruhe befinden. Das ist aber nicht die einzige Möglichkeit. In vielen Fällen befindet sich der Atomkern nach dem Verlassen eines α-Teilchens oder eines β-Strahls in einem *angeregten Zustand.* Die Energie des Zerfalls ist also nur zu einem bestimmten Anteil auf die ausgesandte Strahlung übergegangen, ein Rest ist in Form von energiereichen Schwingungen im Kern zurückgeblieben. Dieser Zustand ist aber nicht stabil. Die Anregungsenergie muß anschließend abgestrahlt werden. Dies geschieht in Form der γ-Strahlung. An zwei Beispielen soll dieser Mechanismus erläutert werden (Abb. 19).

Die künstlich radioaktive Substanz Caesium-137 ist eine praktisch sehr wichtige γ-Strahlenquelle. Primär sendet dieses Nuklid β-Strahlen aus und führt dabei zu Barium-137. Dies geschieht nach dem Zerfallsschema der Abb. 19a. Die β-Strahlung besteht aus zwei Komponenten. Davon gehen 8% aus dem Grundzustand der ^{137}Cs-Atome direkt in den Grundzustand der ^{137}Ba-Atome über. Die entsprechende β-Strahlung hat eine Maximalenergie von E_0 = 1,17 MeV. Der größte Teil der Zerfälle, nämlich 92%, führt über eine β-Strahlung von nur 0,51

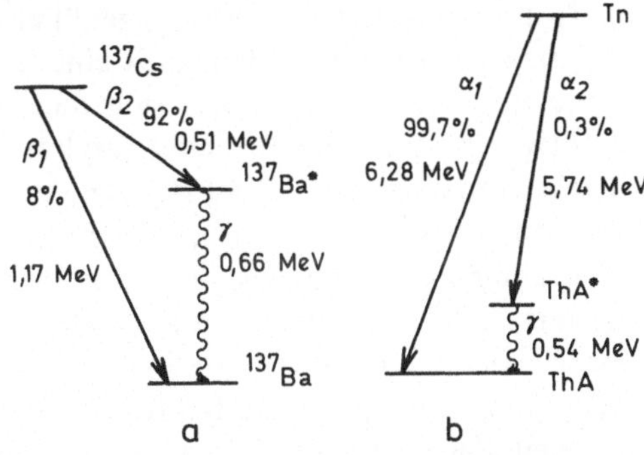

Abb. 19 a, b. Zerfallsschemata vom Caesium-137 und von Thoron zur Illustration der Emission von γ-Strahlen

MeV zu einem hochangeregten $^{137}Ba^*$-Kern. Dieser geht anschließend unter Emission eines γ-Quants von 0,66 MeV in den Grundzustand über. Es ist zu beachten, daß die Energieabgabe über die beiden Zerfallswege dieselbe ist!

Die Thorium-Emanation Thoron ist ein fast reiner α-Strahler. Weitaus die meisten α-Emissionen, nämlich 99,7%, gehen vom Grundzustand des Tn in den Grundzustand des ThA (Po-Isotop) über. Die entsprechenden α-Teilchen führen eine Energie von 6,28 MeV mit sich. Der kleine Rest von 0,3% der α-Strahlen hat eine Energie von 5,74 MeV und führt auf ein *Anregungsniveau* des ThA*. Die Anregungsenergie von 0,54 MeV wird anschließend als γ-Strahlung abgestrahlt, wobei die ThA*-Atome in den Grundzustand übergehen (Abb. 19 b).

10.1.7. K-Einfang

Neben den in den vorstehenden Abschnitten charakterisierten zwei Zerfallsarten und drei Arten von Strahlungen ist seit neuerer Zeit (1938) noch eine dritte Art des radioaktiven „Zerfalls" bekannt. Dieser führt zu einer besonderen Art der γ-Strahlung, zur *K-Strahlung*. Diese Form der Radioaktivität ist relativ selten, aber nichtsdestoweniger, besonders für medizinische Anwendungen, von erheblicher Bedeutung.

Wenn ein Isotop eines Grundstoffes gegenüber den nichtradioaktiven Partnern desselben Elementes eine erheblich zu geringe Atommasse aufweist, so äußert sich dies meistens in Form einer positiven β-Strahlung, es sendet also Positronen aus. Dadurch entsteht ein Isotop der nächst tieferen Atomnummer. Mit dieser Positronenemission steht bei gewissen („langlebigen") Stoffen ein Vorgang in Konkurrenz, der grundsätzlich zum gleichen Ergebnis, d.h. zur selben Folgesubstanz führt, der *K-Einfang*. Ein Elektron der „innersten Elektronenschale", dem K-Niveau, wird vom hohen positiven Kraftfeld des Atomkerns so stark angezogen, daß es auf denselben übertritt. Es reduziert damit dessen Ladung um eine Einheit. Durch den Elektroneneinfang fehlt auf dem K-Niveau nun ein Elektron, es entsteht hier ein „Elektronenloch". Dieses wird aber sofort von außen (aus höheren Niveaus) wieder aufgefüllt. Es „fällt" also ein Elektron aus dem L- oder M-Niveau wieder auf das K-Niveau zurück. Dabei wird die Energiedifferenz (L–K, M–K) als „charakteristisches" Strahlenquant (K-Strahlung) abgestrahlt. Diese meist ebenfalls als γ-Strahlung bezeichnete Photonenstrahlung ist relativ energiearm; sie überschreitet kaum 0,1 MeV (vgl. Tab. 3).

Beim radioaktiven „Zerfall" in der Form des K-Einfanges wird somit nur eine energiearme γ-Strahlung emittiert. Die entsprechenden Radionuklide sind reine γ-Strahler. Sie finden deshalb dort in der Praxis Anwendung, wo auf möglichst geringe ionisierende Wirkungen der Strahlung Rücksicht genommen werden soll. Dies gilt vor allem in der mit Hilfe von Radionukliden durchgeführten medizinischen Diagnostik. Dabei können die dem Patienten zugemuteten Strahlendosen sehr wesentlich geringer gehalten werden, als dies bei der Verwendung einer β-strahlenden Substanz möglich wäre.

11. Die Streuung der α-Strahlen und der Bau des Atoms

Über die Wirkungen der Strahlen radioaktiver Stoffe, wenn diese mit materiellen Systemen in Wechselwirkung treten, ist bisher nur kurz auf die Ionisierung von Gasen hingewiesen worden. Daneben gibt es aber sehr zahlreiche andere Wirkungen, die man der didaktischen Übersicht halber in physikalische, chemische und biologische Wirkungen unterteilt. In allen Fällen ist aber die primäre Ursache der in Erscheinung tretenden Bestrahlungsfolgen dieselbe und besteht in einer Ionisierung oder „Anregung" der Moleküle des bestrahlten Objektes, also in einer Energiezufuhr an die atomaren Bausteine. Die Wirkungen auf das bestrahlte System sind aber nur die eine Seite der *Wechselwirkung.* Selbstverständlich erleidet dabei auch die Strahlung eine Änderung ihrer Eigenschaften. Diese ist je nach Strahlenart etwas unterschiedlich. Sicher wird die Strahlung beim Durchgang durch ein materielles System irgendwelcher Art zunächst geschwächt. Die *Schwächung* besteht grundsätzlich in einem Energieverlust der Strahlung, welcher in zwei Anteile getrennt werden kann, in die *Absorption* der Strahlung einerseits und in die *Streuung* derselben andererseits.

Beim Absorptionsvorgang wird der Strahlung ein gewisser Anteil ihrer Partikel entzogen, so daß nach Durchgang durch eine bestimmte Stoffschicht die Partikelzahl (α-Strahlen, β-Strahlen, γ-Quanten) geringer geworden ist. Dies würde mit steigender Schichtdicke des durchstrahlten Stoffes so lange weitergehen, bis keine Partikel mehr vorhanden sind. Absorption tritt nur ein, wenn die bewegten Strahlenpartikel durch „Zusammenstoß" mit Atomen des durchstrahlten Stoffes völlig auf die Energie $E=0$ gebracht werden.

Verliert aber beim Zusammenstoß eine Strahlenpartikel nur einen Teil ihrer Energie, so wird sie als solche nicht verschwinden, sondern mit geringerem Energiehaushalt aus ihrer ursprünglichen Richtung abgelenkt weiterfliegen, sie wird *gestreut.* Eine gestreute Partikel kann grundsätzlich nach jeder beliebigen Richtung hin abgelenkt worden sein. Damit ist leicht einzusehen, daß der Energieverlust um so größer sein muß, je größer der Winkel ist, um den die Ablenkung stattgefunden hat. Nur wenig abgelenkte Strahlenpartikel haben wenig Energie verloren, stark abgelenkte entsprechend mehr. Im einzelnen sind die Schwächungsvorgänge der drei Strahlenarten etwas unterschiedlich. Darauf ist bei der Besprechung der Ionisierung durch γ-Strahlen schon näher eingegangen worden. Weitere Einzelheiten der Erscheinungen bei der Strahlenschwächung sollen im hier vorgegebenen Rahmen nicht mehr mitgeteilt werden.

Die Streuung von α-Strahlen beim Durchgang durch sehr dünne Metallfolien wurde 1906 von RUTHERFORD entdeckt. Wenn ein eng ausgeblendetes, praktisch paralleles Bündel von α-Strahlen eine Metallschicht von einigen µm Dicke durchdringt, so ist seine Abbildung auf einer Photoplatte etwas diffus verbreitert. Es haben also kleine Ablenkungen, eben Streuungen, stattgefunden.

Eingehende Streuversuche an α-Strahlen unter Beobachtung mit der Szintillationsmethode haben später H. GEIGER (1908) und anschließend GEIGER und H. MARDSEN (1909) vorgenommen. Es zeigte sich zunächst, daß der mittlere Streuwinkel (mittlerer Winkel der Ablenkung) sehr stark mit abnehmender Geschwindigkeit der α-Strahlen ansteigt und daß er von der Dicke der durchstrahlten Metallschicht abhängig ist. Für die Folge viel bedeutungsvoller war aber die Beobachtung, daß dieser mittlere Streuwinkel auch vom Atomgewicht (eingeklammerte Zahlen) des durchstrahlten Metalls abhängt. GEIGER fand die folgenden Mittelwerte für Metallschichtdicken, die 1 cm Luft äquivalent waren:

	Al (27)	Cu (63,5)	Ag (108)	Sn (119)	Au (197)
Winkel:	0,6°	1,1°	1,5°	1,5°	2,1°
Verhältnis:	1	1,8	2,5	2,5	3,5

Ist nun das Atom ein konkreter Körper bestimmter Dimension, so ist seine lineare Ausdehnung, z. B. sein Durchmesser, der dritten Wurzel aus seinem Volumen proportional. Es ist aber anzunehmen, daß das Atomvolumen mit zunehmendem Atomgewicht ansteigt. Der für einen Zusammenstoß mit einer Strahlenpartikel wirksame Querschnitt müßte aber mit dem Quadrat der linearen Ausdehnung wachsen. Bildet man nun die Quadrate der dritten Wurzeln aus den Atomgewichten der zu den Streuversuchen verwendeten Metalle, so ergeben sich auf ganze Zahlen abgerundet, die folgenden Werte:

	Al	Cu	Ag	Sn	Au
$(\sqrt[3]{A})^2$:	9	16	23	24	34
Verhältnis:	1	1,8	2,5	2,7	3,8.

Die Gleichheit dieser Verhältniszahlen mit denjenigen der mittleren Streuwinkel ist sehr eindrucksvoll. Sie ist der Beweis dafür, daß der die α-Strahlen streuende „Körper" des Atoms proportional zum Atomgewicht ansteigt. Da die Abstände von Atomen in Kristallen kaum mehr als um einen Faktor 2 voneinander verschieden sind, kann der Streukörper nicht das ganze Atom sein.

Neben diesen kleinen Streuwinkeln wurden aber von den Autoren hie und da auch α-Strahlen beobachtet, die um 90° oder mehr, ja bis zu 180° von ihrer primären Richtung abgelenkt worden waren. Ihre Anzahl betrug 1 α-Strahl auf einige hundert bis einige tausend unabgelenkte. Wie waren diese Versuchsergebnisse zu verstehen?

Aus dem Durchgang der α-Strahlen durch Luft konnte berechnet werden (vgl. Tab. 1), daß dabei auf 1 cm Luft etwa 50.000 Ionenpaare erzeugt werden müssen. Es müssen deshalb auch so viele „Zusammenstöße", d.h. direkte Wechselwirkungen mit Luftmolekülen, stattgefunden haben. Dasselbe mußte aber auch beim Durchgang durch die dünnen (1 cm Luft äquivalenten) Metallschichten der Fall gewesen sein. Trotzdem fanden aber in seltenen Fällen auch bei ganz dünnen Metallschichten Ablenkungen um große Winkel statt. Es sah so aus, als ob die Atome der Metallschichten für die meisten α-Strahlen fast völlig durchlässig wären, in seltenen Fällen aber weitgehende bis vollständige Reflexionen stattfinden müßten. Die Frage war: Wie sind auf solche Art wirkende Atome gebaut?

11.1. Der Atomkern

Daß radioaktive Atome (2fach) positiv geladene α-Strahlen und negativ oder positiv geladene β-Strahlen aussenden, macht die Vermutung fast zu Gewißheit, daß solche Ladungen und eventuell auch ihre Träger in den radioaktiven Atomen, ja vielleicht in allen Atomen, vorhanden sein müssen. So hat schon im Jahre 1904 H. NAGAOKA Berechnungen über ein Atommodell angestellt, das etwa die Form des Planeten Saturn hätte, mit einem elektrisch positiven Zentrum und einem oder mehreren „Saturnringen", in denen die negativen Ladungen enthalten sein sollten.

Den Durchbruch zur modernen Auffassung über den Bau der Atome brachte RUTHERFORD im Jahre 1911 mit einer Theorie über die Streuung der α-Strahlen und die dabei erforderlichen materiellen und ladungsmäßigen Voraussetzungen. Hiernach ist die positive Ladung des Atoms auf einen sehr kleinen Raum konzentriert, den *Atomkern,* während die negativen Ladungen als Elektronen um den Kern herum in einer *Elektronenhülle* angeordnet sind. Die Zahl der positiven Ladungen im Atomkern und die Zahl der Elektronen in der Atomhülle sind gleich groß. Damit ist das Atom nach außen *neutral.* Verliert die Hülle ein oder mehrere Elektronen, so entstehen ein- oder mehrwertige positive Ionen, nimmt die Hülle Elektronen auf, resultieren negative Ionen. Für α-Strahlen ist wegen der sehr geringen Masse der Elektronen die Elektronenhülle praktisch durchlässig, der Kern des Atoms aber völlig undurchlässig. Das Verhältnis der stark abgelenkten α-Strahlen zu den praktisch nicht abgelenkten gibt auch das Verhältnis der Kerngröße zur Atomgröße an; der Atomkerndurchmesser ist also etwa 20.000-mal kleiner als der Atomdurchmesser. Entspricht diese Auffassung der Wirklichkeit, und trägt der Atomkern Z (Atomnummer = *Kernladungszahl*) positive Ladungen, so kann die Wechselwirkung zwischen dem Atomkern und einem sich mit der Geschwindigkeit v dem Kern nähernden α-Strahl sofort berechnet werden. Es beträgt dabei die abstoßende Coulomb-Kraft zwischen Kern und α-Strahl (Ladung des Kerns $Z \cdot e$, Ladung des α-Strahls $2e$) (Abb. 20)

$$K_c = \frac{Ze \cdot 2e}{a^2},$$

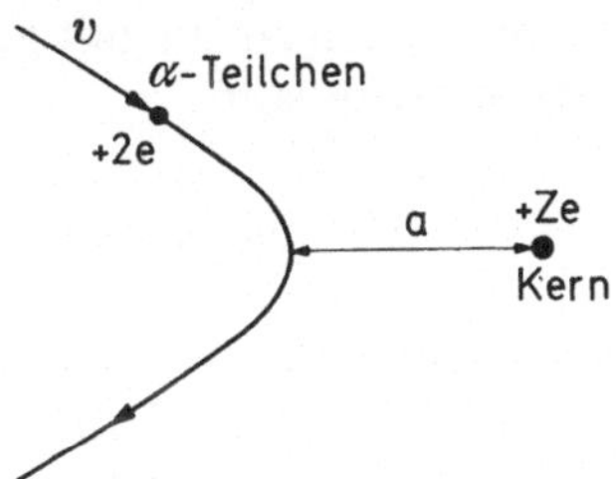

Abb. 20. Bahn eines α-Teilchens in der Nähe eines Atomkernes von der Ladung $+Ze$

und die dieser entgegengerichtete Zentrifugalkraft des α-Teilchens

$$K_z = \frac{m \cdot v^2}{a}.$$

Diese beiden Kräfte müssen an jedem Bahnpunkt des α-Teilchens gleich groß sein

$$\frac{m \cdot v^2}{a} = \frac{2 \cdot Z \cdot e^2}{a^2}.$$

Damit bewegt sich der α-Strahl auf einer Bahn, deren Form ein Kegelschnitt sein muß. Es gilt dann offenbar für den kleinsten Abstand a zwischen Atomkern und α-Teilchen die Bezeichnung

$$a = \frac{2 \cdot Z \cdot e^2}{m \cdot v^2}.$$

Für ein Goldatom mit der Ladung $Z = 79$ und die energiereiche α-Strahlung von ThC′ von $v = 2{,}135 \cdot 10^9$ cm/s wird dieser kleinste Abstand zu $1{,}20 \cdot 10^{-12}$ cm!

So nahe kann das α-Teilchen an das Zentrum des Goldatoms herankommen, wenn nur Coulomb-Kräfte und die Zentrifugalkraft wirksam sind. In Abbildung 20 ist der Bahnverlauf eines α-Strahls (Hyperbel) in der Nähe eines Atomkerns dargestellt.

Sehr zahlreiche Streuversuche mit allen heute zur Verfügung stehenden „schweren" Korpuskeln haben es erlaubt, für die

Radien der Atomkerne eine allgemein gültige, einfache empirische Formel anzugeben. Diese lautet:

$$a = 1{,}07 \cdot 10^{-13}\sqrt[3]{A}\,\mathrm{cm},$$

wobei A das Atomgewicht (oder besser die *Massenzahl*) des entsprechenden Elementes bedeutet. Es erscheint unmittelbar einleuchtend, daß der Atomkern ein Körperchen sein muß, dessen Radius, wenn man es etwa als kugelförmig ansieht, der dritten Wurzel seines Volumens proportional sein muß. Dieses wieder ist offenbar um so größer, je schwerer (Atomgewicht, Massenzahl) der Atomkern ist. Nach dieser Formel berechnet beträgt der Radius des Goldatomkerns $a = 6{,}2 \cdot 10^{-13}$ cm. Der aus der Streuformel berechnete Wert des kleinsten Abstandes a ist etwa doppelt so groß. Das α-Teilchen mit einer Geschwindigkeit von $2{,}135 \cdot 10^{9}$ cm/s konnte also noch nicht bis an die Oberfläche des Atomkerns, aber doch sehr nahe an diese herankommen.

11.2. Stabilität der Elektronenhülle

Sicher muß auch die sehr wichtige Frage beantwortet werden, warum die Elektronen der Atomhülle nicht auf den Kern einfallen. In seltenen Fällen, beim K-Einfang, tun sie das ja. Zwischen einem Elektron und der oftmals sehr hohen positiven Ladung des Atomkerns herrscht nach dem Coulombschen Gesetz eine Anziehungskraft. Diese ist wegen der sehr kleinen Abstände außerordentlich groß. In Analogie zu den Kraftverhältnissen (Massenanziehung) zwischen der Sonne und ihren Planeten hat man angenommen, daß sich die Hüllelektronen in geschlossenen Bahnen (Kreisen und Ellipsen) um den Kern herum bewegen. Es müssen dabei grundsätzlich gleiche Überlegungen auch für die Bewegungen der Elektronen um den Atomkern gelten, wie für die Annäherung eines α-Teilchens. Auch hier muß also die Beziehung $Z \cdot e^2 = m \cdot a \cdot v^2$ erfüllt sein. Nun hat aber Niels Bohr (1885–1962) im Jahre 1913 das „Postulat" aufgestellt, daß der Impuls $m \cdot v$ eines Elektrons ein ganzes Vielfaches *(n)* der früher erwähnten von Max Planck eingeführten Konstanten $h = 6{,}625 \cdot 10^{-27}$ erg · s, geteilt durch den Bahnumfang sein soll, also

$$m \cdot v = \frac{n \cdot h}{2 \cdot \pi \cdot a}.$$

Nur unter dieser Bedingung könnte die Elektronenbahn stabil sein und das Elektron nicht auf den Kern fallen. Der Radius der (zahlreichen) Elektronenbahnen wird dann

$$a = \frac{n^2 \cdot h^2}{4 \cdot \pi^2 \cdot m \cdot Z \cdot e^2}$$

und die Geschwindigkeit der Elektronen auf diesen Bahnen zu

$$v = \frac{2 \cdot \pi \cdot Z \cdot e^2}{n \cdot h}.$$

Die stabilen Elektronenbahnen folgen sich deshalb von innen nach außen, wenn ihnen die Nummern 1, 2, 3, 4, ... zugeordnet werden, in den Abständen 1, 4, 9, 16, ... und die dazu gehörigen Bahngeschwindigkeiten der Elektronen nehmen dabei im Verhältnis der einfachen Brüche 1, $\frac{1}{2}$, $\frac{1}{3}$, $\frac{1}{4}$, ... ab.

Diese Überlegungen können noch weiter geführt werden. Die Energie eines Elektrons setzt sich zusammen aus seiner Bindungsenergie (potentiell) und seiner Bewegungsenergie. Ihre Richtungen sind entgegengesetzt. Die Bahngeschwindigkeiten sind ganz allgemein klein gegen die Lichtgeschwindigkeit. Die Bewegungsenergie braucht also nicht relativistisch formuliert zu werden. Es gilt deshalb

$$E = \frac{Z \cdot e^2}{\mathrm{a}} - \frac{m}{2} v^2.$$

Drückt man nun die Größen a und v in den obengenannten Beziehungen aus, so ergibt sich

$$E = \frac{2\pi^2 m\ Z^2\ e^4}{n^2\ h^2}.$$

Neben der beliebig wählbaren Kernladungszahl Z und der ebenfalls wählbaren „Bahnnummer“ n enthält der Ausdruck nur konstante Größen. Die Energiedifferenz zwischen zwei stabilen Elektronenbahnen wird damit zu

$$E_1 - E_2 = \frac{2\pi^2 \; m \; Z^2 e^4}{h^2} \left(\frac{1}{n_1^{\,2}} - \frac{1}{n_2^{\,2}}\right).$$

Diese Energiedifferenz kann durch die Elektronenhülle aufgenommen oder abgegeben werden. Im letzteren Fall wird dabei Licht einer ganz bestimmten Energie und damit Spektralfarbe ausgestrahlt. Die obengenannte Formel beherrscht die atomare Lichtemission in Form der Linienspektren, wobei die Differenz

$$E_1 - E_2 = h\nu = \frac{h\,c}{\lambda}$$

der Energie des entsprechenden Lichtquants entspricht. Die auf dieser theoretischen Erweiterung begründete Anschauung über den Atombau ist als das *„Rutherford-Bohrsche Atommodell"* bekannt. Es wurde hier in seiner einfachsten Form dargestellt. In der Folge mußten daran wesentliche Erweiterungen angebracht werden. Die darin enthaltenen willkürlichen Annahmen (Postulate) sind später auf allgemeinere Prinzipien (Wellenmechanik) zurückgeführt und bewiesen worden. Darüber soll noch kurz in einem anderen Zusammenhang berichtet werden.

12. Der Atomzerfall als Ursache der Radioaktivität

Die Frage nach der Energie, mit welcher die Partikel α-Strahlen oder β-Strahlen von den radioaktiven Atomen ausgestoßen werden, konnte zunächst nicht beantwortet werden. Es galt aber schon sehr früh als sicher, daß zwischen den einzelnen Elementen bei ihrem Zerfall ein Zusammenhang bestehen müsse. So war beispielsweise beobachtet worden, daß eine frisch bereitete, reine Uranverbindung zunächst nur ganz wenige α-Strahlen geringer Energie aussandte, nach einiger Zeit aber auch relativ energiereiche β-Strahlen emittierte. Es mußte also in Abhängigkeit von der Zeit eine Art „Umwandlung" der Substanz stattgefunden haben. In ähnlicher Weise verhielt sich auch ein frisch bereitetes Radiumsalz. In seiner Umgebung konnte bald das radioaktive Gas Radon nachgewiesen werden. Zusätzlich fand sich auf Gegenständen in der Nähe des Radiumsalzes eine „induzierte" Radioaktivität, der aktive Niederschlag.

Die Strahlungsverhältnisse dieses Niederschlages waren recht verwickelt. Innerhalb weniger Minuten fiel die Intensität der α-Strahlung zunächst auf geringe Werte ab, um dann langsam wieder anzusteigen und anschließend erneut abzufallen. Das Ausmaß der Strahlung einiger Stoffe war also mit Bestimmtheit eine Funktion der Zeit.

Die α-Strahlung war mit Sicherheit als eine Emission von doppelt positiv geladenen Heliumatomen, von Heliumatomkernen, erkannt worden. Wenn nun aber das Atommodell von RUTHERFORD-BOHR der Wirklichkeit entsprach, wobei das praktisch gesamte Atomgewicht in der Masse des Kerns konzentriert sein mußte, die Elektronen tragen ja zum Gesamtgewicht des Atoms fast nichts bei, so mußte bei der Emission eines α-Strahls die Kernmasse um vier Atomgewichtseinheiten abnehmen. Aber nicht nur das. Das α-Teilchen trägt ja eine doppelte positive Elementarladung. Nach dem Aussenden eines α-Strahls mußte der zurückbleibende Atomkern auch zwei positive Ladungen verloren haben. Man mußte also beispielsweise für die α-Strahlung des Radiums die Umwandlung

$$^{226}_{88}\mathrm{Ra} \rightarrow \, ^{222}_{86}\mathrm{Rn} + \, ^{4}_{2}\alpha \; (^{4}_{2}\mathrm{He})$$

annehmen, einen Abbau des Atomgewichtes und der Kernladung, einen *radioaktiven Zerfall.* Der Folgekern war leichter geworden, und seine positive Ladung war geringer.

Umgekehrt war offenbar die β-Strahlung mit keiner meßbaren Massenänderung des emittierenden Atomkerns verbunden. Seine positive Ladung dagegen mußte wegen der Emission eines negativen Elektrons um eine Elementarladung ansteigen, z. B.

$$^{214}_{82}\mathrm{RaB} \rightarrow \, ^{214}_{83}\mathrm{RaC} + \beta^{-}.$$

Auch wenn es sich hier um keinen Abbau der Kernmasse handelt und auch nicht um einen Ladungsverlust, im Gegenteil, so wurde trotzdem auch für die Umwandlung unter β-Strahlung der Ausdruck „radioaktiver Zerfall" angewandt.

12.1. Das Zerfallsgesetz

Mit den radioaktiven Umwandlungen ist natürlich eine Änderung der chemischen Eigenschaften des Restatoms verbunden. Eine α-Strahlung verschiebt das Element im periodischen System um zwei Einheiten nach links, eine β-Emission um eine Einheit nach rechts. Aus dem Erdalkalimetall Radium wird das Edelgas Radon, aus dem Bleiisotop RaB wird das Wismuthisotop RaC. Diese „Verschiebungssätze" wurden erstmals im Jahre 1911 von F. Soddy und später von K. Fayans formuliert.

Wenn bei jedem radioaktiven Zerfall ein Atomkern der Ausgangssubstanz („Muttersubstanz") sich in einen Atomkern der Folgesubstanz („Tochtersubstanz") verwandelt, so muß mit jedem Zerfallsvorgang ein Atom der Muttersubstanz verschwinden und gleichzeitig ein Atom der Tochtersubstanz entstehen. Würde man nun lange genug warten können, so wäre dann die Muttersubstanz vollständig verschwunden. Grundsätzlich werden aber in der Zeiteinheit, z.B. in einer Sekunde, um so mehr Zerfälle stattfinden, je mehr radioaktive Atome zur Verfügung stehen. Von einem Gramm Radium zerfallen pro Sekunde $3{,}71 \cdot 10^{10}$ Atome unter α-Emmission, und gleichzeitig werden offenbar gleich viele Radonatome entstehen. Wenn aber 1 g Radium $2{,}67 \cdot 10^{21}$ Atome enthält, so sind davon nach einer Sekunde $3{,}71 \cdot 10^{10}$ „Stück" weniger vorhanden. Das muß in entsprechendem Maße so weitergehen, bis praktisch alle Radiumatome zerfallen sind. Dabei ist aber die Zahl der in der Sekunde zerfallenden Atome gegen Schluß der Beobachtungszeit nur noch ganz gering. Die „Zerfallsgeschwindigkeit", die mit dem Ausdruck *Aktivität* bezeichnet wird, d.h. die in der Zeiteinheit, z.B. in der Sekunde zerfallenden Atome, muß also zu einem beliebigen Zeitpunkt der Zahl der noch nicht zerfallenen Atome proportional sein. Mathematisch ausgedrückt lautet diese Gesetzmäßigkeit

$$\frac{dN}{dt} = -\lambda N,$$

die unendlich kleine Anzahl dN der in der unendlich kleinen Zeit dt zerfallenden Atome ist der noch vorhandenen Anzahl unzerfallener Atome N proportional. Der Proportionalitätsfaktor

$$\lambda = -\frac{1}{N} \cdot \frac{dN}{dt},$$

die *Zerfallskonstante,* gibt die relative Anzahl der in der Zeiteinheit zerfallenden Atome an. Das Minuszeichen zeigt, daß der Zerfall eine Abnahme der Zahl N bedeutet.

Die Integration der Gleichung zwischen einer Anfangszeit t_0 und einer Anfangsmenge an radioaktiven Atomen N_0 und einer beliebigen Zeit t ergibt

$$N_t = N_0 \cdot e^{-\lambda t}.$$

Dieser als Zerfallsgleichung bezeichnete Ausdruck wurde schon 1902 durch RUTHERFORD und SODDY aufgestellt. Die ursprünglich vorhandene Anzahl radioaktiver Atome fällt mit der Zeit exponentiell ab. Es wird also eigentlich nie der Wert $N = 0$ erreicht.

Die exponentielle Form des Zerfallgesetzes bietet nicht eine leicht anschauliche Einsicht in das Geschehen. Sie zeigt, daß die „Zerfallsgeschwindigkeit“ $\frac{dN}{dt}$ in jedem Zeitpunkt der Anzahl der noch nicht zerfallenen Atome proportional ist. Etwas einfacher scheint die Einsicht in die logarithmische Form des Zerfallsgesetzes („natürliche“ Logarithmen)

$$\ln \frac{N_t}{N_0} = -\lambda \cdot t.$$

In dieser Form ist es linear. In Abbildung 21 sind die beiden Darstellungsformen für den Zerfall des künstlich radioaktiven Goldes ^{198}Au dargestellt worden. In der oberen Hälfte der Figur ist die exponentielle Form, in der unteren die lineare Form

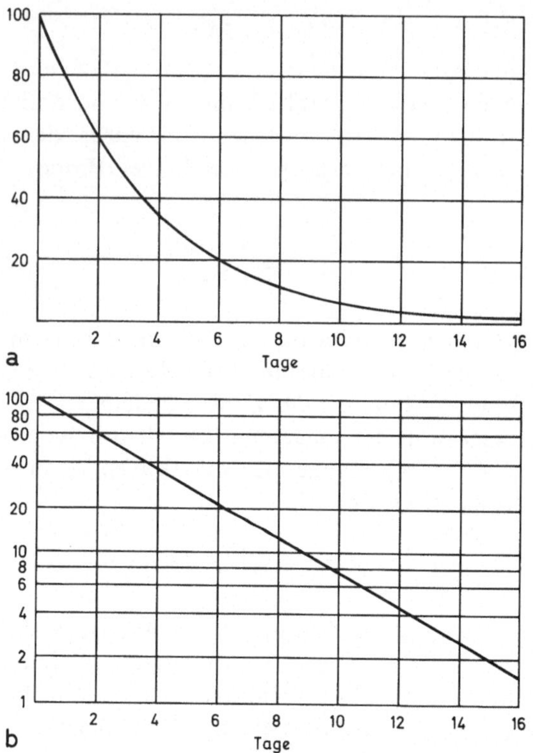

Abb. 21. Zerfallskurven von radioaktivem Gold ^{198}Au, *oben* (**a**) in gewöhnlicher, *unten* (**b**) in halblogarithmischer Darstellung. In der unteren Darstellung ist die Zerfallskurve eines reinen Radionuklids eine Gerade. *Ordinate* Prozente der Ausgangsaktivität

wiedergegeben. Für die letztere wurde einfach für die Ordinate eine logarithmische Teilung gewählt.

Auch in der logarithmischen Form ist das Zerfallsgesetz noch nicht unbedingt anschaulich. Deshalb wurde zur Charakterisierung eines radioaktiven Nuklids die sog. *Halbwertszeit* T ($T_{1/2}$) in die Betrachtung eingeführt. Es ist dies die Zeit, die verstreichen muß, bis von einer ursprünglichen Anzahl N_0 radioaktiver Atome noch die Hälfte, also $N_0/2$ übrig geblieben ist. Gleich viele sind natürlich während der Halbwertszeit schon zerfallen. Ihre mathematische Form lautet

$$T = \frac{\ln 2}{\lambda} = \frac{0{,}693}{\lambda}.$$

Die Halbwertszeit (englisch half-life) wird oftmals auch als *Periode* des radioaktiven Stoffes bezeichnet. Dieser Ausdruck ist im Französischen allgemein üblich.

Will man die Gesamtwirkung eines radioaktiven Stoffes bis zu seinem vollständigen Zerfall bestimmen, so ist diese Wirkung offenbar der ursprünglichen Anzahl radioaktiver Atome N_0 und einer *mittleren Lebensdauer* derselben τ proportional. Aus dem Ansatz

$$N_0 \cdot \tau = \int_0^\infty N_0 \cdot e^{-\lambda t} dt = \frac{N_0}{\lambda}; \quad \tau = \frac{1}{\lambda}$$

folgt, daß die mittlere Lebensdauer eines radioaktiven Stoffes dem reziproken Wert der Zerfallskonstanten entspricht. Zahlenmäßig ist eine Anfangsmenge N_0 während der mittleren Lebensdauer auf die Anzahl $N_0/e = 0{,}368 \cdot N_0$ ($e = 2{,}71828\ldots$, „natürliche“ Zahl) zerfallen. Meistens wird aber in Theorie und Praxis die viel anschaulichere Halbwertszeit verwendet. Für viele Zwecke, besonders bei der Behandlung von Schutzproblemen, sind die Faustregeln, daß nach 7 Halbwertszeiten die ursprüngliche Aktivität auf etwas unter 1%, nach 10 Halbwertszeiten auf weniger als 1‰ abgefallen ist, von praktischer Bedeutung. Der Zusammenhang zwischen der Halbwertszeit T und der mittleren Lebensdauer ist sehr einfach und lautet

$$\tau = \frac{T}{0{,}693}; \quad T = 0{,}693 \cdot \tau; \quad (0{,}693 = \ln 2).$$

Von den bisher besprochenen *natürlichen* radioaktiven Nukliden haben einige sehr große Halbwertszeiten (mittlere Lebensdauer) in der Größenordnung von Milliarden Jahren (U, Th), andere solche von kleinen Bruchteilen von Sekunden (RaC′, ThC′). Innerhalb dieser außerordentlich weiten zeitlichen Grenzen sind alle möglichen Halbwertszeiten vorhanden, je nachdem, ob es sich bei dem entsprechenden radioaktiven Stoff um einen solchen mit relativ *stabilem* oder aber sehr *instabilem* Atomkern handelt.

Auf Grund der für das Nuklid Radium bekannten Tatsachen kann dessen Halbwertszeit (oder mittlere Lebensdauer) sofort berechnet werden:

Ein Gramm Radium enthält (Avogadrosche Zahl geteilt durch Atomgewicht)

$$1\,\mathrm{g\,Ra} = \frac{N}{A} = \frac{6{,}025 \cdot 10^{23}}{226} = 2{,}666 \cdot 10^{21}\ \text{Atome.}$$

Zu Anfang der Beobachtung sollen soviele Atome vorliegen. Davon zerfallen zunächst in jeder Sekunde $3{,}71 \cdot 10^{10}$ „Stück“. Damit beträgt die mittlere Lebensdauer

$$\tau = \frac{2{,}666 \cdot 10^{21}}{3{,}71 \cdot 10^{10}} = 7{,}186 \cdot 10^{10}\ \text{Sekunden} = 2.277\ \text{Jahre.}$$

Die Halbwertszeit wird damit zu $T = 0{,}693 \cdot \tau = 1.578$ Jahre.

Nach neuesten Zählungen der α-Strahlen mit automatisch registrierenden Apparaturen ist die Zahl der α-Strahlen pro g Radium ganz wenig geringer als $3{,}7 \cdot 10^{10}$ pro Sekunde. Es werden deshalb von verschiedenen Autoren etwas höhere Halbwertszeiten angegeben, nämlich 1.590 *a* (*a* = Jahr), 1.611 *a*, 1.617 *a* und 1.622 *a*. Der heute meist angenommene Wert der Halbwertszeit des Radiums beträgt

$$T = 1.620\ \text{Jahre.}$$

Möglicherweise ist dieser Zahlenwert etwas zu hoch angesetzt, der Mittelwert der angeführten neuen Zählungen ergibt $T = 1.610 \pm 7$ Jahre.

Wenn die mittlere Lebensdauer des Radiums nach den vorstehenden Angaben $\tau = 7{,}186 \cdot 10^{10}$ s beträgt, so wird damit die Zerfallskonstante zu

$$\lambda = \frac{1}{\tau} = \frac{1}{7{,}186 \cdot 10^{10}} = 1{,}392 \cdot 10^{-11}\ \mathrm{sec}^{-1}.$$

Würde man $\tau = 7{,}186 \cdot 10^{10}$ Radiumatome zur Verfügung haben, es entspricht dies $2{,}69 \cdot 10^{-11}$ g, so würde im Mittel jede Sekunde

1 Exemplar zerfallen. Ähnliche Überlegungen könnte man grundsätzlich für alle radioaktiven Nuklide anstellen.

12.2. Statistik des Zerfalls

Schon bei den frühen Szintillationsbeobachtungen durch Regener (1908) und den ersten Zählungen durch Geiger (1907) wurde bei Verwendung sehr schwacher Präparate festgestellt, daß die einzelnen α-Strahlen keineswegs in regelmäßigen zeitlichen Abständen ausgesandt wurden und damit nachgewiesen werden konnten. Vielmehr zeigte sich eine ganz beliebige Zeitfolge zwischen zwei sich nachfolgenden Emissionen. Die Zeitintervalle waren manchmal sehr kurz, manchmal aber auch recht lang, mit allen Zwischenzeiten zwischen diesen Extremen. Gleiches wurde später auch für die Emission der β-Strahlen gefunden. Der radioaktive Zerfall und die damit verbundene Atomumwandlung ist ein *vollständig statistisches Phänomen!*

Es ist deshalb völlig unmöglich, über den einzelnen Atomzerfall irgend etwas präzis Gesetzmäßiges aussagen zu können. Man kann nicht voraussagen, wann ein bestimmtes radioaktives Atom zerfallen wird, oder innerhalb welcher Zeit es unzerfallen bleibt. Die Zerfallskonstante λ ist nur die *Wahrscheinlichkeit* dafür, daß innerhalb der Zeiteinheit von z. B. einer Sekunde ein Zerfall stattfinden wird. Das abgeleitete exponentielle Zerfallsgesetz gilt deshalb nur, wenn die Zahl der vorhandenen radioaktiven Atome außerordentlich groß ist. Es ist damit ein *Integralgesetz* über fast unendlich viele, beliebig verteilte Einzelvorgänge.

Der statistische Charakter des radioaktiven Zerfalls hat außerordentliche wissenschaftsphilosophische Konsequenzen. Er zeigt, daß die elementaren Auffassungen von Ursache und Wirkung im atomaren Einzelbereich keine Geltung haben, daß also das naive Kausalitätsprinzip hier nicht angewendet werden kann. Atome sind keine „Mikromaschinen“, die nach „ewigen, ehernen, strengen Gesetzen“ ablaufen. Derartige Gesetze gelten nur, als „Mittelwertsgesetze“, für sehr viele, statistisch verteilte Einzelphänomene. Aber nicht nur beim radioaktiven Zerfall, bei allen Vorgängen, an denen sich Atome oder Moleküle unabhängig voneinander beteiligen, sind die entsprechenden „Naturgesetze“ ihrem tieferen Wesen nach statistische Gesetze. Ihr stetiger Verlauf wird nur durch sehr große Zahlen von Einzelvorgängen vorgetäuscht.

E. v. SCHWEIDLER hat (1905) gezeigt, daß das exponentielle Zerfallsgesetz der radioaktiven Stoffe mit Hilfe der Wahrscheinlichkeitsrechnung direkt formuliert werden kann. Diese Überlegung ist von allgemeiner und grundsätzlicher Bedeutung. Es sollen deshalb hier die Voraussetzungen zu dieser Formulierung angeführt werden. Wenn die Größe λ die Zerfallswahrscheinlichkeit bedeutet, so ist $w = \lambda \cdot \delta$ die Wahrscheinlichkeit dafür, daß ein Atom im Zeitintervall δ zerfällt, wenn δ gegen 0 ($\delta \rightarrow 0$) strebt. Die Wahrscheinlichkeit andererseits, daß ein Atom im Zeitintervall $t = k \cdot \delta$ nicht zerfällt, ist $w' = (l - \lambda \cdot \delta)^k$, wenn $k = \frac{t}{\delta}$ bedeutet. Die sich auf diese Voraussetzungen gründende Berechnung ist reine Algebra. Sie besagt, daß die Wahrscheinlichkeit w', daß ein Atom im Zeitintervall t nicht zerfällt, $w' = e^{-\lambda t}$ beträgt und führt damit für N_0 Atome zum Zerfallsgesetz $N_0 \cdot e^{-\lambda t} = N_t$. E. v. SCHWEIDLER hat seine Wahrscheinlichkeitsbetrachtungen noch weiter fortgesetzt und eine vollständige Statistik des radioaktiven Zerfalls angegeben. Diese hochwichtige mathematische Betrachtung geht aber über den hier vorgegebenen Rahmen hinaus und kann deshalb nicht im einzelnen angeführt werden.

12.3. Zerfallszeit und Energie

Mit all diesen Überlegungen ist aber das Wesen des radioaktiven Zerfalls noch nicht vollständig beschrieben. Es war schon frühzeitig aufgefallen, daß die α-strahlenden Stoffe mit kurzer Lebensdauer (oder Halbwertszeit) Strahlen mit großer Reichweite emittieren und umgekehrt. Zwischen der Zerfallskonstante und der Energie der α-Strahlung und damit ihrer Reichweite mußte offenbar ein Zusammenhang bestehen. Dieser wurde im Jahre 1911 von E. GEIGER und J. M. NUTALL genauer untersucht. Die von ihnen gefundene empirische Formel lautet

$$\log \lambda = A + B \log R_0.$$

Die darin enthaltenen Konstanten betragen $A \triangleq -41{,}6$ und $B \triangleq 60$. Zur Übersicht über die Brauchbarkeit dieser Gesetzmäßigkeit sind im Folgenden einige entsprechende Zahlenwerte wiedergegeben:

	U_I	Ra	Rn
R_0 cm:	2,53	3,21	3,90
λ sec^{-1}:	$4{,}9 \cdot 10^{-18}$	$1{,}39 \cdot 10^{-11}$	$2{,}1 \cdot 10^{-6}$

	RaA	Po	ThC′
R_0 cm:	4,48	3,72	8,53
λ sec^{-1}:	$3{,}78 \cdot 10^{-3}$	$5{,}88 \cdot 10^{-8}$	$3{,}3 \cdot 10^{6}$

Die Geiger-Nutall-Beziehung soll am Beispiel des Radiums geprüft werden. Es gilt

$$\log \lambda = -41{,}6 + 60 \cdot \log 3{,}21 = -11{,}21.$$

Der Logarithmus der aus der pro Sekunde zerfallenden Ra-Atome berechneten Zerfallskonstante beträgt $\log (1{,}39 \cdot 10^{-11}) = -10{,}86$ in nicht zu schlechter Übereinstimmung mit dem nach GEIGER-NUTALL berechneten Wert. Für Radon ergeben sich die beiden Zahlenwerte $-6{,}14$ (GEIGER-NUTALL) und $-5{,}68$ (Bestimmung aus Zerfallszahl). In beiden Fällen ist der nach GEIGER-NUTALL berechnete Wert etwas größer als der aus den direkten Messungen abgeleitete. Dies zeigt, daß die Konstante $A = -41{,}6$ offenbar etwas zu hoch angesetzt worden ist. Trotzdem ist aber diese Beziehung von einem gewissen Wert zur approximativen Abschätzung von Zerfallskonstanten bei Radionukliden mit extrem kurzen oder extrem hohen Lebensdauern.

Erst mehr als 20 Jahre später fand B. W. SARGENT (1933), daß zwischen der Maximalenergie der β-Strahlung E_0 und der Zerfallskonstante β-strahlender Radionuklide ebenfalls ein Zusammenhang besteht. Dieser könnte grundsätzlich durch gleichartige Formeln (natürlich mit anderen Konstanten) dargestellt werden. Die Übereinstimmung der berechneten mit den durch direkte Messungen gefundenen Werten ist aber sehr viel weniger gut, als bei α-Strahlen; dies besonders, weil man bei der Emission der β-Strahlung zwischen „erlaubten" und „verbotenen" β-Übergängen unterscheiden muß. Verboten sind Übergänge mit Änderung des *Kernspins,* erlaubt sind solche ohne Änderung (vgl. später).

Die Beziehungen von GEIGER-NUTALL und von SARGET erweisen, daß zwischen der Lebensdauer (ausgedrückt in der Zerfallskonstante) einerseits und der Energie, welche beim radioaktiven Zerfall in Form von Strahlung freigesetzt wird, andererseits, ein engster Zusammenhang besteht. Radionuklide mit hoher *Zerfallsenergie* senden energiereiche Strahlungen aus und sind von kurzer Lebensdauer und umgekehrt.

12.4. Energie und Masse

Es ist schon früher kurz darauf hingewiesen worden, daß die Energie, mit welcher radioaktive Atome zerfallen, mit dem dabei auftretenden Massendefekt zwischen Muttersubstanz und Tochtersubstanz verstanden werden kann. Die Massenänderung ist offenbar bei schnell und mit hoher Energie zerfallenden Atomen größer, als bei langsam und energiearm zerfallenden. Die Äquivalenz zwischen Masse und Energie, verknüpft durch das Quadrat der Lichtgeschwindigkeit, ist nicht auf die Verhältnisse des radioaktiven Zerfalls beschränkt, sondern folgt direkt aus der von ALBERT EINSTEIN (1879–1955) im Jahre 1905 als Beamter des Eidgenössischen Patentamtes in Bern aufgestellten Relativitätstheorie, welche alle „Naturgesetze" in einen allgemeinen, erweiterten Rahmen stellt. Die Beziehung

$$E = m \cdot c^2$$

gilt damit ganz allgemein.

Vor der Aufstellung der Relativitätstheorie hatte schon F. HASENÖHRL (1903) die Zerfallsenergie der radioaktiven Elemente mit der „trägen Energie" und damit einer Massenänderung beim radioaktiven Zerfall zu erklären versucht. Er konnte damals noch nicht wissen, daß diese, seine Idee den

Schlüssel zum Verständnis der Zerfallsenergie tatsächlich gibt, ja daß die obige Beziehung das gesamte Gebiet der Energie, und damit aller Änderungen irgendwelcher materieller Systeme beherrscht.

An zwei Zerfallsreihen soll gezeigt werden, wie diese Beziehung zwischen der Massenänderung der Atome und der Energie der ausgesandten Strahlung anwendbar ist. Wie später im einzelnen beschrieben werden muß, geht ein Uranatom über 8 sich folgende α-Zerfälle und 6 β-Zerfälle schließlich in das Bleiisotop mit dem Atomgewicht $A=206$ über. In ähnlicher Weise verwandelt sich ein Thoriumatom über 6 sich folgende α-Zerfälle und 4 β-Zerfälle in das Bleiisotop mit dem Atomgewicht 208. Die Berechnung der gesamten Zerfallsenergie aus dem totalen Massendefekt ergibt das Folgende: Das genaue Atomgewicht des Urans I beträgt nach präzisen massenspektrometrischen Untersuchungen $^{238}U=238{,}1243$ Atomgewichtseinheiten (AE). Das Heliumatom seinerseits ergibt 4,003873 AE. Die Gesamtmasse von 8 α-Strahlen macht somit 32,030984 AE aus; die 6 β-Strahlen (Elektronen) ergeben zusammen 0,003294 AE. Der Gesamtverlust beträgt somit 32,034278 AE. Vom Atomgewicht des Urans abgezogen ergibt dies für das Blei (206) die Masse von 206,0901. Die massenspektrometrische Masse des Bleiisotops 206 beträgt aber nur 206,0379. Es resultiert also ein Massendefekt von $\Delta M=0{,}0522$ AE. Multipliziert mit dem Quadrat der Lichtgeschwindigkeit folgt damit eine gesamte Zerfallsenergie von 48,7 MeV.

Beim genauen Atomgewicht des Thoriums von $^{232}Th = 232{,}1098$ AE zerfällt dieses Element über 6 sich folgende α-Emissionen und 4 β-Emissionen zum Bleiisotop 208, dessen genaues Atomgewicht 208,0407 beträgt. Die 6 α-Strahlen ergeben zusammen ein Gewicht von 24,0232 AE, die 4 β-Strahlen 0,002376 AE, zusammen 24,0256 AE. Subtrahiert vom obengenannten Th-Gewicht ergibt eine Masse von 208,0842 AE. Der Massendefekt beträgt somit $\Delta M=0{,}0435$ AE, entsprechend einer totalen Zerfallsenergie von 40,6 MeV.

Die Energien der einzelnen Strahlenemissionen sind in der folgenden Tabelle 5 zusammengestellt.

Tabelle 5. Strahlenenergien in MeV der Uran- und der Thoriumreihe

Nuklid	α-Strahlung	β-Strahlung	Nuklid	α-Strahlung	β-Strahlung
U_I	3,95		Th	3,88	
UX_1		0,13	MTh_1		0,06
UX_2		2,32	MTh_2		2,05
U_{II}	4,40		RTh	5,42	
Io	4,52		ThX	5,68	
Ra	4,79		Tn	6,28	
Rn	5,49		ThA	6,78	
RaA	6,00		ThB		0,36
RaB		0,65	ThC+C′	7,50	2,00
RaC+C′	6,60	3,15			
RaD		0,04			
RaE		1,22			
Po	5,30				
Summe	41,05	7,51	Summe	35,54	4,47
Total	**48,56**		Total	**40,01**	
Massendefekt	48,7		Massendefekt	40,6	

Die Zahlenwerte für die Uran-Radiumreihe einerseits und für die Thoriumreihe andererseits zeigen mit jeder wünschbaren Endrücklichkeit, wie genau derart große Energiedifferenzen aus den Massendefekten berechnet werden können, und sie zeigen auch gleichzeitig, mit welcher Genauigkeit die Energien der einzelnen Zerfallsvorgänge bestimmt worden sind. — Man darf die Resultate der beiden Bestimmungen füglich als identisch bezeichnen. (Diese Berechnung wird hier erstmals gemacht.)

13. Radioaktive Zerfallsreihen

Schon kurz nach der Entdeckung der ersten radioaktiven Elemente war es gelungen, neben Uran, Polonium, Radium und

Thorium weitere radioaktive Grundstoffe aus den Ausgangsmineralien abzutrennen. Dabei ergab sich die Wahrscheinlichkeit eines Zusammenhanges zwischen einzelnen Nukliden. So konnte beispielsweise nach einer vollständigen Entlüftung einer wässerigen Lösung von Radiumchlorid schon nach einem Tag die Gegenwart größerer Mengen des radioaktiven Gases Radon nachgewiesen werden. Es war also anzunehmen, daß Radon aus Radium entstand, bzw. nach seiner vorherigen Entfernung durch Entlüften der Lösung wieder nachgebildet wurde. Ähnlich verhielt sich auch das erstentdeckte radioaktive Element, das Uran. Wurde dasselbe aus Mineralien frisch isoliert, so wies es nur eine ganz schwache α-Strahlung auf. Ließ man es aber etwa eine Woche lang liegen, so fand sich eine recht intensive β-Strahlung und auch eine γ-Strahlung vor. Auf rein chemischem Wege ist es dann W. CROOKES 1900 gelungen, vom Uran einen Stoff abzutrennen, welchem diese β- und γ-Strahlung zuzuschreiben war. Dieser neue Stoff wurde als „Uran X" bezeichnet. Nach seinem Zerfall mit einer Halbwertszeit von 24,1 Tagen trat dann wieder eine schwache α-Strahlung auf.

Ähnliches Verhalten fand sich auch bei der sog. induzierten Aktivität, dem aktiven Niederschlag, der an allen Körpern nachgewiesen werden konnte, die einige Zeit mit dem Gas Radon in Verbindung gebracht worden waren. Das Radon selber verschwand mit einer Halbwertszeit von 3,825 Tagen. Wurde aber das Radon nach nur kurzer Gegenwart vom Körper weggeblasen, so blieb der aktive Niederschlag allein zurück. Dessen Strahlung zeigte zeitlich ein eigenartiges Verhalten. Mit einer Halbwertszeit von 3,05 min verschwand zunächst seine α-Strahlung. Dabei baute sich nach ca. 10 min eine wenig durchdringende β-Strahlung auf, um dann mit einer Halbwertszeit von 26,8 min wieder abzufallen. Gleichzeitig trat dann aber eine neue α-Strahlung auf, die nach etwa 40 min ihr Maximum erreichte, um dann ihrerseits mit einer Halbwertszeit von 19,8 min zu verschwinden. Schließlich erreichte eine neue β-Strahlung nach etwa 4 h eine geringe, aber von da an praktisch konstante Intensität. Diese von PIERRE CURIE und J. DANNE 1903 erstmals nachgewiesenen komplizierten Strahlungs- und Zeitverhältnisse erfuhren durch RUTHERFORD 1905 eine Deutung.

Dieser Forscher nahm eine Folge von drei verschiedenen, kurzlebigen Stoffen, RaA (Po-Isotop, α-Strahler), RaB (Pb-Isotop, β-Strahler), RaC (Bi-Isotop, α-Strahler) und einen langlebigen RaD (Pb-Isotop, β-Strahler) an, die sich als Folge des Zerfalls von Radon (α-Strahler) bildeten. Eine theoretische Formulierung dieser Stoff-Folge führt zu recht komplizierten, mathematischen Funktionen, die aber den tatsächlichen Verlauf auch quantitativ richtig wiedergeben. Bei dieser Formulierung muß berücksichtigt werden, daß sich die Tochtersubstanz jeweils mit der Halbwertszeit der Muttersubstanz aus dieser bildet, dann aber ihrerseits mit ihrer Halbwertszeit selber wieder zerfällt. PAUL GRUNER (1868–1946) hat 1911 eine allgemeine Formulierung der quantitativen Zerfallsverhältnisse eines beliebigen Gliedes aus einer beliebig langen *Zerfallsreihe* angegeben.

Aus den erwähnten und weiteren ähnlich gerichteten Beobachtungen mußte der Schluß gezogen werden, daß der weitaus größte Teil der bis etwa 1930 bekannten radioaktiven Substanzen drei verschiedenen Zerfallsreihen zuzuordnen war. Diese beginnen bei den damals bekannten schwersten Atomarten, beim Uran einerseits und beim Thorium andererseits. Alle enden schließlich bei drei verschiedenen Bleiisotopen. Dabei ist das natürliche Uran die Muttersubstanz von zwei verschiedenen Zerfallsreihen, während das Thorium nur eine Reihe von Tochtersubstanzen aufweist. Das Uran ist die Muttersubstanz der nach ihm selbst benannten, wichtigsten *Uranreihe,* welche beim Uranisotop U_I mit dem Atomgewicht $A = 238$ ihren Anfang nimmt und beim Blei mit dem Atomgewicht $A = 206$ endet. Die Zerfallsreihe, deren Muttersubstanz durch das seltene Uranisotop mit dem Atomgewicht $A = 235$ (^{235}U) gebildet wird, heißt wegen der ersten, darin entdeckten Substanz, dem Actinium (A. DEBIERNE und F. GIESEL 1899), *Actiniumreihe.* Ihr Endprodukt ist das Bleiisotop 207 (^{207}Pb). Ausgangssubstanz der dritten Zerfallsreihe ist das Thorium. Sie wird deshalb als *Thoriumreihe* bezeichnet. Sie endet beim dritten Bleiisotop ^{208}Pb. Massenspektrometrische Untersuchungen haben noch ein viertes, stabiles Bleiisotop ^{204}Pb ergeben. Das weitere bekannte Uranisotop ^{234}U ist ein Glied der Uranzerfallsreihe. Die beiden wichtigen Zerfallsreihen, diejenige des Uran und die des Thorium

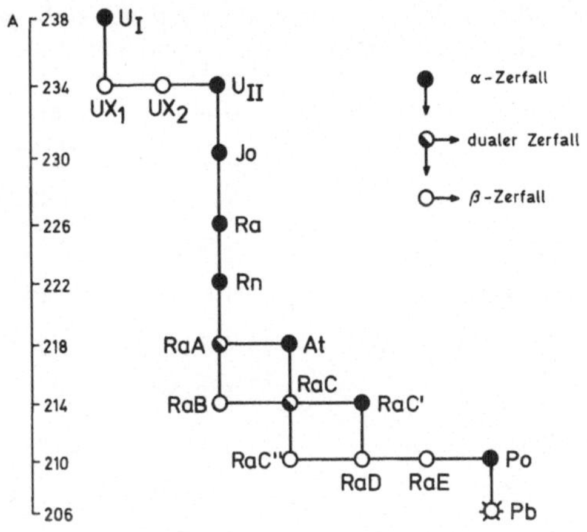

Abb. 22. Zerfallsschema der Uran-Radium-Reihe

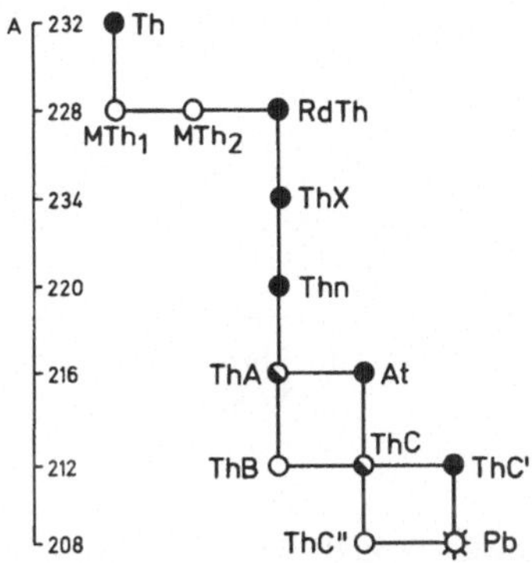

Abb. 23. Zerfallsschema der Thoriumreihe

sind in den Schemata Abbildungen 22 und 23 dargestellt. Eine Darstellung der Actiniumreihe ist wegen ihrer geringen Bedeutung weggelassen worden. Ihr Verlauf ist sehr ähnlich den beiden anderen. Die folgende Tabelle 6 gibt die Einzelheiten der dargestellten Zerfallsreihen wieder.

Neben der nicht angeführten Actiniumreihe gibt es als Folge der Kernspaltung neuerdings eine große Anzahl weiterer Zer-

Tabelle 6. Zerfallsverhältnisse und Strahlungen der Folgeprodukte des radioaktiven Zerfalls von Uran und Thorium

Nuklid	Halb-wertszeit	Strah-lung	Nuklid	Halb-wertszeit	Strah-lung
$^{238}_{92}U_I$	$4{,}51 \cdot 10^9$ a	α, γ	$^{232}_{90}Th$	$1{,}42 \cdot 10^{10}$ a	α, γ
$^{234}_{90}UX_1$	24,1 d	β, γ	$^{228}_{88}MTh_I$	6,7 a	β
$^{234}_{91}UX_2$	6,7 h	β, γ	$^{228}_{89}MTh_2$	6,13 h	β, γ
$^{234}_{92}U_{II}$	$2{,}5 \cdot 10^5$ a	α, γ	$^{228}_{90}RTh$	1,91 a	α, γ
$^{230}_{90}Jo$	$8{,}1 \cdot 10^4$ a	α, γ	$^{224}_{88}ThX$	3,64 d	α, γ
$^{226}_{88}Ra$	1620 a	α, γ	$^{220}_{86}Tn$	5,15 s	α, γ
$^{222}_{86}Rn$	3,825 d	α	$^{216}_{84}ThA$*	0,158 s	α, β
$^{218}_{84}RaA$*	3,05 m	α, β	$^{212}_{82}ThB$	10,64 h	β, γ
$^{214}_{82}RaB$	26,8 m	β, γ	$^{212}_{83}ThC$*	60,5 m	α, β, γ
$^{214}_{83}RaC$*	19,8 m	α, β, γ	$^{212}_{84}ThC'$	$3{,}04 \cdot 10^{-7}$ s	α
$^{214}_{84}RaC'$	$1{,}64 \cdot 10^{-4}$ s	α	$^{208}_{82}Pb$	stabil	—
$^{210}_{82}RaD$	19,4 a	β, γ			
$^{210}_{83}RaE$	4,99 d	β			
$^{210}_{84}Po$	138,3 d	α, γ			
$^{206}_{82}Pb$	stabil	—			

* Dualer Zerfall
a Jahre
d Tage
h Stunden
m Minuten
s Sekunden

fallsreihen; auf einige von ihnen soll später noch eingegangen werden.

Zu den bisher beschriebenen „schweren" radioaktiven Stoffen sind von N. R. Campbell und A. Wood (1906) noch die Isotopen ^{40}K (Kalium) und ^{87}Rb (Rubidium) als schwache β-γ-Strahler nachgewiesen worden. Ihre Halbwertszeiten werden mit $1{,}25 \cdot 10^9$, respektive mit $5 \cdot 10^{10}$ Jahren angegeben. In neuerer Zeit ist beim Samariumisotop ^{147}Sm eine schwache α-Strahlung gefunden worden mit einer Halbwertszeit von $1{,}3 \cdot 10^{11}$ Jahren.

14. Der Atomkern

Die Streuversuche an verschiedenen Metallen von RUTHERFORD und GEIGER und MARDSEN (1906–1909) und die rechnerische Interpretation ihrer Ergebnisse (1911) machte es zur Gewißheit, daß nur ein ganz kleiner Teil des Volumens des Atoms für α-Strahlen völlig undurchlässig und gleichzeitig positiv geladen sein mußte (vgl. Kap. 11). Dieser Anteil, dem auch die praktisch ganze Atommasse (Atomgewicht) zugeordnet werden mußte, erhielt die Bezeichnung *Atomkern*. Ausgedehnte Streuversuche aus neuerer Zeit gestatteten die Aufstellung einer empirischen Formel zur approximativen Berechnung des Kernradius. Nach dieser Formel liegen die Radien aller Atomkerne in der Größenordnung von 10^{-13} cm, sind also etwa 20.000mal kleiner als die Radien der Atome als Ganzes. NIELS BOHR hatte 1913 die Theorie aufgestellt, daß die Anzahl der positiven Elementarladungen des Kernes der Zahl der Elektronen in der Atomhülle äquivalent sei. Dies führte zum „Rutherford-Bohrschen Atommodell".

Da α-Strahlen als Heliumatomkerne eine Masse von 4 Atomgewichtseinheiten und eine positive Ladung von 2 Elementarladungen mit sich führen, mußte angenommen werden, daß sie aus dem schweren und positiv geladenen Atomkern stammen. Ein ähnlicher Ursprung war auch für die β- und γ-Strahlung anzunehmen. In diesem Zusammenhang stellt sich natürlich die grundsätzliche Frage, warum einige Atomkerne radioaktiv, also zeitlich nicht stabil sind, andere aber über beliebig lange, ja vielleicht über unendliche Zeiten bestehen bleiben können. Es erscheint unmittelbar einleuchtend, daß diese Tatsachen mit ihrem Aufbau zusammenhängen müssen. Der Umstand, daß das Ausmaß der Radioaktivität nur vom Gehalt an radioaktiven Nukliden abhängig ist und von irgendwelchen chemischen Bindungen der Nuklide oder von anderen äußeren Umständen, wie Temperatur und Druck in gar keiner Weise beeinflußt wird, sowie die sehr hohen Energien, die beim radioaktiven Zerfall freigesetzt werden, machen es wahrscheinlich, daß die Radioaktivität eine besondere Eigenschaft des Atomkernes sein muß. Es existieren *stabile* und *instabile* Atomkerne, und die Frage lautet damit: Wann und warum ist ein Atomkern stabil, und wann und warum ist er instabil und damit radioaktiv?

Die α-Strahlen einiger Stoffe, besonders diejenigen von RaC′ und ThC′ sind außerordentlich wirksame „Geschosse“, mit denen Fragen nach den Eigenschaften der Atomkerne angegangen werden können. Ihre Geschwindigkeit ist so groß, daß sie in etwa 20 s bis zum Mond fliegen könnten. Ähnlich groß ist auch ihre Bewegungsenergie. Wäre ein α-Strahl nur ein Gramm schwer, so würde seine kinetische Energie etwa 50.000 kWh entsprechen. Es ist dies die Energieproduktion eines größeren Kraftwerkes während einer Stunde.

Läßt man nun energiereiche α-Strahlen auf die Atome eines leichten Grundstoffes einfallen, so besteht eine geringe, endliche Wahrscheinlichkeit (etwa 1 zu 10.000), daß sie in den Atomkern des so bestrahlten Stoffes eindringen und hier ihre Energie abgeben. E. Rutherford und W. Kaye haben 1919 bei der Bestrahlung von Stickstoff mit α-Strahlen von RaC′ in seltenen Fällen eine Strahlung beobachtet, die auf einem Zinksulfidschirm einzelne Szintillationen verursachte und in Luft eine Reichweite bis zu 40 cm (!) aufwies. Die Partikel dieser Strahlung wurden als *Wasserstoffatomkerne* H^+ erkannt. Über diese Versuche schrieb Rutherford in seinem Bericht (Phil. Mag. 6, 37. 581. 1919): „From the results so far obtained it is difficult to avoid the conclusion that the long range atoms arising from collision of α-particles with nitrogen are not nitrogen atoms but probably atoms of hydrogen ... Taking into account the great energy of motion of the α-particle of radium C′, the close collision of such an α-particle with a light atom seems to be the most likely agency to promote the disruption of the latter ... The results as a whole suggest that, if α-particles or similar projectiles of still greater energy are available for experiment, we may expect to break down the nucleus structure of many of the light atoms.”

In der Folge wurde die Emission von Strahlen aus Wasserstoffatomkernen bestehend durch Rutherford und seine Mitarbeiter auch bei α-Bestrahlung von Bor, Fluor, Natrium, Aluminium und Phosphor, später auch bei Neon, Schwefel,

Chlor, Argon und Kalium beobachtet. Bis in neuere Zeit wurde die Liste der unter α-Bestrahlung Wasserstoffkerne emittierenden Elemente durch Lithium, Beryllium, Kohlenstoff, Sauerstoff, Magnesium, Silizium, Titan, Chrom, Eisen, Kupfer, Selen, Brom, Zirkon, Tellur und Jod ergänzt.

Diese Erscheinungen legen den Schluß nahe, daß die Atomkerne aller Elemente als Bestandteile Wasserstoffatomkerne, von RUTHERFORD später *Protonen* (Urteilchen) genannt, enthalten müssen. Damit wurde die von A. VAN DEN BROEK und H. G. J. MOSELEY 1914 aufgestellte Hypothese zur Sicherheit, daß die Anzahl Z der positiven Elementarladungen des Atomkernes, die *Kernladungszahl,* einfach der Anzahl der im Kern enthaltenen Protonen (mit je der Ladung 1) entspricht. Weiter wurde von den erwähnten Autoren gefordert, daß die Zahl der Kernladungen mit der *Atomnummer* im periodischen System identisch sei. Dabei zeigte sich aber die Schwierigkeit, daß das Atomgewicht A, mit Ausnahme des Wasserstoffs, 2- bis 2,6mal größer war, als die Kernladungszahl. Die Zahl der Protonen konnte also nicht dem ganzen Atomkern entsprechen; es mußte offenbar noch ein ungeladener Anteil vorhanden sein. Aus was aber bestand dieser Rest? War er vielleicht aus Protonen zusammengesetzt, die durch ein darauf sitzendes Elektron neutralisiert sind? Um diese Frage zu entscheiden, mußten weitere Bestrahlungsversuche angestellt werden.

Im Jahre 1930 beobachteten W. BOTHE und H. BECKER das Auftreten einer sehr durchdringenden Strahlung, wenn sie Beryllium oder Bor mit energiereichen α-Strahlen bestrahlten. Sie hielten diese Strahlung für eine sehr energiereiche γ-Strahlung. Gleichartige Beobachtungen machten ein Jahr später (1931) auch IRÈNE JOLIOT-CURIE, die Tochter von MARIE CURIE und ihr Gatte FRÉDÉRIC JOLIOT. Messungen der Schwächungseigenschaften dieser neuen Strahlung in Blei ergaben eine bisher nicht bekannte, sehr hohe Durchdringungsfähigkeit und damit die unwahrscheinlichen γ-Energien bis zu 20 MeV. Schaltete man aber dieser Strahlung eine Schicht Paraffin vor, so wurde ihre ionisierende Wirkung sehr wesentlich verstärkt. Es zeigte sich, daß dies auf eine Strahlung zurückzuführen war, welche im Paraffin gebildet wurde und aus diesem austrat. Dabei handelte es sich um eine Partikelstrahlung mit einer Reichweite in Luft von 26 cm. Nach eingehenden Versuchen wurde diese Paraffinstrahlung von J. CHADWICK 1932 als eine Protonenstrahlung, also aus Wasserstoffatomkernen bestehend, erkannt. Bei allen wasserstoffhaltigen Stoffen konnte diese Strahlung produziert werden, bei wasserstofffreien aber nicht.

Aus dem Verlauf der Schwächung von γ-Strahlen verschiedener Energie in Materie bezweifelte CHADWICK die Existenz einer so energiereichen γ-Strahlung und er hielt die Paraffinstrahlung für einen sekundären Effekt, verursacht durch die erstmals von BOTHE und BECKER entdeckte, sehr durchdringende, bisher noch nicht aufgeklärte neue Strahlung. Damit war aber der Gedanke sehr nahe gelegt, daß es sich hierbei um eine Partikelstrahlung besonderer Art handeln müsse. Wenn angenommen wurde, daß die Protonenstrahlung aus dem Paraffin durch Stöße der unbekannten Partikelstrahlung verursacht werde, so ergab sich bei Annahme einer gleichen Geschwindigkeit der Partikel v_n mit derjenigen der Protonen v_p, also bei $v_n = v_p$, nach der allgemein geltenden Gesetzmäßigkeit der Geschwindigkeitsverteilung beim elastischen Stoß die Geschwindigkeit der unbekannten Partikel mit der unbekannten Masse m_n zu

$$v_n = v_p \frac{2\,m_p}{m_p + m_n},$$

wenn v_p die Geschwindigkeit und m_p die Masse der Protonen bedeutete. In ähnlicher Weise konnte aus der Energieformel des elastischen Stoßes bei gleicher Energie der beiden Strahlungen, also bei $E_n = E_p$, die Masse der unbekannten Strahlung nach

$$E_n = E_p \frac{4\,m_p \cdot m_n}{(m_p + m_n)^2}$$

berechnet werden. Die Auswertung der Meßergebnisse ergab, daß die Masse m der unbekannten Strahlenpartikel gleich groß sein mußte, wie diejenige der aus dem Paraffin herausgeworfenen Protonen m_p, also $m_n = m_p$.

Wegen ihrer außerordentlich hohen Durchdringungsfähigkeit mußten die unbekannten Partikel ladungslos, also neutral sein. CHADWICK hat für diese neue Partikel die Bezeichnung *Neutron* vorgeschlagen. Spätere genaue Massenbestimmungen ergaben den Wert von $M_n = 1{,}00867$ Atomgewichtseinheiten; für Protonen ist die Masse etwas kleiner und beträgt 1,00728 AE.

Die Masse des Neutrons von 1,00867 AE ist um 0,00084 AE schwerer als die Summe der Massen eines Protons und eines Elektrons (1,00728 + 0,00055 = 1,00783). Das Neutron ist deshalb wegen seines Massenüberschusses instabil und zerfällt mit einer Halbwertszeit von 11,4 min in ein Proton und einen β-Strahl. Die entsprechende Zerfallsenergie beträgt 0,878 MeV. Da aber in einem materiellen System Neutronen lange vor ihrem Zerfall stets mit irgendwelchen Atomkernen bei Kernreaktionen in Wechselwirkung treten, ist dieser „β-Zerfall" nur sehr schwer nachweisbar und nur bei Neutronen der kosmischen Strahlung, die sehr lange Wege im Raum zurücklegen, von Bedeutung.

14.1. Kernbau; Isotopie

Die Theorien der Atomhülle, zu denen neben NIELS BOHR, ARNOLD SOMMERFELD (1868–1946) und besonders WERNER HEISENBERG (1901–1976) mit der *Quantenmechanik* die endgültige Form geliefert hatten, waren um das Jahr 1933 praktisch abgeschlossen. HEISENBERG wandte sich um diese Zeit den Problemen des Atomkerns zu. Mit der Entdeckung des Neutrons und der Festlegung seiner Eigenschaften war es nun wohl ein naheliegender Gedanke, daß neben den durch RUTHERFORD 1919 nachgewiesenen Protonen im Atomkern auch ladungslose Neutronen enthalten seien. Damit wurde besonders die Diskrepanz zwischen der Ladung und dem Atomgewicht verständlich. HEISENBERG hat den Aufbau der Atomkerne aus Protonen und Neutronen im Jahre 1934 durch eine quantitative, in sich abgeschlossene Theorie begründet: Das Atomgewicht A gibt die Anzahl der den Kern aufbauenden Atompartikel („Nukleonen") wieder, die Kernladungszahl Z die Zahl der Protonen. Die Differenz der beiden $A-Z$ ergibt die Anzahl Neutronen.

Es sind bisher keine Beobachtungen bekannt geworden, welche dieser einfachen Anschauung über den Atomkernaufbau widersprechen. Im Gegenteil lassen sich auf Grund der Protonen- und Neutronenzahlen auch über die energetischen Verhältnisse eines Atomkernes Aussagen machen. Ebenso ist die Tatsache der *Isotopie* nun leicht zu verstehen. Die Kernladungszahl Z gibt die Zahl der positiven Elementarladungen des Atomkernes an. Diese werden durch gleichviele Elektronen in der Atomhülle elektrisch kompensiert. Damit wird das Atom nach außen neutral. Die Zahl und „Anordnung" (der Energiezustand) der Elektronen in der Hülle bestimmt die besonderen chemischen Eigenschaften einer Atomart. Ihre Kenntnis erlaubt es, die chemischen Bindungsverhältnisse weitgehend vorauszusagen. Hat ein Element nun eine bestimmte Kernladungszahl Z (und eine gleiche Elektronenzahl in der Hülle seiner Atome), so sind seine chemischen (und biologischen) Eigenschaften bestimmt. Die Zahl der neben den Protonen im Kern vorhandenen Neutronen hat hierauf nur einen geringen oder überhaupt keinen Einfluß. Atomkerne („Nuklide") mit gleicher Protonenzahl Z und damit gleicher Elektronenhülle, aber mit verschiedenen Neutronenzahlen $A–Z$ nennt man *Isotope* (*ισος τόπος* = „gleicher Ort" im periodischen System). Von den 90 bekannten natürlichen Elementen sind jetzt über 500 Isotope bekannt. Ihr Nachweis geht besonders auf die grundlegenden Arbeiten von Francis William Aston (1877–1945) zurück, die in späterer Zeit zum Wissenszweig der „Massenspektroskopie" geführt haben. Dabei, wie vorstehend schon zu genauen Berechnungen angewandt, gelingt es heute, mit modernen Präzisionsapparaten *Massenzahlen* (Atomgewichte) mit außerordentlicher Präzision zu bestimmen.

Derartige Messungen haben die Mittel zum Verständnis der Stabilität resp. Instabilität von Atomkernen beliebigen Aufbaues gegeben. Grundsätzlich könnte ja ein Element bei fester Kernladungszahl Z beliebig viele Neutronen im Atomkern enthalten. Die Beobachtung zeigt aber, daß dem keineswegs so ist. Die Neutronenzahl eines Elementes, besonders wenn man nur die stabilen (also nicht radioaktiven) Isotopen betrachtet, ist meist auf einige wenige Möglichkeiten eingeschränkt. Bei 22

Elementen ist nur eine Nuklidart vorhanden, sie haben also nur ein stabiles Isotop. Von den übrigen Grundstoffen haben, als besonders mannigfaltig, 9 Elemente 7 stabile Isotope, Cadmium deren 8, Xenon 9 und Zinn gar deren 10. Bei allen übrigen Elementen liegt die Zahl der stabilen Isotopen zwischen 2 und 6, wobei kleine Anzahlen, besonders bei leichten Elementen bevorzugt sind. Nach der jeweiligen Menge sind Isotope mit gerader Teilchenzahl stark bevorzugt; bei ungerader Protonenzahl ist meist beim häufigsten Isotop die Neutronenzahl gerade. Auf diese Tatsachen soll anschließend noch näher eingegangen werden.

Man muß sich natürlich die Frage vorlegen, wie denn besonders bei schweren Elementen die zahlreichen Kernbestandteile (Nukleonen) zu einem stabilen Gebilde, eben dem Atomkern, zusammengehalten werden. Woher stammt die *Bindungsenergie* eines Atomkerns?

Hierfür gibt es zunächst eine quantitative Erklärung, die aber das Bedürfnis nach Kausalität nicht befriedigen kann. Wenn nach HEISENBERG die Atomkerne aus Z Protonen und $A-Z$-Neutronen aufgebaut sind, so kann man offenbar aus den Massen der Bausteine die Gesamtmasse des so zusammengesetzten Kernes vorausberechnen. Dabei macht man aber eine zunächst eigenartig scheinende Feststellung. Es soll dies am Isotop ^{12}C, also am häufigsten Kohlenstoffisotop gezeigt werden. Nach den vorerwähnten Anschauungen besteht dieses Nuklid aus $Z=6$ Protonen und $A-Z=6$ Neutronen. Wie vorstehend schon erwähnt, hat das Proton die Masse $H^+ = 1{,}007277$ Atomgewichtseinheiten (AE), das Neutron eine solche von 1,008665 AE. Die aus der Zusammensetzung resultierende additive Masse beträgt nun:

$$\begin{aligned} 6\,H^+ &= 6 \cdot 1{,}007277 = 6{,}043662 \text{ AE} \\ 6\,n &= 6 \cdot 1{,}008665 = \underline{6{,}051990 \text{ AE}} \\ \textit{Total} &= 12{,}095652 \text{ AE.} \end{aligned}$$

Die Masse des gewählten Nuklids beziffert sich aber, laut Definition der neuen Atomgewichtseinheit auf nur ^{12}C =

12,0000 AE. Es besteht also zwischen dem additiven und dem wirklichen Atomgewicht eine Massendifferenz von $\Delta M =$ 0,095652 AE! HEISENBERG hat vorgeschlagen, diese Massendifferenz, die heute allgemein als *Massendefekt* bezeichnet wird, nach der Relativitätstheorie mit dem Quadrat der Lichtgeschwindigkeit zu multiplizieren und die resultierende Energie als Bindungsenergie der Atomkerne zu bezeichnen:

$$\Delta M \cdot c^2 = -E_b.$$

(Das Minuszeichen soll andeuten, daß diese Energie des Atomkernes nach „innen" gerichtet ist.) Für den Kohlenstoffkern ^{12}C ergibt die entsprechende Berechnung die Bindungsenergie von

$$-E_b = 0{,}095652 \cdot 1{,}6592 \cdot 10^{-24} \cdot 9 \cdot 10^{20} = 1{,}428 \cdot 10^{-4}\,\text{erg} = \\ = 89{,}2\,\text{MeV}.$$

Dieselbe Berechnung soll noch an einem zweiten Beispiel durchgeführt werden. Der Kern des Heliumatoms ^4He besteht offenbar aus 2 Protonen und 2 Neutronen. Die Summe der Massen seiner Bausteine beträgt

$$\begin{array}{rcl} 2\,H^+ = 2 \cdot 1{,}007277 & = & 2{,}01455 \\ 2\,n \;\;= 2 \cdot 1{,}008665 & = & \underline{2{,}01733} \\ \text{total} & & 4{,}03188 \\ \text{Atomgewicht des Heliums} & & \underline{4{,}00387} \\ \Delta M & = & 0{,}02801\ \text{AE}. \end{array}$$

Damit wird

$$-E_b = 0{,}02801 \cdot 1{,}6592 \cdot 10^{-24} \cdot 9 \cdot 10^{20} = \\ = 0{,}4183 \cdot 10^{-4}\,\text{erg} = 26{,}13\ \text{MeV}.$$

Im Falle des Kohlenstoffs ^{12}C berechnet sich die mittlere Bindungsenergie pro Einzelteilchen (Nukleon) zu 7,43 MeV, beim Heliumisotop ^4He zu 6,53 MeV. Diese Zahlenwerte gelten ganz allgemein. Die Bindungsenergie eines Protons oder Neutrons in einem beliebigen Atomkern liegt zwischen etwa 7 und 9 MeV. Diese Energie muß auch, wenn nicht besondere Resonanzverhältnisse vorliegen, aufgewendet werden, um ein Nukleon aus dem Kern frei zu machen.

Es erscheint nach dem Vorstehenden fast selbstverständlich, daß verschiedene Atomkerne, geometrisch gesprochen, verschiedene Dimensionen aufweisen müssen; schwere Atomkerne mit großem A werden größer sein als leichte mit nur relativ wenigen Nukleonen. Die in Kap. 11 besprochenen Streuversuche mit α-Strahlen in dünnen Metallfolien sowie weitere sehr zahlreiche ähnliche Experimente mit künstlich beschleunigten Heliumkernen und Protonen, besonders aber mit Neutronen, haben diese Auffassung vollauf bestätigt, so daß die früher angegebene, empirische Formel zur Berechnung des Kernradius als weitgehend zuverlässig angesehen werden darf.

14.2. Kernkräfte

Die bisher angeführten Angaben und Überlegungen über den Kernbau vermitteln wohl quantitative Werte, wie man sich einen Atomkern vorzustellen hätte und mit welchen Energien seine Bestandteile zusammengehalten werden. Sie lassen aber die Fragen nach dem „warum" noch weitgehend offen. Weswegen sind im Durchschnitt pro Element drei bis vier Isotope stabil und damit in der Welt tatsächlich vorhanden und alle anderen grundsätzlich möglichen entweder instabil und damit radioaktiv oder überhaupt nicht existent?

Da der Atomkern als Ganzes Z positive Ladungen enthält, muß er auf ein außerhalb liegendes, geladenes Teilchen, etwa ein Proton, nach dem Coulombschen Gesetz starke abstoßende Kräfte ausüben. Sind aber im Kern wirklich Z Protonen enthalten, so müssen zwischen ihnen ebenfalls sehr starke abstoßende Kräfte vorhanden sein. Da der Kern nicht von selbst auseinanderfliegt, müssen seine Bestandteile durch entsprechende „anziehende" Kräfte, sog. *Wechselwirkungskräfte,* zusammengehalten werden.

Auf ein geladenes Teilchen, das sich dem Atomkern auf sehr kleine Distanzen nähert, wirken demnach zwei Kräftekompo-

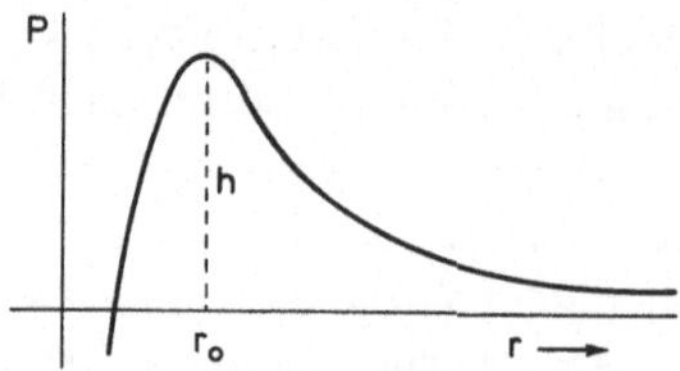

Abb. 24. Potentialverlauf P als Funktion des Abstandes r vom Zentrum des Atomkerns; r_0 entspricht dem „Kernradius"

nenten, eine abstoßende (Coloumb) und eine anziehende (Wechselwirkung). Eine graphische Darstellung der Arbeit, welche aufgewendet werden muß, um ein geladenes Teilchen an eine bestimmte Stelle in der Nähe des Zentrums des Atomkernes zu bringen, zeigt eine Kurve (des *Kernpotentials*), welche zunächst mit kleiner werdendem Abstand proportional ansteigt. Bei einem kritischen Abstand r_0 halten sich die abstoßenden Coulomb-Kräfte und die anziehenden Wechselwirkungskräfte die Waage. Bei noch kleiner werdendem Abstand überwiegen die Wechselwirkungskräfte, so daß schließlich ein negativer Wert des (abstoßenden) Potentials resultiert. Der Abstand r_0 entspricht dem „Kernradius" (vgl. Abb. 24).

Reicht die Bewegungsenergie des ankommenden Teilchens aus, um die Höhe der „Potentialschwelle" zu übersteigen, so fällt es in den „Potentialtopf" und wird vom Kern aufgenommen. Die Höhe der Potentialschwelle ist ein Maß für die Angreifbarkeit des Kernes und zugleich für dessen Stabilität. Je höher die Schwelle ist, desto geringer ist die Wahrscheinlichkeit, daß z.B. ein α-Teilchen aus dem Innern des Kerns dieselbe übersteigen kann. Diese Wahrscheinlichkeit ist nach früheren Überlegungen die Zerfallskonstante λ des Elementes.

Über das Wesen der Wechselwirkungskräfte ist sehr viel theoretische Arbeit geleistet worden (z.B. SCHRÖDINGER, HEISENBERG, YUKAWA, PAULI), ohne daß dabei jedoch ein einheitliches Bild als Modell vermittelt und abgeschlossen werden konnte. Sicher ist aber, daß die Wechselwirkungskräfte nur eine sehr geringe Reichweite haben, so daß sie nur zwischen unmittelbar benachbarten Teilchen wirksam sein können. Dabei ist die symmetrische *Spinverteilung* der Nukleonen eine der Voraussetzungen der anziehenden Kraftwirkungen. Jedem Nukleon kann nämlich eine Rotation und also ein Drehimpuls (*Spin* genannt) zugeordnet werden. Damit muß eine bevorzugte Richtung (Achse der Rotation) verbunden sein, welcher ein magnetisches Moment zuzuordnen ist. Der Spin ist also eine gerichtete Teilcheneigenschaft; dasselbe gilt auch für das magnetische Moment. Nach dem von WOLFGANG PAULI ausgesprochenen und nach ihm benannten Prinzip können auf einem bestimmten (energetischen) Kernniveau nur zwei gleichartige Teilchen mit „antiparallel“ (entgegengesetzt) gerichteten Spins vorhanden sein. Das hat zur Folge, daß auf tieferen Kernniveaus die Zahl der Nukleonen geringer sein muß als auf höheren (ähnlich wie bei den Elektronen in der Elektronenhülle der Atome). Zwischen benachbarten Teilchen werden Spin und Ladung wohl ständig ausgetauscht, was mit Koppelungsenergien verbunden ist. Dieser Austausch geschieht nach der von YUKAWA 1935 erstmals formulierten Theorie durch „virtuell“ vorhandene *Mesonen,* welche nach ihrer Bildung an einem Nukleon sofort durch ein benachbartes Nukleon wieder absorbiert werden. Da die Mesonen, als Elementarteilchen mit sehr kurzer Lebensdauer (Größenordnung 10^{-6} Sekunden) und einer Masse von der etwa 250fachen Elektronenmasse zu ihrer „Materialisierung“ sehr hohe Energien erfordern (ca. 160 MeV), sind sie nur bei sehr hohen Energieumsätzen nachweisbar. Der Atomkern weist demnach ein „virtuelles Mesonenfeld“ auf, das ihn nach außen abschirmt, und dessen Kraftwirkungen nach außen sehr rasch auf 0 abfallen.

Die Tiefe des „Potentialtopfes“ beträgt für alle Kerne etwa 50 MeV. Die Bindungsenergie pro Teilchen beträgt, wie erwähnt, 7 bis 9 MeV. Die Kernteilchen können also nicht eine feste gegenseitige Struktur im Energiegleichgewicht aufweisen (etwa wie die Atome in einem Kristall), sondern müssen große (kinetische) Energieinhalte haben, was experimentell durch Streuversuche sehr energiereicher Elektronen an Atomkernen des schweren Wasserstoffisotops nachgewiesen werden konnte.

Als ganz besonders stabil hat sich der Heliumatomkern, das α-Teilchen erwiesen. Es ist leicht einzusehen, daß in diesem Kern mit zwei Protonen und zwei Neutronen eine symmetrische

Spinverteilung vorliegt. Der He-Kern hat bisher auch fast allen Versuchen einer künstlichen Verwandlung widerstanden.

Bei schweren Kernen wird das Coulombsche Feld schließlich so groß, daß die Wechselwirkungskräfte zu klein würden, um bei gleicher Protonen- und Neutronenzahl den Kern stabil zu erhalten. Durch den Einbau eines bestimmten Überschusses an ladungslosen Neutronen (Zunahme des Massendefektes) werden diese bei gleicher Ladung so stark vergrößert, daß sich wieder eine stabile Konfiguration ergibt. Darin liegt der Grund, daß die schweren Atomkerne einen Neutronenüberschuß aufweisen. In schweren Kernen hat möglicherweise die Konfiguration von zwei Protonen und zwei Neutronen, das α-Teilchen, eine gewisse Selbständigkeit, da es ja auch beim α-Zerfall direkt in Erscheinung tritt.

Wegen der gleichmäßigen, antiparallelen Spinverteilung und der damit verbundenen energetischen Symmetrie sind Kerne mit gerader Protonen- und Neutronenzahl stabiler als solche mit ungeraden Anzahlen. Bei Elementen mit ungerader Kernladungszahl Z ist meist die Neutronenzahl gerade. Am stabilsten erweisen sich die Atomkerne, deren Aufbau ein Vielfaches des Heliumkernes darstellt. Sie haben im uns bekannten Teil des Weltalls auch die größte Verbreitung (C, O, Ne, Mg, Si, S, Ca).

14.3. Einfache Theorie des Kernbaues

Wenn man sich auch, wie die Wellenmechanik gezeigt hat, über atomare Verhältnisse, und insbesondere über Einzelheiten des Atomaufbaues keine konkreten Vorstellungen machen sollte, so sind für das Verständnis all der atomaren Probleme solche Vorstellungen („Modelle") doch von einer erheblichen Hilfe. Niels Bohr und J. Wheeler haben 1939 ein relativ einfaches Modell des Kernaufbaues angegeben. Dabei werden die Nukleonen als kugelförmig (einfachster Körper) und ihre gegenseitige Packung im Raum des Kerns als maximal angenommen. Die maximale Dichte von gleichgroßen Kugeln ist die „hexagonal dichteste Kugelpackung". Dabei hat jede Kugel 6 Nachbarn in einer Ebene und je 3 weitere Nachbarn über oder unter dieser Ebene. Die Zahl der sich unmittelbar berührenden

Nachbarn ist also 12. Die Energie der Bindung der nur auf die Nachbarn wirkenden Wechselwirkungskräfte soll $-U_0$ sein. Auf ein Teilchen entfällt somit im Innern des Atomkerns die Energie von $-12\,U_0/2 = -6\,U_0$ (die Energie verteilt sich auf je 2 Teilchen). Die Bindungsenergie eines Kerns von der Atommasse A wird damit

$$-E_{bi} = -6\,A\,U_0.$$

Nun hat aber der Atomkern auch eine Oberfläche. Die Teilchen in derselben sind aber nur nach einer Seite, nach „innen" gebunden. Die Dicke der „Rinde" der nur halb gebundenen Teilchen entspricht dem Teilchendurchmesser und soll d sein. Das Volumen der „Rinde" wird damit zu $4\pi r_0^2 d$ und ihre Masse M', wenn die „Stoffdichte" des Kerns bei einem Kernradius von r_0 zu $\frac{A}{V} = \frac{3A}{4\pi r_0^3}$ anzunehmen ist, zu

$$M' = 4\pi r_0^2 d \cdot \frac{3A}{4\pi r_0^3} = \frac{3Ad}{r_0}\,.$$

Da jedem Teilchen der Oberfläche nur die Energie $6\,U_0/2$ zukommt, muß von der nach innen gerichteten Bindungsenergie E_{bi} die Energie $E_r = \frac{3Ad}{r_0} \cdot \frac{6 \cdot U_0}{2} = \frac{9 \cdot A \cdot d \cdot U_0}{r_0}$ abgezogen werden.

Natürlich muß auch noch die der Bindung entgegengesetzte Coulomb-Energie subtrahiert werden. Diese beträgt für eine Kugel mit dem Radius r_0 und der Ladung $Z \cdot e$

$$E_c = \frac{3}{5} \cdot \frac{(Z \cdot e)^2}{r_0}\,.$$

Die resultierende (nach innen gerichtete) Bindungsenergie des ganzen Atomkerns ergibt sich somit zu

$$-E_b = -E_{bi} + E_r + E_c = -6\,U_0 A + 9\,\frac{d}{r_0} A \cdot U_0 + \frac{3 \cdot Z^2 \cdot e^2}{5 \cdot r_0}\,.$$

Nun können zur qualitativen Abschätzung die Näherungen eingeführt werden:

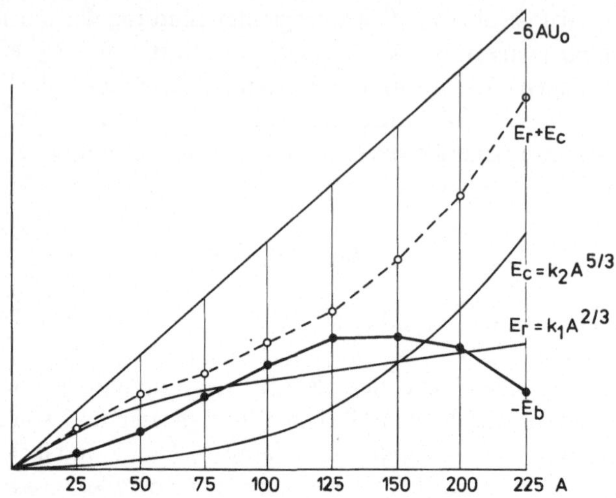

Abb. 25. Verlauf der Bindungsenergien der Atomkerne in Abhängigkeit vom Atomgewicht; Aufteilung in die einzelnen Komponenten. $-6AU_0$ entspricht der Bindung durch den Massendefekt, E_c ist die abstoßende Komponente durch die Coulombkräfte und E_r der Einfluß der Kernoberfläche. $-E_b$ ist damit die tatsächliche Bindung der Kernpartikel. (Nach der qualitativen Theorie von Bohr und Wheeler)

$$r_0 = \sqrt[3]{A} = A^{1/3} \text{ und } Z \mathrel{\hat{=}} \frac{A}{2}.$$

Mit diesen Näherungen wird die gesamte Energie zu

$$-E_b = -6A \cdot U_0 + k_1 A^{2/3} U_0 + k_2 A^{5/3}.$$

Eine graphische Darstellung dieser stark vereinfachten, aber den Verlauf grundsätzlich richtig wiedergebenden Funktion zeigt Abb. 25. Aus ihr folgt, daß Atomkerne mit kleiner und großer Masse weniger stabil sind als solche mit mittlerer Masse. Am stabilsten sind Atomkerne mit Massenzahlen um 100 herum.

Teilt man die vorstehende Beziehung durch die Massenzahl (Atomgewicht) A, so ergibt sich die Bindungsenergie pro Einzelteilchen. Sie beträgt (vereinfacht):

$$-\varepsilon = -\varepsilon_1 + \frac{\varepsilon_2}{\sqrt[3]{A}} + \varepsilon_3 (\sqrt[3]{A})^2 \mathrel{\hat{=}} 8\,\text{MeV}.$$

Die Bindung pro Teilchen ist, da sich die Abhängigkeiten vom Atomgewicht der beiden positiven Glieder gegenseitig weitgehend kompensieren, annähernd konstant.

Es wurde bereits darauf hingewiesen, daß das Verhältnis der Neutronenzahl zur Protonenzahl, also $(A-Z)/Z \triangleq 1$ bis 1,6 mit steigendem Atongewicht langsam ansteigt und mit Ausnahme der leichten Atomkerne sehr annähernd der empirischen Formel

$$\frac{A-Z}{Z} = 1 + 0{,}0146\, A^{2/3}$$

folgt.

Wie gut diese Formel den wirklichen Verlauf wiedergibt, soll durch die nachfolgenden Zahlenwerte gezeigt werden:

Symbol:	Be	Al	Cu	Y	Te	Hf	At	
A:	9	27	64	89	127	178	216	
$\frac{A-Z}{Z}$:	1,06	1,13	1,23	1,30	1,37	1,47	1,53	(berechn.)
$\frac{A-Z}{Z}$:	1,20	1,08	1,21	1,28	1,37	1,47	1,54	(aus per. Syst.)

Atomkerne, bei denen dieses Verhältnis wesentlich über der Kurve der obigen Funktion (sog. „GAMOW-Rinne") liegt, senden negative β-Strahlen aus. Dabei geht im Atomkern ein Neutron in ein Proton über. Dadurch sinkt das Verhältnis ab. Liegt das Verhältnis unter dem stabilen Wert, so sendet das Atom α-Strahlen oder positive β-Strahlen aus. Dadurch steigt das Verhältnis an. Im letzteren Fall geht im Kern ein Proton in ein Neutron über:

$$^1_0n \rightarrow {}^1_1H + \beta^-$$
$$^1_1H \rightarrow {}^1_0n + \beta^+ .$$

Es bestehen sehr gewichtige Gründe zur Annahme, daß die positiven oder negativen Elektronen erst bei den entsprechenden Übergängen gebildet werden, etwa in ähnlicher Weise, wie die

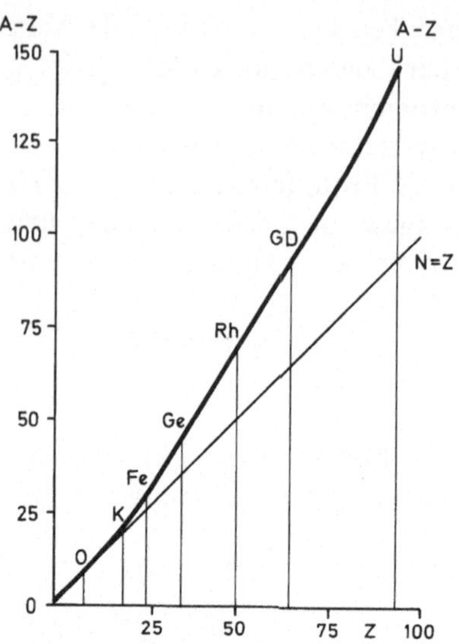

Abb. 26. Verlauf der Neutronenzahlen $A–Z$ der stabilen Atomkerne in Abhängigkeit von der Protonenzahl Z. *Untere Gerade* Verlauf bei gleicher Protonen- und Neutronenzahl

Lichtquanten in der Elektronenhülle durch Energieänderungen eines Elektrons entstehen und vorher auch nicht in dieser Energieform vorhanden sind.

Den Verlauf der stabilen Atomkerne in einer Darstellung der Protonen- und Neutronenzahlen ("Gamow-Rinne") zeigt Abb. 26. Zum Vergleich enthält die Abbildung auch den Verlauf für $Z = N$, also für gleiche Protonen- und Neutronenzahlen.

15. Künstliche Radioaktivität

Wenn es auf irgendeinem Wege gelingen sollte, durch künstliche Maßnahmen ein α-Teilchen, ein Proton oder auch ein Neutron in einen stabilen Atomkern einzubauen, so wäre damit ein neuer, „künstlicher" Atomkern geschaffen worden. Schon bei den Versuchen von Rutherford aus dem Jahre 1919 konnten bei der Bestrahlung von Stickstoff mit α-Strahlen in der Wilsonschen Nebelkammer wohl die langen Spuren von Protonen beobachtet werden, nicht aber irgendwelche Spuren der nach diesem Prozeß wirksamen α-Strahlen. Dieser Tatsache wurde damals aber keine Bedeutung beigemessen.

15.1. Erste Versuche, neue Radionuklide

Nun fand im Jahre 1934 das Ehepaar Frédéric und Irène Joliot-Curie, daß das Element Bor, wenn man es mit α-Strahlen bestrahlte, nach Aussetzen der Bestrahlung noch während mehrerer Minuten eine Strahlung emittierte, die sich später als Positronstrahlung, also als eine positive β-Strahlung erkennen ließ. Der zeitliche Abfall dieser Strahlung folgte einem Exponentialgesetz mit einer Halbwertszeit von 10,06 Minuten. Damit war es offenbar gelungen, durch künstliche Bestrahlung eines Grundstoffes ein *künstlich radioaktives Nuklid* zu schaffen.

Es zeigte sich sehr bald, daß zur künstlichen *Umwandlung von Atomkernen,* und damit zur Erzeugung neuer, in der Natur nicht vorkommender Nuklide, grundsätzlich alle Strahlungen genügend hoher Energie geeignet waren. Neben den α-Strahlen der natürlich radioaktiven Elemente standen bald auch künstlich beschleunigte Ionen von Helium (künstliche α-Strahlen) und von gewöhnlichem und schwerem Wasserstoff, also künstliche Protonen und Deuteronen zur Verfügung. Voraussetzung hierzu war der Bau von sehr aufwendigen Beschleunigungsmaschinen, wie das „Zyklotron" (Lawrence 1930), der „Kaskadengenerator" nach Greinacher, Cockcroft und Walton 1932) und das „Betatron" (Wideroe, Slepian 1928) und der „Linearakzelerator" (Wideroe 1922), letztere zur Erzeugung sehr energiereicher Photonen (Röntgenstrahlen).

Mit diesen Strahlungen sind zwischen 1935 und 1960 alle Elemente des periodischen Systems bestrahlt worden, und es sind heute ungefähr 1.000 verschiedene Isotope der natürlich vorkommenden Elemente bekannt. Davon ist der weitaus größte Anteil künstlich erzeugt worden („man made"). Von den künstlich erzeugten ist wiederum der größte Teil instabil, also radioaktiv.

Es ist mit Hilfe von Beschleunigungsmaschinen auch gelungen, auf Grund von künstlich erzeugten Atomkernreaktionen sehr kräftige Neutronenquellen zu produzieren, die viel tausendmal mehr Neutronen abgeben als die anfangs verwendeten, kräftigsten Radium-Beryllium-Quellen. Diese Versuche haben auch gezeigt, daß von fast allen chemischen Elementen bei Bestrahlung mit genügend energiereichen Protonen, Deuteronen oder auch Neutronen selbst Neutronen frei gemacht werden können. Dies ist darauf zurückzuführen, daß die ladungslosen Neutronen die Potentialschwellen der Atomkerne viel leichter überschreiten können als geladene Kernpartikel.

Es ist sofort einzusehen, daß auch das Umgekehrte gelten muß. Weil die (positive) Potentialschwelle den Neutronen keinen Widerstand entgegensetzt, können diese relativ sehr leicht in den Atomkern eindringen und dabei irgendwelche Kernreaktionen auslösen. Neutronen aller Geschwindigkeiten sind deshalb das bei weitem beste Mittel, um künstlich radioaktive Nuklide zu erzeugen. Ihre entsprechenden Wirkungen sind über die Gesamtheit der Elemente des periodischen Systems möglich. Die heute weitaus wirksamsten Neutronenquellen sind die *Kernreaktoren,* auf deren Bau und Wirkungsweise später ausführlicher eingegangen werden muß. Nach den vorstehenden Erörterungen hat man, je nach den verwendeten, induzierenden Strahlungen, die nachfolgenden Atomkernreaktionen zu unterscheiden:

15.1.1. Radioaktive Stoffe erzeugt durch α-Strahlen

Neben den α-Strahlen der natürlich radioaktiven Elemente der Uran- und Thoriumreihen können Heliumatomkerne mit Hilfe von Beschleunigungsmaschinen auf Energien weit über diejenigen der natürlichen α-Strahlen gebracht werden. Damit sind dann auch Kernreaktionen möglich, die mit natürlichen α-Strahlen nicht verursacht werden könnten. Wird das α-Teilchen vom Kern aufgenommen, so kann gleichzeitig ein Proton den Kern verlassen:

$$^{m}_{n}\mathrm{A} + {}^{4}_{2}\alpha \rightarrow {}^{m+3}_{n+1}\mathrm{B} + {}^{1}_{1}\mathrm{H}.$$

Bothe und Weizsäcker haben für die künstlichen Kernreaktionen eine Symbolik vorgeschlagen. Nach dieser ist die vorstehende Reaktion zu schreiben:

$$ {}^{m}_{n}\mathrm{A}(\alpha,p){}^{m+3}_{n+1}\mathrm{B}. $$

An der Umwandlung ${}^{14}_{7}\mathrm{N}(\alpha,p){}^{17}_{8}\mathrm{O}$ hat seinerzeit Rutherford (1919) die erste künstliche Kernumwandlung nachgewiesen. Nach diesem Schema verlaufen nur wenige Kernreaktionen, die zu künstlich radioaktiven Nukliden führen. Von einer gewissen wissenschaftlichen Bedeutung sind die Umwandlungen ${}^{40}_{20}\mathrm{Ca}(\alpha,p){}^{43}_{21}\mathrm{Sc}$, ${}^{58}_{28}\mathrm{Ni}(\alpha,p){}^{61}_{29}\mathrm{Cu}$, ${}^{67}_{30}\mathrm{Zn}(\alpha,p){}^{70}_{31}\mathrm{Ga}$ und vielleicht noch ${}^{108}_{46}\mathrm{Pd}(\alpha,p){}^{111}_{47}\mathrm{Ag}$, die zu Nukliden mit längeren Halbwertszeiten führen.

Wichtiger sind die Reaktionen ${}^{m}_{n}\mathrm{A} + {}^{4}_{2}\alpha \rightarrow {}^{m+3}_{n+2}\mathrm{B} + {}^{1}_{0}n$, bei denen unter Eintritt eines α-Teilchens in den Atomkern ein Neutron den Kern verläßt. Das entsprechende Schema lautet:

$$ {}^{m}_{n}\mathrm{A}(\alpha,n){}^{m+3}_{n+2}\mathrm{B}. $$

An der Reaktion ${}^{10}_{5}\mathrm{B}(\alpha,n){}^{13}_{7}\mathrm{N}$ haben 1934 F. Joliot und Irène Curie die künstliche Radioaktivität entdeckt. Das dabei entstehende radioaktive Stickstoffisotop ${}^{13}\mathrm{N}$ wandelt sich mit einer Halbwertszeit von 10,06 min in das stabile Kohlenstoffisotop ${}^{13}\mathrm{C}$ um:

$$ {}^{13}\mathrm{N} \rightarrow {}^{13}\mathrm{C} + \beta^{+}. $$

Radioaktive Isotope mit längeren Halbwertszeiten, die durch diesen Reaktionsmechanismus entstehen, sind ${}^{44}\mathrm{Sc}$, ${}^{48}\mathrm{V}$, ${}^{57}\mathrm{Ni}$ und ${}^{66}\mathrm{Ga}$ mit den Halbwertszeiten von 52 h, 16 h, 36 h und 9,5 h.

15.1.2. Radioaktive Stoffe erzeugt durch Protonen

Nachgewiesen unter Bildung künstlich radioaktiver Nuklide sind die Reaktionen ${}^{m}_{n}\mathrm{A}(p,n){}^{m}_{n+1}\mathrm{B}$, ${}^{m}_{n}\mathrm{A}(p,\alpha){}^{m-3}_{n-1}\mathrm{B}$ und ${}^{m}_{n}\mathrm{A}(p,\gamma){}^{m+1}_{n+1}\mathrm{B}$. Dabei ist die erstgenannte Reaktion (p,n) die weitaus wichtigste.

Nuklide mit Halbwertszeiten über 1 h entstehen durch die Reaktionen: $^{40}Ca(p,\gamma)^{41}Sc$, $^{55}Mn(p,n)^{55}Fe$, $^{61}Ni(p,n)^{61}Cu$, $^{68}Zn(p,n)^{68}Ga$, $^{70}Zn(p,n)^{70}Ga$ und $^{82}Sc(p,n)^{82}Br$.

15.1.3. Radioaktive Stoffe erzeugt durch Deuteronen

Energiereiche Deuteronen sind ein wirksames Mittel zur Erzeugung von Kernumwandlungen und damit von künstlich radioaktiven Stoffen. Dabei ist allerdings der Aufwand zur Herstellung von reinem, schwerem Wasser D_2O zu berücksichtigen. „Schweres" Wasser, 1932 von UREY, BRICHWEDDE und MURPHY aufgefunden, kann aus gewöhnlichem Wasser oder Wasserstoff durch verschiedene Verfahren (Destillation, Elektrolyse, Diffusion) isoliert werden.

Bekannt geworden sind die Reaktionen mit Deuteronen (beschleunigte Kerne des schweren Wasserstoffs $D = {}^2H$):

$$^m_nA(d,\alpha)^{m-2}_{n-1}B,\ ^m_nA(d,p)^{m+1}_{n}A,\ ^m_nA(d,n)^{m+1}_{n+1}B \text{ und } ^m_nA(d,\gamma)^{m+2}_{n+1}B.$$

Dabei ist die (d,p)-Reaktion die weitaus wichtigste, gefolgt von der (d,n)- und der (d,α)-Reaktion. Die Umwandlung (d,γ) findet nur bei ganz wenigen Stoffen statt. Von den gut hundert radioaktiven Nukliden, bis hinauf zur Kernladungszahl 83 (Bi), die durch energiereiche Deuteronen erzeugt werden können, haben auch eine größere Anzahl eine Lebensdauer von Stunden, Tagen, Monaten, ja Jahren. Interessant ist besonders die Reaktion $^{209}_{83}Bi(d,p)^{210}_{83}Bi$, bei der aus gewöhnlichem Wismuth das von der natürlichen Radioaktivität her bekannte RaE (^{210}Bi) gebildet wird.

15.1.4. Radioaktive Stoffe erzeugt durch γ-Strahlen

Wenn die Energie eines γ-Quants $(h \cdot \nu)$ genügend groß ist, um die Bindungsenergie einer Kernpartikel dem Atomkern zuzuführen, so kann hierdurch eine Kernreaktion ausgelöst werden. Die γ-Quanten müssen im allgemeinen Energien über etwa 7 MeV aufweisen. Röntgen- oder γ-Strahlen unter dieser Energiegrenze sind deshalb mit Ausnahme der Reaktionen $^2_1H(\gamma,n)^1_1H$ und $^9_4Be(\gamma,n)^8_4Be$ wirkungslos. Für die Spaltung des schweren

Wasserstoffs ^{2}H (D) sind schon Photonen oberhalb 2,2 MeV, für die Abtrennung eines Neutrons aus dem Atomkern ^{9}Be sogar schon solche oberhalb 1,6 MeV, wirksam. Dies ist darauf zurückzuführen, daß der Deuteriumkern, aus einem Proton und einem Neutron bestehend, ein relativ instabiles Gebilde ist, ebenso wie der Berylliumkern $^{9}_{4}Be$, der aus zwei α-Teilchen ($^{4}_{2}He$-Kernen) und einem Neutron zusammengesetzt gedacht werden kann. Dieses Neutron ist wegen seines unabgesättigten Spins nur relativ sehr leicht gebunden.

Für alle Kernprozesse, die durch γ-Quanten verursacht werden, bestehen genau definierte *Schwellenenergien,* die, je nach der Kernzusammensetzung, zwischen etwa 7 MeV als unterer und etwa 12 MeV als oberer Grenze liegen. Diese Schwellenwerte sind das beste Maß für die Bindungsenergie der bei der Bestrahlung ausgesandten materiellen Teilchen.

Die weitaus wichtigste Kernreaktion mit γ-Strahlen ist die $^{m}_{n}A(\gamma,n)^{m-1}_{n}A$-Umwandlung, welche zu einem Isotop desselben Elementes führt, dessen Atomgewicht um eine Einheit geringer ist. Bedeutend seltener ist die Reaktion $^{m}_{n}A(\gamma,p)^{m-1}_{n-1}B$, bei der eine Substanz entsteht, deren Kernladungszahl um eine Einheit kleiner ist, als diejenige des Ausgangsmaterials. Bei ganz hohen γ-Energien ist auch die (γ,α)-Reaktion beobachtet worden, so mit ganz geringer Wahrscheinlichkeit bei 17,6 MeV für $^{16}O(\gamma,\alpha)^{12}C$, also für die Umwandlung von gewöhnlichem Sauerstoff in das gewöhnliche, nicht radioaktive Kohlenstoffisotop.

Zur Erzeugung von radioaktiven Nukliden für irgendwelche praktischen Zwecke sind die Kernreaktionen mit γ-Strahlen fast bedeutungslos. Dagegen sind z. B. die Prozesse $^{65}Cu(\gamma,n)^{64}Cu$ oder auch $^{107}Ag(\gamma,n)^{106}Ag$, die beide zu Nukliden mit relativ langen Halbwertszeiten (12,8 h resp. 8,2 d) führen, sehr geeignet, um die Intensitätsverteilung in einem energiereichen Strahlenbündel, etwa eines Betatrons oder Linearakzelerators festzulegen (Minder). Dies geschieht, indem man kleine Blechstücke gleichen Gewichtes, z. B. Münzen, des entsprechenden Metalls auf das ganze Strahlenbündel verteilt und nach der Bestrahlung deren Radioaktivität bestimmt.

15.1.5. Radioaktive Stoffe erzeugt durch Neutronen

Da, wie bereits erwähnt, die ladungslosen Neutronen ohne Widerstand gegen die Potentialschwellen der Atomkerne anlaufen können, sind sie das bei weitem beste Mittel, um Atomkernreaktionen zu erzeugen. Es sind denn auch praktisch alle stabilen Atomkerne durch Neutronen umgewandelt worden. Damit ist die Zahl der durch Neutronenstrahlen erzeugten, künstlich radioaktiven Stoffe sehr hoch. Mit Ausnahme der Kernreaktion ${}^{m}_{n}\mathrm{A}(n,d)^{m-1}_{n-1}\mathrm{B}$ sind alle anderen Umwandlungsmöglichkeiten bekannt, also

$${}^{m}_{n}\mathrm{A}(n,\alpha)^{m-3}_{n-2}\mathrm{B},\ {}^{m}_{n}\mathrm{A}(n,p)^{m}_{n-1}\mathrm{B} \text{ und } {}^{m}_{n}\mathrm{A}(n,\gamma)^{m+1}_{n}\mathrm{A}.$$

Von besonderem, kernphysikalischem Interesse ist die Reaktion ${}^{m}_{n}\mathrm{A}(n,2n)^{m-1}_{n}\mathrm{A}$, bei der bei oder nach Eintritt des Neutrons in den Kern zwei Neutronen den Kern verlassen. Die Reaktion (n,α) ist nur bei Stoffen mit geringen Atomgewichten (bis etwa $\mathrm{A}=70$) möglich, Ausnahmen sind $^{89}\mathrm{Y}$ und $^{115}\mathrm{In}$. Ebenso ist die (n,p)-Umwandlung oberhalb eines Atomgewichtes von etwa 150 nicht mehr wahrscheinlich. Besonders wichtig sind aber die Reaktionen $(n,2n)$ und ganz besonders (n,γ).

Während bei geladenen Strahlenteilchen, also bei α-Strahlen, Deutronen und Protonen, aber auch bei γ-Strahlen Kernreaktionen nur eintreten, wenn diese Partikel, mit ganz wenigen Ausnahmen bei sehr leichten Elementen, eine Energie von mehreren MeV aufweisen, sind Kernreaktionen mit Neutronen aller Energien möglich. Diese Tatsache erfordert eine etwas eingehendere Erläuterung.

15.2. Der Wirkungsquerschnitt

Ganz elementar betrachtet, würde man sich vorstellen, daß bei einer Umwandlung ein Atomkern mit einem Durchmesser von etwa 10^{-12} cm von der ankommenden Partikel getroffen werden müßte. Nun weist eine Kugel vom genannten Durchmesser einen Querschnitt von der Größenordnung $10^{-24}\ \mathrm{cm}^2$ auf. Es ist dies die Fläche, welche, wenn getroffen, zur Kernreaktion führen könnte. Hierfür hat man die besondere Bezeichnung „*Wirkungsquerschnitt*" eingeführt. Dieser wird in Einheiten von 10^{-24} cm^2 gemessen. Für diese bei Kernreaktionen wichtige Fläche wurde die Bezeichnung „*Barn*" (b) eingeführt, also

$$1\,b = 10^{-24}\,\mathrm{cm}^2.$$

Der Wirkungsquerschnitt ist die Wahrscheinlichkeit, daß eine auf die Atomkerne eines bestimmten Nuklids geworfene Partikel eine Kernreaktion bewirkt. Diese Wahrscheinlichkeit muß selbstverständlich immer sehr klein sein — mit Ausnahme von gewissen Reaktionen mit Neutronen.

Der Begriff des Wirkungsquerschnittes kann anschaulich dargestellt werden. Jede auf eine Stoffschicht einfallende Partikel wird innerhalb dieser einen zylindrischen Teil durchlaufen, dessen Querschnitt σ und dessen Länge s ist. Werden nun N Partikel auf eine Materienschicht, gerade von der Dicke s eingestrahlt, so ist das Volumen des durch die Strahlung beeinflußten Materienanteils $N \cdot \sigma \cdot s$ cm^3. Sind nun in der Schichtdicke s die Anzahl $Q \cdot s$ Atome des zu bestrahlenden Stoffes vorhanden (Q ist die Anzahl Atome pro cm^2 an der Oberfläche), so ist das für die Reaktionen in Frage kommende Volumen pro Atomkern $\frac{s}{Q}$. Die Zahl der wirksamen Zusammenstöße wird

damit zu $n = N \cdot \sigma \cdot s : \frac{s}{Q} = N \cdot \sigma \cdot Q$, und damit

$$\sigma = \frac{n}{N \cdot Q}\,\mathrm{cm}^2.$$

Der Wirkungsquerschnitt entspricht also der Zahl der wirksamen Zusammenstöße (n), geteilt durch die Anzahl der eingestrahlten Partikel, multipliziert mit der Zahl der Atome pro cm^2 (Q). Diese für die Betrachtung aller künstlichen Kernreaktionen wichtigste Größe (σ) kann je nach Art der Reaktion und nach Art des bestrahlten Materials Werte zwischen 10^{-18} und 10^{-32} cm^2, also zwischen 1.000.000 und einem Hundertmillionstel Barn aufweisen. Die Wahrscheinlichkeiten von künstlichen Atomkernreaktionen variieren also um einen Faktor von hundert Billionen! Besonders kleine Wirkungsquerschnitte finden sich bei Kernreaktionen mit γ-Strahlen, besonders große aber bei Reaktionen mit Neutronen. Letztere Tatsache erfordert eine Darstellung.

Nach der von Louis de Broglie 1927 in die Physik eingeführten *Wellenhypothese* kann jedem bewegten Körper von der Masse M eine Welle zugeordnet werden, deren Wellenlänge $\lambda = \frac{h}{M \cdot v}$ beträgt. Dabei bedeuten $h = 6{,}625 \cdot 10^{-27}$ erg · s die nach Planck benannte Konstante und v die Geschwindigkeit des Körpers von der Masse M. Umgekehrt kann auch für jede Welle von der Energie $h \cdot v$ eine Masse von der Größe $M = \frac{h \cdot v}{c^2}$ angenommen werden.

Hat nun ein Neutron von der Geschwindigkeit v eine mitgeführte Wellenlänge von $\lambda = \frac{h}{M \cdot v}$, so ist leicht einzusehen, daß diese Wellenlänge umso größer werden muß, je kleiner die Geschwindigkeit v des Neutrons ist, und da die Geschwindigkeit v der Quadratwurzel aus der Energie E des Teilchens (Neutrons) proportional ist, entspricht die Teilchenwellenlänge dem Ausdruck $\lambda = \frac{h}{\sqrt{2EM}}$. Diese beträgt für Neutronen von der Energie 1 MeV $\lambda = 0{,}286$ XE. (1 XE. = 10^{-3} Å = 10^{-11} cm). Dies ergibt eine Quantenenergie von 43,36 MeV. Ist die Teilchenenergie zehnmal größer (10 MeV), so beträgt die Wellenlänge noch 0,09045 XE. Ist sie aber 100, 10.000 oder 1 Million mal geringer, entspricht sie also 10 keV, 100 eV, 1 eV, so werden die entsprechenden Wellenlängen zu 2,86 XE., 28,6 XE. und 286 XE. = 0,286 Å (10^{-8} cm). Da der Atomdurchmesser etwa 2–3 Å, derjenige des Kernes in der Größenordnung aber nur einige zehntausendstel Å beträgt, so sind die Wellenlängen der Neutronen bei gewissen Energien von der Größenordnung des Kerndurchmessers oder der Durchmesser der darin enthaltenen Nukleonen.

Die im Atomkern enthaltenen Protonen und Neutronen haben nun selbst auch bestimmte Energien; sie sind nicht in „Ruhe". Es muß ihnen deshalb ebenso eine bestimmte Wellenlänge nach de Broglie zugeordnet werden. Ist aber die Wellenlänge einer Atomkernpartikel mit der Wellenlänge des ankom-

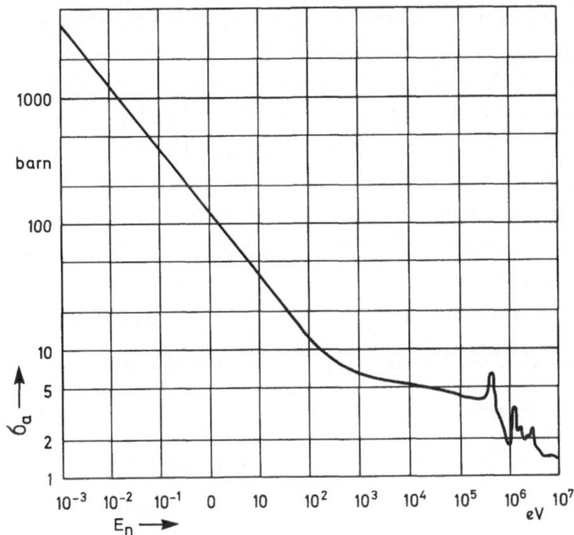

Abb. 27. Einfangquerschnitt von BOR gegenüber Neutronen. Bis etwas oberhalb von 100 eV entspricht der Verlauf einem reinen $1/\nu$-Gesetz

menden Teilchens (Neutrons) identisch, oder steht sie mit dieser in einem „harmonischen" Verhältnis, d.h. ist sie 2, 3, 4 ... mal größer oder kleiner als diejenige der Kernpartikel, so muß zwischen beiden *Resonanz* auftreten. Die Wechselwirkung, und damit die Energieübertragung, ist dann besonders groß. Aber noch mehr: ist die Neutronengeschwindigkeit klein, so ist die Zeit, die zur Wechselwirkung zur Verfügung steht, lang, das Neutron geht nur langsam am Atomkern vorüber. Deshalb sind für viele Atomkerneaktionen langsame Neutronen für deren Auslösung besonders wirksam.

Nach ihrer Energie (oder Geschwindigkeit) unterscheidet man für praktische Zwecke

Schnelle Neutronen:	$E >$	0,001 MeV
Langsame Neutronen:	$E =$	100 eV– 10 keV
Epithermische Neutronen:	$E =$	1 eV–100 eV
Thermische Neutronen:	$E <$	0,1 eV.

Für zahlreiche Kernreaktionen sind thermische Neutronen von besonderer Wirksamkeit. Die Abbildung 27 zeigt den Verlauf des Wirkungsquerschnittes σ (Einfangsquerschnittes) für die Reaktion ${}^{10}_{5}B(n,\alpha){}^{7}_{3}Li$ in Abhängigkeit von der Neutronenenergie zwischen 0,001 eV und 10 MeV in doppelt logarithmischem Maßstab. Der Wirkungsquerschnitt dieser Reaktion fällt von 4010 Barn bei subthermischen Neutronen (0,001 eV entspricht einer Geschwindigkeit von $v = 435$ m/s) bis auf 1,5 Barn bei 10 MeV ab. Zwischen 0,001 und etwa 100 eV ist der Verlauf fast genau dem reziproken Wert der Wurzel aus der Energie, also $\frac{1}{\sqrt{E}}$ proportional, wie dies die vereinfachte, vorstehende Formel verlangt.

15.3. Theorie der Aktivierung

Die mit Neutronen künstlich erzeugbare Radioaktivität hängt von mehreren Faktoren, resp. physikalischen Gegebenheiten, ab. Zunächst ist unmittelbar einzusehen, daß bei einem (n,γ)- oder (n,p)-Prozeß die sog. *spezifische Aktivität,* ausgedrückt in Ci/g (Curie[1] pro Gramm), um so größer werden muß, je mehr Neutronen das zu aktivierende Material in der Zeiteinheit (z. B. Sekunde) durchlaufen. Die resultierende Aktivität ist also dem *„Neutronenfluß"* Φ, d. h. der Anzahl Neutronen pro cm^2 und s, proportional. Weiter ist die Anzahl der pro Zeiteinheit erzeugbaren radioaktiven Atomkerne der Wahrscheinlichkeit proportional, mit welcher ein Neutron die Umwandlung bewirkt, also dem Wirkungsquerschnitt („Aktivierungsquerschnitt") σ (ausgedrückt in Barn). Schließlich ist die spezifische Aktivität noch abhängig von der Anzahl Atomkerne pro g $\frac{N}{A}$ des bestrahlten Materials, weiter von der Einwirkungszeit der Neutronen t und von der Zerfallskonstanten λ des entstehenden Radionuklids. Dessen Atome sind ja sofort nach ihrer Bildung dem radioaktiven Zerfall unterworfen. Unter diesen Voraussetzungen ergibt sich die Bildungsgeschwindigkeit des radioaktiven Nuklids zu

1 Das „Curie" (Ci) ist die Einheit der Radioaktivität; es entspricht $3{,}700 \cdot 10^{10}$ Zerfällen pro Sekunde

$$\frac{dN'}{dt} = \frac{\sigma \cdot \Phi \cdot N}{A} - \lambda \cdot N' \text{ Atomkerne pro g und s.}$$

Damit ist die Zahl der nach einer bestimmten Bestrahlungszeit t gebildeten radioaktiven Atomkerne N'_t

$$N'_t = \frac{\sigma \cdot \Phi \cdot N}{\lambda \cdot A}(1 - e^{-\lambda t}).$$

Um diese Anzahl in der spezifischen Aktivität (Ci/g) auszudrücken, muß sie mit der Zerfallskonstanten multipliziert (ergibt die Zahl der pro Zeiteinheit zerfallenden Atome) und durch die pro Curie zerfallenden Atome ($3{,}700 \cdot 10^{10}$) dividiert werden, also

$$A_s = \frac{\sigma \cdot \Phi \cdot N}{3{,}7 \cdot 10^{10} \cdot A}(1 - e^{-\lambda t}) \text{ Curie pro Gramm.}$$

Schließlich können die Zahlenwerte von σ (10^{-24} cm^2) und die Avogadrosche Zahl ($N = 6{,}025 \cdot 10^{23}$) miteinander multipliziert werden und die Zerfallskonstante durch den Ausdruck $\lambda = \frac{0{,}693}{T}$ ersetzt werden. Das führt zu der Formel

$$A_s = \frac{0{,}6025 \cdot \sigma \cdot \Phi}{3{,}7 \cdot 10^{10} \cdot A}(1 - e^{-\frac{0{,}693}{T}t}) \text{ Ci/g.}$$

Darin bedeuten:

- A_s: spezifische Radioaktivität in Ci/g;
- σ: Aktivierungsquerschnitt in Barn;
- Φ: Neutronenfluß in n/cm$^2 \cdot$ sec;
- A: Atomgewicht des bestrahlten Elementes;
- T: Halbwertszeit des gebildeten Radionuklids;
- t: Neutronenbestrahlungszeit, ausgedrückt in derselben Einheit wie T.

Die vorstehenden Überlegungen sollen durch zwei für die praktische Anwendung wichtige Beispiele erläutert werden:

Die Erzeugung von Radiokobalt geschieht durch den Prozeß ^{59}Co(n,γ)^{60}Co bei einem Aktivierungsquerschnitt von $\sigma = 36$

Barn. Das Atomgewicht des Kobalts beträgt $A = 58{,}94$ und die Halbwertszeit des gebildeten ^{60}Co beziffert sich auf 5,25 Jahre. Nach einer Bestrahlungszeit von beispielsweise 100 Tagen = 0,274 Jahre (a) bei einem Neutronenfluß von $\Phi = 10^{14}\ n/\text{cm}^2 \cdot \text{sec}$ ergibt die Berechnung nach der vorstehenden Formel eine spezifische Aktivität von 34 Ci/g.

Als Beispiel mit relativ kurzer Halbwertszeit diene ^{198}Au (Radiogold) mit $T = 2{,}68$ Tagen (d). Bei einer Woche Bestrahlungszeit (6 d), einem Atomgewicht von $A = 197$ und einem Aktivierungsquerschnitt von $\sigma = 96$ Barn resultiert eine spezifische Aktivität von 620 Ci/g.

Wird die Bestrahlungszeit viel länger als die Halbwertszeit des gebildeten Radionuklids (etwa bei $t = 10\,T$), so verschwindet das zweite Glied des Klammerausdrucks, und die Radioaktivität erreicht den Sättigungswert

$$A_{s\infty} = \frac{0{,}6025 \cdot \sigma \cdot \Phi}{3{,}7 \cdot 10^{10} \cdot A}\ \text{Ci/g}.$$

Solche Sättigungswerte sind in der nachfolgenden Tabelle 7 für einige praktisch wichtige Radionuklide, welche durch den (n,γ)-Prozeß erzeugt werden können, wiedergegeben. Sie sind für einen Neutronenfluß von $\Phi = 10^{14}\ n/\text{cm}^2 \cdot \text{sec}$ berechnet worden. Es versteht sich von selbst, daß bei höherem oder tieferem

Tabelle 7. Sättigungswerte einiger durch den (n,γ)-Prozeß herstellbarer Radionuklide

Radio-nuklid	Ausgangs-isotop	Halbwerts-zeit T	σ Barn	$A_{s\infty}$ in Ci/g bei $\Phi = 10^{14}\ n/\text{cm}^2 \cdot \text{sec}$
^{32}P	^{31}P	14,3 d	0,19	10
^{45}Ca	^{44}Ca	146 d	0,013	0,50
^{60}Co	^{59}Co	5,25 a	36	1030
^{82}Br	^{81}Br	1,5 d	1,7	35
^{192}Ir	^{191}Ir	74 d	370	3275
^{198}Au	^{197}Au	2,69 d	96	835

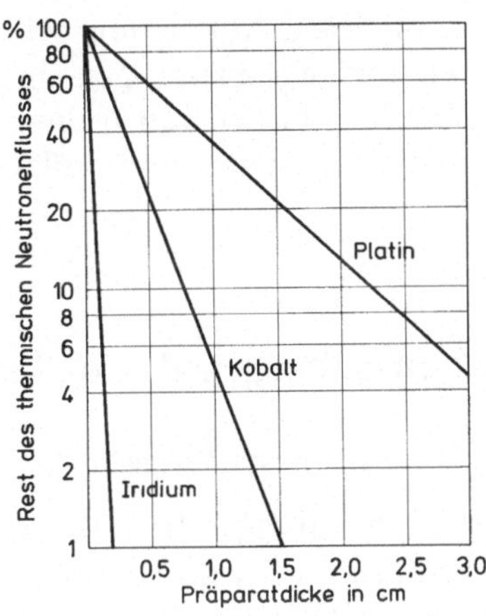

Abb. 28. Schwächung thermischer Neutronen in Platin, Kobalt und Iridium

Neutronenfluß die Aktivitäten entsprechend höher oder tiefer würden.

In Wirklichkeit sind die erzielbaren Aktivitäten meist erheblich geringer als die nach der vereinfachten Formel berechneten. Dafür sind drei Gründe vorhanden. Zunächst wird ja durch die fortschreitende Kernumwandlung die Menge des zu bestrahlenden Isotops immer geringer, so daß dieselbe mit fortschreitender Bestrahlungszeit nicht als konstant angesehen werden dürfte. Zusätzlich könnten durch den Neutronenfluß auch die schon gebildeten Radionuklidatome eine weitere Umwandlung erfahren. In den meisten Fällen ist aber die Konzentration der umgewandelten Atome doch so gering, daß diese beiden Erscheinungen vernachlässigt werden dürfen. Demgegenüber haben mehrere praktisch wichtige Ausgangsisotope so hohe Wirkungsquerschnitte für thermische Neutronen, daß deren Fluß schon nach relativ dünnen Schichten auf geringe Werte abfällt. Damit sind Aktivierungen dann nur an entsprechend dünnen Schichten möglich und auch da nur unter Inkaufnahme einer inhomogenen Verteilung des Radionuklides im aktivierten Material. Die Abbildung 28 zeigt Schwächungskurven von thermischen Neutronen in Iridium, Kobalt und Platin. Daraus kann entnommen werden, daß sinnvolle Schichtdicken für eine ökonomische Aktivierung bei Iridium 1 mm, bei Kobalt etwa 5 mm und bei Platin 2 cm nicht überschreiten sollten. Stärkere Strahlenquellen von Iridium und von Kobalt müssen deshalb aus entsprechend dünnen Plättchen zusammengesetzt werden.

16. Atomkernspaltung und Atomkerntechnik

16.1. Erste Versuche

Im Zuge der systematischen Bestrahlung praktisch aller Elemente mit Neutronen wurden auch ausgedehnte Versuche an Uran vorgenommen. Dabei beobachtete im Jahr 1934 ENRICO FERMI (1901–1954) die Bildung mehrerer radioaktiver Stoffe mit verschiedenen Halbwertszeiten zwischen 10 s und 40 min. Alle diese neuen Radionuklide emittieren β-Strahlen. Es mußte angenommen werden, daß eines der durch Neutronenbestrahlung entstandenen Nuklide ein *Transuran* mit der Kernladungszahl 93 und dem Atomgewicht 239 sein müßte. Ein derartiger Stoff sollte auf Grund des periodischen Systems der Elemente mit Mangan chemisch homolog sein, also ähnliche Eigenschaften wie dieses bekannte Element aufweisen. Schnelle chemische Trennungen nach Mangan ergaben einen β-strahlenden Stoff. Weitere, ausgedehnte chemische Trennungen der nach Neutronenbestrahlung von Uran gebildeten Substanzen durch FERMI und Mitarbeiter ergaben aber auch radioaktive Fraktionen, die mit Eisen, Rhodium oder Palladium homolog waren. Diese neuen Stoffe wurden alle als Transurane mit den Kernladungszahlen 94, 95 und 96 angesehen.

Gleichgerichtete Experimente wurden 1937 und 1938 auch von IRÈNE JOLIOT-CURIE und L. SAVITSCH und von OTTO HAHN (1879–1968), LISE MEITNER und FRITZ STRASSMANN durchgeführt. Dabei beobachteten die erstgenannten Autoren ein Nuklid mit den Eigenschaften des Elementes Lanthan, die letztgenannten aber einen mit Barium homologen, radioaktiven Stoff. HAHN und Mitarbeiter machten sich nun zur Aufgabe, die verwickelten Stoffverhältnisse in mit Neutronen bestrahltem

Uran aufzuklären. Dabei wurde zunächst angenommen, daß das mit Barium homologe Nuklid ein neues Radiumisotop sein müßte, und der Stoff mit den Eigenschaften des Lanthans dem Actinium zuzuordnen wäre. Aus diesem, als Actinium angesehenen Präparat (zusammen mit Lanthan), folgte durch weiteren Zerfall ein Stoff, der die Eigenschaften des Ceriums aufwies und als Thoriumisotop angesehen wurde.

Es zeigte sich aber im Verlauf weiterer, sehr sorgfältiger chemischer Operationen, daß diese Zuordnung erhebliche Schwierigkeiten bereitete. So mußten beispielsweise verschiedene, zusätzliche Radiumisotope neben den bekannten Ra, ThX, AcX und MTh_1 angenommen werden, was aber sehr unwahrscheinlich schien. Niederschläge der „Radiumisotope" zusammen mit absichtlich beigefügtem Barium als „Trägersubstanz", ergaben bei fraktionierter Kristallisation, wie diese seinerzeit von Marie Curie zur Reindarstellung des Radium angewandt worden war, keine Erhöhung der Aktivität. Auf Grund all der sich bei ihren Versuchen ergebenden Schwierigkeiten und Unsicherheiten der Deutung der Ergebnisse schrieben die Autoren Hahn und Strassmann in der ersten Nummer der Zeitschrift „Naturwissenschaften" des Jahrganges 1939 (*27.* S. 11–15, 1939): „Ob die aus den ‚Ac-La'-Präparaten entstandenen, als ‚Thor' bezeichneten Endglieder unserer Reihen sich als Cer herausstellen, wurde noch nicht geprüft. Was die ‚Trans-Urane' anbelangt, so sind diese Elemente ihren niedrigeren Homologen Rhenium, Osmium, Iridium, Platin zwar chemisch verwandt, mit ihnen aber nicht gleich. Ob sie etwa mit den noch niedrigeren Homologen Masurium, Ruthenium, Rhodium, Palladium chemisch gleich sind, wurde noch nicht geprüft. Daran konnte man früher ja nicht denken. Die Summe der Massenzahlen Ba + Ma, also z.B. 138 + 101 ergibt 239! Als Chemiker müssen wir aus den kurz dargelegten Versuchen das oben gebrachte Schema eigentlich umbenennen und statt Ra, Ac, Th die Symbole *Ba, La, Ce* einsetzen."

Nach dieser höchst interessanten und aufregenden Publikation wurden gleichartige Versuche mit teilweise viel höheren Neutronenquellen an zahlreichen Laboratorien vorgenommen. Dabei konnten die Ergebnisse von Hahn und Strassmann überall voll bestätigt werden. Schon Ende Februar 1939 waren mehr als 40 Arbeiten erschienen, in denen die *Kernspaltung* des Urans durch Neutronen nachgewiesen wurde. Diese neue Atomkernreaktion, die später außer an Uran auch am Thorium und mit künstlich sehr hoch beschleunigten Korpuskeln auch an leichteren Elementen verursacht werden konnte, hat nicht nur in der wissenschaftlichen Welt, sondern auch in der weitesten Öffentlichkeit größtes Aufsehen bewirkt. Ihre Konsequenzen, wie sich in den wenigen folgenden Jahren in erschreckenster Weise zeigen sollte, haben zu tiefgründigsten Änderungen der Beziehungen der Menschheit zu Wissenschaft, Wirtschaft, Politik und Strategie geführt. —

Es war ohne Zweifel eine der ersten Aufgaben der nun folgenden Forschung festzustellen, welche Stoffe bei der Uranspaltung entstehen. Dies war mit erheblichen Schwierigkeiten verbunden. Zunächst ergab sich, daß der größte Teil der *Spaltprodukte* hoch radioaktiv ist. Dies war zu erwarten gewesen. Demgegenüber machte es aber erhebliche Mühe, den Spaltprodukten die ihnen entsprechenden Atomgewichte und Kernladungszahlen zuzuordnen. Sollte z. B. Uran mit dem Atomgewicht 238 und der Kernladungszahl 92 in zwei gleiche Hälften mit dem Atomgewicht 119 gespalten werden, so müßten dabei wohl Zinnisotope erwartet werden. Nun hat aber dieses Element eine Kernladungszahl von 50. Ein solcher Kern müßte, um der Ladung gerecht zu werden, nacheinander 4 Positronen oder 2 α-Teilchen emittieren, wobei ein Palladiumisotop entstünde. Sollte andererseits bei der Spaltung die Ladung des Urankerns erhalten bleiben, so müßten 2 Atomkerne mit der Ladung 46, also 2 Palladiumatome entstehen. Diese hätten aber eine Kernmasse von je 119. Das schwerste Palladiumisotop hat aber nur ein Atomgewicht von 110. Um zu einem stabilen Endprodukt zu kommen, müßten die Spaltstücke entweder je 9 Neutronen verlieren oder aber über 4 sich folgende β-Zerfälle über Silber, Cadmium und Indium zum Zinnisotop 119 werden. In Wirklichkeit kommen, wie sich bei umfassenden neueren Untersuchungen gezeigt hat, ähnliche Umwandlungen tatsächlich vor. Diese führen schließlich zu Endprodukten, die sich nicht mehr weiter umwandeln, also stabil sind.

Schon 1939 ist von R. ROBERTS und Mitarbeitern nachgewiesen worden, daß beim Spaltvorgang neben den beiden (selten drei) Spaltstücken auch Neutronen freigesetzt werden. Ein gewisser Teil der hohen Instabilität der primären Spaltprodukte wird also durch Abgabe von Neutronen schon beim Spaltvorgang kompensiert. Ein geringer Anteil (etwa 1%) dieser Neutronen verläßt die Spaltstücke *verzögert.* Diese Verzögerung beläuft sich bei etwa einem Promille der ausgesandten Neutronen bis auf eine Minute. Auf die außerordentliche Wichtigkeit dieser Tatsache soll später gründlicher eingegangen werden.

Durch Untersuchungen von A. O. NIER wurde bereits kurz nach der Entdeckung der Kernspaltung festgestellt, daß von den drei Uranisotopen besonders dasjenige mit der Kernmasse 235 durch Neutronen gespalten wird. Weiter konnte schon zur selben Zeit gezeigt werden, daß für die Spaltung dieses Isotops langsame, sogar thermische Neutronen ganz besonders wirksam sind. Eine erste Abschätzung ergab als Wirkungsquerschnitt für die Spaltung einen Wert von $\sigma_f \triangleq 400$ Barn. Bei späteren Untersuchungen wurde gefunden, daß durch thermische Neutronen (Geschwindigkeit etwa 2000 m/s) auch die Uranisotope 238 und 234 gespalten werden. Dabei sind allerdings die Wirkungsquerschnitte viel kleiner und betragen nur $5 \cdot 10^{-4}$ Barn (238) resp. weniger als 0,65 Barn (234). Genaue Messungen haben für das Isotop 235 für thermische Neutronen den hohen Wert von $\sigma_f =$ 580 Barn ergeben. Spaltungen durch thermische Neutronen mit ebenfalls sehr kleinen Wirkungsquerschnitten wurden auch beim Thorium (232) und beim Actinium (231) nachgewiesen. Die Wirkungsquerschnitte der letztgenannten Spaltungen steigen aber mit zunehmender Neutronenenergie an und erreichen oberhalb etwa 1 MeV bedeutend höhere Werte, z. B. 0,6 Barn für ^{238}U.

16.2. Energie der Spaltung

Die Frage nach der Energie der Spaltstücke war nicht nur von theoretischem, atomphysikalischem Interesse, sondern sie hat sehr bald auch eine enorme, praktische Bedeutung erlangt. Nach ersten, mehr qualitativen Versuchen von LISE MEITNER

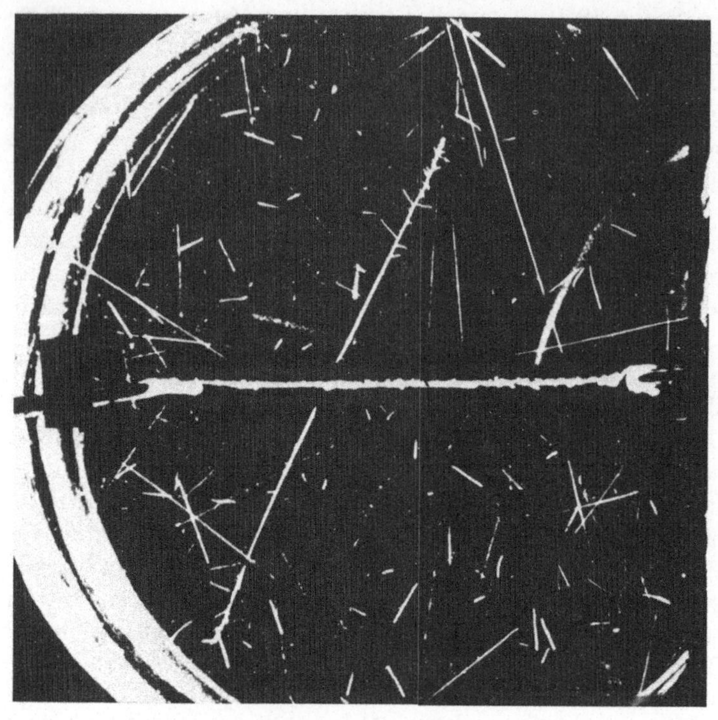

Abb. 29. Nebelkammerbild eines Spaltvorganges von ^{235}U. Die Neutronen kommen von oben und treffen auf die von links nach rechts durch die Kammer gespannte Uranfolie. (Nach Bröggild)

und O. Frisch (1939) haben L. Hafstad und Mitarbeiter mit Hilfe weiterentwickelter, quantitativer Registriermethoden genauere Energiebestimmungen vornehmen können. Sie fanden dabei eine statistische Energieverteilung um zwei Mittelwerte. Der eine lag bei 64 MeV, der andere bei 97 MeV, entsprechend einem Total von 161 MeV. Das waren Energien, die bisher bei keinen atomaren Phänomenen frei geworden waren. Dabei war anzunehmen, daß die eine Energiegruppe dem einen, die andere dem anderen Spaltstück zuzuordnen sei. Messungen der Wärmeproduktion durch die Spaltprodukte ergaben eine Gesamtenergie pro Spaltvorgang von 185 MeV. Entsprechende Energiemessungen wurden auch mit Hilfe von Nebelkammeraufnahmen vorgenommen. Wie sich ein Spaltvorgang im Nebelkammerbild präsentiert, kann durch die Abbildung 29 nach BÖGGIELD gezeigt werden. Auf die von links nach rechts ausgespannte, dünne Uranfolie fallen von oben Neutronen ein. Die beiden kräftigen Nebelspuren entsprechen den beiden Spaltstücken, die mit großer Energie in entgegengesetzten Richtungen auseinander fliegen. (Man beachte auch die von den Spuren ausgehenden, sekundären Spuren von Ionen des Kammergases, die durch Zusammenstoß der Spaltstücke mit Gasatomen entstanden sind.) Der weitaus größte Teil der primären Spaltprodukte ist hoch radioaktiv und wandelt sich über mehr oder weniger lange Zerfallsketten in stabile Nuklide um. Es sind deshalb zu dem oben erwähnten Energiewert von 185 MeV noch die Energien der emittierten Strahlungen (β- und γ-Strahlen und Neutronen) zuzuzählen. Man darf deshalb als leicht faßbaren gesamten Wert der pro Spaltung freigesetzten Energie den Zahlenwert von 200 MeV annehmen!

Um sich mit dieser Energiegröße vertraut zu machen, soll die Arbeit berechnet werden, die durch 1 g gespaltenes ^{235}U geleistet werden kann. Ein Gramm dieses Isotops enthält $\frac{6{,}025 \cdot 10^{23}}{235}$ $= 2{,}564 \cdot 10^{21}$ Atome. Die gesamte Spaltenenergie wird damit zu $200 \cdot 2{,}564 \cdot 10^{21} \cdot 1{,}601 \cdot 10^{-6} = 8{,}21 \cdot 10^{17}\,\text{erg} = 8{,}21 \cdot 10^{10}\,\text{Ws} = 2{,}28 \cdot 10^{4}\,\text{kWh}$. Mit der Spaltung von 1 g Uran-235 könnte man also ohne Verluste eine Maschine von 1000 kW Leistung während fast eines ganzen Tages (Tag und Nacht) betreiben. Für den selben Arbeitsaufwand müßte man, auch wieder ohne Verluste, ziemlich genau 2,5 Tonnen Kohle verbrennen! Das Energieverhältnis zwischen der Atomkernspaltung und der Verbrennung fossiler Brennstoffe beträgt ziemlich genau 2,5 Millionen zu 1. Es ist leicht einzusehen, welche enormen Vorteile die technische Verwertung der Kernspaltung gegenüber konventionellen Methoden der Energiegewinnung bieten kann. —

Wenn, wie dies der Fall ist, bei der Atomkernspaltung neben den schweren Spaltstücken auch Neutronen emittiert werden, und wenn die Kernspaltung selber durch Neutronenbestrahlung verursacht wird, so besteht die Möglichkeit, daß eines der bei der

Spaltung frei werdenden Neutronen selber wieder eine neue Kernspaltung anregt. Dadurch kann grundsätzlich eine *Kernkettenreaktion* eingeleitet werden. Dies ist dann der Fall, wenn die kinetische Energie der bei der Spaltung ausgesandten Neutronen dem Spaltquerschnitt σ_f entspricht. Es ist deshalb eine eminent wichtige Frage, wie viele Neutronen pro einzelnen Spaltvorgang emittiert werden. Ebenso wichtig ist auch die hiermit verbundene Frage, mit welcher Energie die Neutronen den Spaltvorgang verlassen. Zahlreiche Untersuchungen, besonders von amerikanischen Autoren, zeigten, daß die Zahl der ausgesandten Neutronen zwischen 0 und 6 liegt. In 17% der Spaltvorgänge von ^{235}U wird ein Neutron emittiert, bei 38% deren zwei, bei 32% drei und bei 13% deren vier. Die restlichen 7% umfassen die Spaltvorgänge ohne Neutronen (etwa 2%) und mit fünf (ca. 4%) und 6 (ca. 1%) Neutronen. Im Durchschnitt werden somit pro Spaltung ziemlich genau 2,8 Neutronen ausgesandt. Bei dieser Anzahl ist es offenbar ohne weiteres möglich, daß eines derselben eine neue Kernspaltung einleiten kann und damit eine Kernkettenreaktion auslöst. Unter welchen Bedingungen dies tatsächlich eintritt, soll später eingehender erörtert werden.

16.3. Spaltprodukte

Bei jedem Spaltprozeß entstehen aus einem schweren Ausgangskern mit der Kernladungszahl über etwa 90 und dem Atomgewicht über etwa 220 zwei (selten drei) Spaltstücke. Deren Kernladungszahlen müßten etwa in der Umgebung von $Z \triangleq 45$, und deren Atomgewichte in der Umgebung von etwa $A \triangleq 110$ erwartet werden. Sehr ausgedehnte chemische und radioaktive Analysen haben aber gezeigt, daß Spaltprodukte sehr mannigfaltiger chemischer Zusammensetzung gebildet werden. Ihre Atomgewichte liegen in den Grenzen zwischen 70 und 162, ihre Kernladungszahlen zwischen 30 und 66!

Selbstverständlich ist die relative Anzahl der Spaltprodukte einer einzelnen bestimmten Nuklidart, die sog. *Spaltausbeute* sehr unterschiedlich. Soweit genauer untersucht, liegen diese Spaltausbeuten zwischen etwa $1{,}5 \cdot 10^{-5}\%$ und 6,5%, bezogen auf

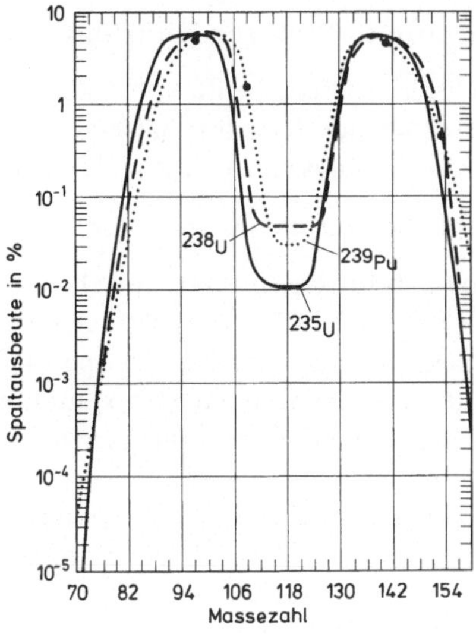

Abb. 30. Relative Spaltausbeuten für ^{235}U, ^{238}U und ^{239}Pu in Abhängigkeit von der Massezahl

100 gespaltene Ausgangskerne. Dabei hat sich die an sich interessante Tatsache gezeigt, daß die Verteilung der Spaltnuklide über die Atomgewichtsgrenzen zwischen 70 und 162 zwei sehr ausgesprochene Maxima aufweist. Es entstehen deshalb mit größter Wahrscheinlichkeit zwei Spaltstücke mit recht verschiedener Kernmasse. Das Maximum der „leichten" Gruppe liegt bei Uran-235 als Ausgangsprodukt etwa bei der Kernmasse 97, dasjenige der „schweren" Gruppe etwa bei der Masse 136. Dazwischen befindet sich ein ausgesprochenes, um fast 3 Zehnerpotenzen tiefer liegendes Minimum etwa bei der Kernmasse 116. Eine Spaltung in zwei gleiche Hälften ist also fast tausendmal unwahrscheinlicher als eine solche in Fragmente, deren Massen sich ungefähr wie 2:3 verhalten. In Abbildung 30 ist die Verteilung der Spaltstücke für Uran-235, Uran-238 und Plutonium-239 dargestellt.

Das mit thermischen Neutronen mit hohem Wirkungsquerschnitt spaltbare Uranisotop ^{235}U hat bei einer Kernladungszahl von 92 ein Neutronen-Protonen-Verhältnis von $\frac{A-Z}{Z} = 1{,}56$. Das mit der höchsten Spaltausbeute von 6,4% der „leichten" Gruppe primär entstehende Krypton hat eine Kernmasse von $A = 94$ und eine Kernladungszahl von $Z = 36$. Sein Neutronen-Protonen-Verhältnis beträgt damit $\frac{A-Z}{Z} = 1{,}61$. Bei der schweren Gruppe ergibt sich für das primär entstehende Indium ein entsprechender Wert von 1,47. Nun betragen aber die entsprechenden Zahlenwerte der stabilen Isotope mit dem höchsten Atomgewicht von Krypton einerseits und von Indium andererseits 1,333 resp. 1,347. Die primär entstehenden Spaltprodukte haben somit einen viel zu hohen Neutronengehalt. Die Folge davon ist die gleichzeitige oder verzögerte Emission von einigen wenigen Neutronen und, was leicht zu verstehen ist, eine hohe β-Strahlenradioaktivität. Der weitaus größte Teil aller entstehenden Spaltprodukte ist hoch radioaktiv; diese emittieren so lange β-Strahlen, bis ein stabiles Nuklid entstanden ist. Bei jedem β-Zerfall wandelt sich ja im Atomkern ein Neutron in ein Proton um. Diese Umwandlung läuft in den meisten Fällen über mehrgliedrige Zerfallsreihen. Es sind deren etwa 80 bekannt geworden. Dabei sind die ersten Glieder, wegen des hohen Neutronenüberschusses meist sehr kurzlebig (k), während spätere Glieder oftmals auch recht lange Halbwertszeiten aufweisen können. Als Beispiele sollen nur fünf derartige Zerfallsreihen, in denen langlebige Nuklide enthalten sind, angeführt werden. Die Pfeile bedeuten dabei einen β^--Übergang:

$$^{87}_{35}\mathrm{Br} \xrightarrow{56\,\mathrm{s}} {}^{87}_{36}\mathrm{Kr} \xrightarrow{13\,\mathrm{h}} {}^{87}_{37}\mathrm{Rb} \xrightarrow{5\cdot 10^{10}\,\mathrm{a}} {}^{87}_{38}\mathrm{Sr}.$$

$$^{90}_{36}\mathrm{Kr} \xrightarrow{33\,\mathrm{s}} {}^{90}_{37}\mathrm{Rb} \xrightarrow{2{,}7\,\mathrm{m}} {}^{90}_{38}\mathrm{Sr} \xrightarrow{28\,\mathrm{a}} {}^{90}_{39}\mathrm{Y} \xrightarrow{65\,\mathrm{h}} {}^{90}_{40}\mathrm{Zr}.$$

$$^{135}_{52}\mathrm{Te} \xrightarrow{\mathrm{k}} {}^{135}_{53}\mathrm{I} \xrightarrow{6{,}7\,\mathrm{h}} {}^{135}_{54}\mathrm{Xe} \xrightarrow{9{,}2\,\mathrm{h}} {}^{135}_{55}\mathrm{Cs} \xrightarrow{3\cdot 10^{6}\,\mathrm{a}} {}^{135}_{56}\mathrm{Ba}.$$

$$^{137}_{53}\mathrm{I} \xrightarrow{22\,\mathrm{s}} {}^{137}_{54}\mathrm{Xe} \xrightarrow{3{,}4\,\mathrm{m}} {}^{137}_{55}\mathrm{Cs} \xrightarrow{29\,\mathrm{a}} {}^{137}_{56}\mathrm{Ba}.$$

$$^{144}_{54}\mathrm{Xe} \xrightarrow{\mathrm{k}} {}^{144}_{55}\mathrm{Cs} \xrightarrow{\mathrm{k}} {}^{144}_{56}\mathrm{Ba} \xrightarrow{\mathrm{k}} {}^{144}_{57}\mathrm{La} \xrightarrow{\mathrm{k}} {}^{144}_{58}\mathrm{Ce}$$

$$\xrightarrow{282\,\mathrm{d}} {}^{144}_{59}\mathrm{Pr} \xrightarrow{17{,}5\,\mathrm{m}} {}^{144}_{60}\mathrm{Nd}.$$

Aus den angeführten Zerfallsreihen haben die langlebigen Glieder ^{90}Sr (2. Reihe) und ^{137}Cs (4. Reihe) eine besondere Bedeutung erlangt. Stontium-90, als chemisch homolog mit Calcium, würde bei Aufnahme in den menschlichen Körper sich im Knochensystem anreichern und wegen seiner Radioaktivität und seiner langen Lebensdauer eventuell bösartige Knochentumoren verursachen. Dieses Nuklid wurde deshalb im radioaktiven Niederfall aus den Atombombenversuchen der sechziger Jahre als das gefährlichste betrachtet. Caesium-137 findet in großen Mengen in der medizinischen Strahlentherapie und in der Technik als γ-Strahlenquelle Verwendung.

16.4. Technische Möglichkeiten

Die bei der Kernspaltung frei werdenden, außerordentlich hohen Energien können nur dann für irgendwelche praktischen Zwecke verfügbar gemacht werden, wenn es gelingt, eine Kernkettenreaktion zu induzieren und gleichzeitig zu kontrollieren. Die hierzu erforderlichen Bedingungen sind einerseits die Verfügbarkeit über genügend spaltbares Material und andererseits eine derartige Steuerung der bei der Spaltung frei werdenden Neutronen, daß mindestens eines derselben eine neue Spaltung verursacht. Die Steuerung und Kontrolle der Kettenreaktion wird möglich wegen der verzögerten Emission eines kleinen Anteils der bei der Spaltung ausgesandten Neutronen. Wenn gerade ein Spaltneutron eine neue Spaltung verursacht, so tritt diese, wenn sie durch ein verzögertes Neutron eingeleitet wird, ebenfalls etwas verzögert ein. In dieser Zwischenzeit kann der Neutronenfluß durch entsprechende Einrichtungen künstlich erhöht oder erniedrigt werden.

Als spaltbares Material war besonders das Uranisotop-235 erkannt worden. Weiter war bekannt, daß die Spaltung dieses Nuklids mit besonders hohem Wirkungsquerschnitt mit thermischen Neutronen stattfindet. Nun hatte sich aber herausgestellt, daß die bei der Spaltung auftretenden Neutronen keineswegs thermisch sind, sondern mit recht hoher Energie emittiert werden. Ihre Energien liegen in einem Bereich, welcher bis zu einem Maximum von etwa 7 MeV geht, und der bei 1 MeV ein ausgesprochenes Maximum aufweist.

Auf Grund dieser Tatsachen ergaben sich grundsätzlich zwei Wege zur technischen Freisetzung der Atomkernenergie. Der eine geht über die Reindarstellung oder zum mindesten hohe Anreicherung des spaltbaren Uranisotops-235; der andere über die Thermalisierung der Spaltneutronen. Das zweitgenannte Vorgehen hatte nur dann Aussicht auf Erfolg, wenn es gelang, das im natürlichen Uran seltene Isotop-235 durch die thermalisierten Neutronen gewissermaßen „herauszupicken". Das war keineswegs sicher durchführbar. Im natürlichen Uran ist das Isotop ^{235}U ja nur mit 0,7128% enthalten. Von 140 Uranatomen ist demnach nur eines mit hohem Wirkungsquerschnitt durch thermische Neutronen spaltbar.

Im sog. „Manhatten-District" wurden in den USA nach 1941 beide Wege zur Realisierung der Kernkettenreaktion beschritten. Der eine dieser Wege führte zu riesigen *Isotopentrennanlagen,* der andere zum *„Atomreaktor".* Dabei war in beiden Fällen zunächst nur der militärische Aspekt, also die Herstellung der „Atombombe", das vorgegebene Ziel.

16.5. Trennung der Isotope

Wenn man die Isotopen eines Elementes voneinander trennen will, gibt es im Prinzip dazu verschiedene Möglichkeiten. Sie beruhen auf dem Gesetz, daß in einem Gas bestimmter Temperatur alle Gasmoleküle im Durchschnitt dieselbe kinetische Energie aufweisen. Ist nun diese Energie durch die Formel $\frac{M}{2} v^2 = E_k$ gegeben, so kann man bei Isotopen mit den verschiedenen Massen $M_1, M_2, M_3 \ldots$ mit den entsprechenden Geschwindigkeiten $v_1, v_2, v_3 \ldots$ für die Energien die Gleichung

$$\frac{M_1}{2} v_1^2 = \frac{M_2}{2} v_2^2 = \frac{M_3}{2} v_3^2 = \ldots \text{ aufstellen.}$$

Teilt man jetzt das eine Glied durch ein anderes, so erhält man dadurch die Verhältnisse $\frac{v_1^2}{v_2^2} = \frac{M_2}{M_1}$, und schließlich $\frac{v_1}{v_2} = \sqrt{\frac{M_2}{M_1}}$.

Die klassische Methode der Isotopentrennung nach J. J. THOMSON (1856–1940) und F. W. ASTON (1877–1945) mit Hilfe der elektromagnetischen Ablenkung von Kanalstrahlen im Vakuum schien sich zunächst wegen der geringen Ausbeute für „technische" Trennungen nicht zu eignen. Daneben bestehen zwei Methoden, welche sich der verschiedenen Diffusionsgeschwindigkeiten der verschieden schweren Isotope bedienen. Beide Methoden haben eine technische Anwendung gefunden.

Läßt man ein Gas mit Molekülen verschiedener Massen durch eine poröse Wand mit sehr feinen Öffnungen hindurch diffundieren, so sind wegen ihrer höheren Geschwindigkeit die leichteren Moleküle hinter der Wand etwas angereichert. Schaltet man nun mehrere derartige Wände hintereinander, so erhält man schließlich das aus leichten Molekülen bestehende Gas allein. Das entspricht aber einem Idealfall, der nur dann zu realisieren ist, wenn die Gase sehr verschiedene Gewichte aufweisen. Es soll hier nicht auf die enormen Schwierigkeiten eingegangen werden, die überwunden werden mußten, um auf Grund dieses Prinzips größere Mengen des Uranisotops-235 zu produzieren. Es soll aber doch darauf hingewiesen werden, daß eine der Schwierigkeiten darin bestand, vom Uran eine geeignete, gasförmige Verbindung zu finden und herzustellen. In der Natur kommt Uran in zahlreichen Mineralformen mit mehr oder weniger hohem Urangehalt vor. Von ihnen können aber praktisch nur die Uranoxide „Pechblende", „Ulrichit" Und „Bröggerit" verwendet werden, um daraus, ohne vorhergehende, größere chemische Operationen, die allein für die Isotopentrennung verwendbare chemische Verbindung Uranhexafluorid UF_6 herzustellen. Diese Verbindung hat aber drei sehr unangenehme Eigenschaften; erstens ist sie erst oberhalb 70° C gasförmig, dann ist sie sehr giftig, und drittens greift sie, wegen des darin enthaltenen Fluors, fast alle Stoffe, mit denen sie in Berührung kommt, an; sie ist sehr hoch korrosiv. Die riesigen Diffusionsanlagen mußten deshalb aus einem besonderen Material hergestellt sein, dessen Zusammensetzung geheim geblieben ist. Eine spezielle Silber-Zink-Legierung erwies sich zum mindesten am Anfang als geeignet. Weiter mußte die ganze riesige Anlage so dicht sein, daß auch nicht Spuren des Gases nach außen treten konnten. Diese hätten sonst die in den Anlagen tätigen Personen aufs höchste gefährdet. Schließlich mußte die Trennung unter hoher Temperatur stattfinden.

Die Zahl der zur Trennung notwendigen Trennwände ergibt sich aus dem Geschwindigkeitsverhältnis der beiden Uranisotope in der Form der Hexafluoride. Bei einem Atomgewicht des Fluors von 19 betragen die Molekulargewichte der Verbindungen UF_6 der beiden Isotope 349 resp. 352 und damit das Verhältnis der Massen $\frac{352}{349} = 1{,}0086$. Daraus berechnet sich das Geschwindigkeitsverhältnis der leichteren zur schwereren Verbindung zu nur 1,0043 : 1. Das leichtere Uranhexafluorid bewegt sich also nur etwas über vier Promille schneller als das schwerere. Die Zahl der notwendigen Trennwände mußte also außerordentlich hoch sein.

Die andere technisch ausgenützte Trennmethode bedient sich der sog. „Thermodiffusion", ein Verfahren, das schon 1938 erstmals von H. Clusius zur Isotopentrennung ausgearbeitet worden war. Es beruht auf der Geschwindigkeitsverteilung von Molekülen mit verschiedenem Gewicht in einem hohen Temperaturgefälle. Dafür gibt es verschiedene Möglichkeiten. Ein geeignetes Verfahren bedient sich eines langen Hohlzylinders, in dessen Achse sich ein Heizdraht befindet, der durch einen elektrischen Strom auf hohe Temperatur gebracht werden kann. Der Mantel des Hohlzylinders wird dabei gleichzeitig stark gekühlt. Es besteht somit zwischen Achse und Mantel ein sehr hoher, radialer Temperaturgradient. Läßt man nun ein Gas oder eine Flüssigkeit durch das Rohr strömen, so werden die Moleküle dieses Stoffes am Heizdraht in ihrer Temperaturbewegung sehr stark beschleunigt und am Rohrmantel stark verzögert. Das hat zur Folge, daß der Stoff mit dem leichteren Molekulargewicht schneller nach dem Rohrmantel hin bewegt wird als der schwerere. Der schwerere Stoff sinkt deshalb im vertikal stehenden Rohr etwas in Richtung der Schwerkraft ab, der leichtere dagegen steigt relativ dazu etwas an. Am oberen Ende des Rohres ist somit der leichtere Stoff etwas angereichert, während sich am unteren Ende der schwerere ansammelt. Schaltet man jetzt zahlreiche derartige Rohre hintereinander, so erreicht man am Schluß einer solchen Batterie eine weitgehende Trennung der Isotope. Riesige derartige Anlagen wurden im Rahmen des „Manhattan District“ zur teilweisen Trennung der Uranisotope gebaut. Die auf diese Weise an Uran-235 stärker angereicherten Isotopengemische wurden dann anschließend als Ausgangsmaterialien für eine praktisch vollständige, elektromagnetische Separation verwendet. Damit konnten schließlich hohe Ausbeuten am leichten Isotop ^{235}U erreicht werden.

Die elektromagnetische Trennung der Uranisotope erwies sich nach sehr interessanten Vorstudien und entsprechenden Experimenten schließlich als die geeignetste Methode, um größere Mengen von praktisch reinem Uran-235 zu erhalten. Auch hierbei wurde der Weg der stufenweisen Trennung beschritten, wobei das Produkt der ersten Anlage in nachfolgenden Anlagen noch weiteren Trennungen unterworfen wurde.

Die elektromagnetische Isotopentrennung, als älteste Methode, beruht auf der Tatsache, daß eine geladene Partikel, ein Ion, der man durch eine elektrische Spannungsdifferenz eine hohe Geschwindigkeit erteilt hat, in einem Magnetfeld auf eine gekrümmte Bahn gebogen wird. Dabei ist der Krümmungsradius der Bahn vom Impuls $M \cdot v$ der Partikel abhängig und natürlich um so kleiner, je leichter die Partikel ist. Das Ausmaß der Trennung ist also hier vom Verhältnis der Massen $\frac{M_1}{M_2}$ abhängig und nicht mehr von der Quadratwurzel aus diesem, wie bei den anderen Trennungsverfahren. Das Gas (hier Uranbromid) wird in einer Ionenquelle (durch Elektronenstoß) ionisiert, durch eine als Blende wirkende Platte, die an hoher Spannung liegt, beschleunigt und dann zwischen die Pole eines sehr starken Magneten geschickt. Hier findet die Trennung statt. Die getrennten Ionenstrahlen werden anschließend in zwei Kollektoren aufgefangen und gesammelt.

Durch die Kombination der angeführten Methoden wurden Mengen von der Größenordnung von Kilogrammen des reinen Uranisotops ^{235}U gewonnen. Heutzutage ist die Trennung der Uranisotope im Magnetfeld kaum mehr angewandt, da zu militärischen Zwecken nunmehr große Mengen von Plutonium zur Verfügung stehen.

Ist nun die Konzentration an spaltbarem Material in einem Stoff genügend hoch, so wird die Wahrscheinlichkeit, daß von den im Mittel 2,8 Spaltneutronen mindestens eines wieder eine neue Spaltung verursacht, größer als 1. Da weiter in einer derartigen Substanz stets genügend spaltbare Atomkerne vorhanden sind, ist auch der Wirkungsquerschnitt σ_f für das Eintreten weiterer Spaltungen nicht mehr die entscheidende Größe. Spaltungen finden deshalb bei zahlreichen Zusammenstößen von Neutronen mit Atomkernen-235 statt. Ist die Wahrscheinlichkeit, daß von den 2,8 Spaltneutronen mehr als eines zu einer erneuten Spaltung eingefangen wird, vorhanden, so läuft die Kettenreaktion mit sehr großer Geschwindigkeit ab. Macht man beispielsweise die durchaus vernünftige Annahme, daß pro Spaltvorgang die Hälfte der entstehenden Neutronen, also deren 1,4, einen neuen Spaltvorgang induzieren, so kann bei einer mittleren Energie der Spaltneutronen von etwa 1 MeV die Reaktionsgeschwindigkeit abgeschätzt werden. Der Neutronenenergie von 1 MeV entspricht eine Geschwindigkeit derselben von ca. $1{,}4 \cdot 10^9$ cm/s. Die „freie Weglänge", die ein Neutron bis zu einem Zusammenstoß mit einem Atomkern durchläuft, beträgt in metallischem Uran ziemlich genau 2 cm. Damit beziffert sich die Zeit bis zum Zusammenstoß zu $2/1{,}4 \cdot 10^9 = 1{,}4 \cdot 10^{-9}$ s, also etwa anderthalb Milliardstel Sekunden. In einer Sekunde würden damit $1/1{,}4 \cdot 10^{-9} = 0{,}7 \cdot 10^9$ Zusammenstöße stattfinden. Wenn nun aber pro Spaltvorgang 1,4 Neutronen eine neue Spaltung verursachen, so ist deren Gesamtzahl pro Sekunde $(1{,}4)^{0{,}7 \cdot 10^9}$. Dies entspricht einer ungeheuer großen Zahl, die nicht mehr dargestellt werden könnte.

Sollte andererseits die Zeit berechnet werden, bis 1 kg ^{235}U vollständig in Spaltungen umgewandelt wäre, so muß die Zahl der sich folgenden Spaltungen zu $(1{,}4)^n = 2{,}56 \cdot 10^{24}$, also der Zahl der in 1 kg vorhandenen ^{235}U-Atome entsprechen, wobei der Exponent den Wert 167 annimmt. Jeder Zusammenstoß dauert $1{,}4 \cdot 10^{-9}$ s, deren 167 nicht ganz $2{,}5 \cdot 10^{-7}$ s, also zweieinhalb Zehnmillionstel Sekunden, unter der Voraussetzung, daß das kg ^{235}U als kompakte Masse bestehen bleiben würde. Diese Voraussetzung ist aber nur für den allerersten Anfang der Reaktion gegeben. Trotzdem läuft diese mit einer außerordentlichen Geschwindigkeit ab. Daß dies eine ungeheure Explosion darstellt, ist aus den angegebenen Zahlen ersichtlich, auch wenn daran nicht die gesamte Masse des Spaltmaterials teilnehmen kann.

Bei jeder Spaltung wird die Energie von 200 MeV freigesetzt. Dies entspricht bei der Spaltung von 1 kg reinem ^{235}U 23 Millionen Kilowattstunden. Ein Kraftwerk von 1.000 Megawatt Leistung produziert pro Tag (und Nacht) $24 \cdot 10^6$ kWh. Die „Arbeitsleistung" von 1 kg ^{235}U ist somit bei vollständiger Spaltung und ohne Verluste der Arbeit eines 1.000-MW-Kraftwerkes während ungefähr eines Tages äquivalent. Um die gleiche Arbeit verrichten zu können, müßten pro Tag ungefähr 2.500 Tonnen Kohle oder aber etwa 2.000 Tonnen Erdöl verbrannt werden! Es kann schon hier erwähnt werden, daß ein modernes, großes Kernkraftwerk von 1.000 Megawatt roher Leistung pro Tag (24 Stunden) ziemlich genau 1 kg spaltbares Material verbraucht. Wie dabei die Energie gewonnen wird und welche zusätzlichen Erscheinungen und Vorgänge dabei auftreten und von Bedeutung sind, soll anschließend eingehend beschrieben werden. Es darf aber schon hier und in diesem Zusammenhang erwähnt werden, daß beispielsweise die Umweltbelastung, besonders der Luft, durch 2.500 Tonnen verbrannte Kohle oder 2.000 Tonnen verbranntes Erdöl mit vielen Tonnen Staubpartikel und fast 10.000 Tonnen Kohlendioxid pro Tag ungeheuer viel größer ist als die kleinen Mengen radioaktiver Edelgase, die den Kamin eines Kernkraftwerkes verlassen und gegen die erwähnten „Abfälle" aus fossilen Brennstoffen überhaupt nicht ins Gewicht fallen.

16.6. Erster Reaktor

Schon kurz nach der Entdeckung der Neutronenemission bei der Kernspaltung durch HAFSTAD und Mitarbeiter, also schon im Jahre 1939, hat sich ganz besonders ENRICO FERMI mit allen Problemen im Zusammenhang mit der Kernkettenreaktion beschäftigt. Aus politischen Gründen war er aus dem faschistischen Italien nach den Vereinigten Staaten emigriert. Hier arbeitete er zusammen mit einer Forschergruppe an der Columbia-Universität. Eine Kettenreaktion unter Verwendung des Isotopengemisches im natürlichen Uran erschien völlig unmöglich. Das leicht spaltbare Isotop ^{235}U ist im natürlichen Isotopengemisch ja nur in einer Konzentration von 0,7182% enthalten. Der weitaus größte Anteil (von 99,276%) besteht aus dem praktisch fast nicht spaltbaren Isotop ^{238}U.

Die bei der Kernspaltung freigesetzten Neutronen haben eine mittlere Energie von etwa 1,5 MeV, wobei die Energie von etwa 1 MeV häufig vorkommt. Die Spaltung von ^{235}U findet aber mit besonders hohem Wirkungsquerschnitt mit „thermischen" Neutronen von etwa 0,03 eV Energie statt. Wollte man deshalb willkürlich eine Kernkettenreaktion ablaufen lassen, so mußte entweder das Isotop ^{235}U stark angereichert werden, oder aber es mußten die Spaltneutronen so in ihrer Energie (Geschwindigkeit) verzögert werden, daß der hohe Wirkungsquerschnitt für die Spaltung des Isotops ^{235}U bei thermischen Neutronen erreicht werden konnte. Dabei mußte die Wahrscheinlichkeit des Einfanges eines Neutrons durch ^{235}U zur Spaltung ganz erheblich höher sein als die Summe aller anderen Möglichkeiten, unter denen Neutronen aus dem System eliminiert werden konnten. Im Verlauf einer Kernkettenreaktion werden die Spaltneutronen durch ein Neutron ausgelöst, welches eine Spaltung induziert. Diese können durch vier Vorgänge aus dem System wieder verschwinden:

1. Einfang durch Uran ohne Spaltung (besonders ^{238}U)
2. Einfang durch Verunreinigungen des Systems
3. Austritt aus dem Urankörper
4. Einfang unter Spaltung (^{235}U).

Unter den Voraussetzungen, daß der unter (4) genannte Vorgang eine höhere Wahrscheinlichkeit aufweist als die drei vorgenannten zusammengenommen, ist eine Kettenreaktion möglich. Damit sind die erforderlichen technischen Konsequenzen klar ersichtlich. Neben der Thermalisierung der Spaltneutronen zum Zwecke einer sehr starken Erhöhung des Wirkungsquerschnittes für die Spaltung von ^{235}U (4) muß dafür gesorgt werden, daß der Einfangsquerschnitt des Urans-238 von 1,2 Barn (1) bei 25 eV durchschritten wird, so daß in diesem Energiebereich nicht zu viele Neutronen für die erwünschte Spaltung verlorengehen. Weiter muß das Uran außerordentlich rein sein, so daß ein Einfang mit unter Umständen hohem Wirkungsquerschnitt durch Verunreinigungen (2) ohne entscheidende Bedeutung bleibt. Die letzte Konsequenz besteht in der Notwendigkeit einer bestimmten, *„kritischen Größe"* (3) des Reaktionssystems. Dieses muß nach allen Richtungen so große Ausdehnungen aufweisen, daß die relative Anzahl der Neutronen, die aus dem System nach außen austreten, möglichst klein ist und ein bestimmtes Ausmaß nicht überschreitet. Offenbar ist diese Anzahl vom Verhältnis des Volumens des Systems zu seiner Oberfläche abhängig. Für einen kugelförmigen Körper entspricht dies dem dritten Teil des Kugelradius. Selbstverständlich ist die kritische Größe einerseits von der Konzentration des Isotops ^{235}U abhängig und andererseits von der „freien Weglänge" der Neutronen im Material des Reaktionssystems. Diese wieder hängt wesentlich von der Art des Systems, besonders aber von seiner chemischen Zusammensetzung ab. Diese wichtige physikalische Größe ist in jedem Fall der experimentellen Untersuchung zugänglich.

Systeme mit unterkritischer Größe sind, weil zu viele Neutronen nach außen treten, keiner Kettenreaktion fähig. An ihnen kann deshalb auch ohne ernsthafte Schwierigkeiten und Gefahren manipuliert werden. Werden aber zwei oder mehrere unterkritische Systeme einander genähert oder wird die mittlere Energie der Spaltneutronen durch irgendeinen Umstand verkleinert (also der Thermalisierung näher gebracht), so kann das Gesamtsystem „überkritisch" werden, und die Kettenreaktion läuft an. Umgekehrt könnte ein kritisches System durch Unterteilung seines spaltbaren Stoffes oder durch Erhöhung der Energie der die Spaltung induzierenden Neutronen in ein unterkritisches übergeführt werden. Alle diese Möglichkeiten werden technisch ausgenützt, sowohl für den militärischen Einsatz, als auch bei der friedlichen Nutzung der Atomenergie. Diese Tatsachen und deren Kenntnis stellen die Grundlagen zum Bau eines *Atomreaktors* und dessen Betrieb dar. Sie waren etwa anfangs 1942 den Atomphysikern in den USA, besonders aber ENRICO FERMI bekannt.

So konnte auf Grund dieser Kenntnisse versucht werden, durch Thermalisierung der Spaltneutronen, ferner durch die Verwendung reinster Materialien und den Aufbau einer „kritischen Größe“ eine „kontrollierte“ Atomkernkettenreaktion unter Verwendung des natürlichen Isotopengemisches zu erreichen.

Ein Abbau der Energie der Spaltneutronen geschieht grundsätzlich durch „elastische“ Stöße an Atomkernen, mit denen keine Kernreaktionen stattfinden. Nach den Gesetzen des elastischen Stoßes ist die Energieübertragung beim zentralen Stoß auf einen gestoßenen Kern vom Atomgewicht A und damit der Energieverlust des stoßenden Neutrons von der Masse n durch die Formel

$$E_A = E_n \frac{4 \cdot n \cdot A}{(n+A)^2}$$

gegeben. Es ist sofort einzusehen, daß die Energieübertragung um so größer wird, je näher das Atomgewicht des gestoßenen Kerns A bei demjenigen des Neutrons n liegt. Auf Wasserstoff mit dem praktisch gleichen Atomgewicht wie das des Neutrons würde die Energieübertragung beim zentralen Stoß eine vollständige sein (der Bruch in der Formel würde den Wert 1 annehmen). Bei Berücksichtigung aller Winkel zwischen stoßendem und gestoßenem Kern ist die Energieübertragung im Durchschnitt die Hälfte von derjenigen beim zentralen Stoß.

Der beste Stoff zur Verzögerung der Neutronengeschwindigkeit, der beste *„Moderator“* wäre somit das Element Wasserstoff. Bei jedem Zusammenstoß würde ein Spaltneutron im Mittel gerade die Hälfte seiner Energie verlieren. Nun hat aber Wasserstoff für langsame Neutronen einen relativ hohen Einfangsquerschnitt, wobei nach der einfachen Reaktion $^1H + {}^1n \rightarrow {}^2H\ (+\gamma)$ ein Atomkern des „schweren“ Wasserstoffisotops Deuterium gebildet wird. Diese Reaktion würde einem System mit dem natürlichen Isotopengemisch des Urans so viele Neutronen entziehen, daß keine fortlaufende Reaktionskette auftreten könnte. Wasserstoff oder gewöhnliches Wasser fällt somit als Moderator aus, wenn nicht, wie das bei modernen Reaktoren heute der Fall ist, im Uran das Isotop-235 auf gut die doppelte bis vierfache Konzentration, also auf etwa 1,5–3%, „angereichert“ ist.

Der nächst folgende Grundstoff, der sich ausgezeichnet als Moderator eignen würde, wäre der schwere Wasserstoff $^2H = D$ in der Form des „schweren Wassers“ HDO oder D_2O. Da der Deuteriumatomkern aus einem Proton und einem Neutron zusammengesetzt ist, besteht beim Zusammenstoß mit einem Spaltneutron die Möglichkeit der Neutronenabtrennung aus dem D-Kern nach der Reaktion $D + n \rightarrow H + 2n$. Damit wird der Neutronenverlust durch Einfang unter Bildung des radioaktiven Wasserstoffisotops Tritium nach $D + n \rightarrow T$ bedeutungslos. Reaktoren, in denen als Moderator schweres Wasser verwendet wird, können deshalb relativ klein gehalten werden. Sie haben in den verflossenen Jahren besonders als Forschungsanlagen Verwendung gefunden. Wegen der Schwierigkeiten der Beschaffung von vielen Tonnen schweren Wassers und damit verbunden seines hohen Preises, ist diese Art der Moderierung in der letzten Zeit nicht mehr angewandt worden.

Ein weiteres Element, das sich als Moderator eignen könnte, wäre das Beryllium. Dieses ist aber in der Erdkruste so selten, daß es nicht in genügenden Mengen für größere Reaktoren beschafft werden könnte. Es fällt somit für größere Anlagen ebenfalls aus, und es hat nur für kleine Versuchsreaktoren Verwendung gefunden.

Kohlenstoff kommt in der Natur relativ rein als Graphit an mehreren Orten (Ceylon, Indien, USA) in größeren Mengen vor. Er hat gegenüber auch langsamen Neutronen einen sehr kleinen Einfangsquerschnitt. Weiter ist Kohlenstoff gegenüber Mineralsäuren und Laugen praktisch unangreifbar. Er kann deshalb auf recht einfache Weise von löslichen Beimengungen relativ leicht hoch gereinigt werden. Diese Umstände machen ihn zu einem sehr geeigneten Neutronenmoderator.

Nach der vorstehenden Formel verliert ein Neutron beim zentralen Zusammenstoß mit einem Kohlenstoffatomkern den Energieanteil

$$E_c = E_n \frac{48}{169} = 0{,}284\ E_n$$

und für alle Zusammenstöße die Hälfte, also ziemlich genau 14% seiner jeweils noch vorhandenen Energie. Es ist nun leicht auszurechnen, wie viele Zusammenstöße nötig sind, damit ein Neutron von der Energie 1 MeV auf eine solche von z.B. 0,1 eV, also um einen Faktor von 10 Millionen verzögert wird. Die Rechnung lautet

$$\left(\frac{86}{100}\right)^{n} = 10^{-7},\ n \triangleq 107.$$

Es sind also etwas über 100 Zusammenstöße eines Neutrons mit Kohlenstoffatomkernen zur Thermalisierung notwendig. Man kann sich in Analogie zur Statistik in der kinetischen Gastheorie ausrechnen, wie groß ein Graphitkörper sein muß, damit ein Neutron von der Energie 1 MeV, welches im Zentrum dieses Körpers frei gemacht wird, an seiner Oberfläche dann noch die Energie 0,1 eV aufweist. Eingehende Rechnungen haben gezeigt, daß der Weg des Neutrons mehrere cm Graphit betragen muß.

Als Folge sehr umfangreicher theoretischer Überlegungen haben Fermi und seine Mitarbeiter in einem Schuppen in Chicago einen sog. „heterogenen" Atomreaktor („atomic pile") aufgebaut. Dieser bestand aus Graphitblöcken, die eine Bohrung aufwiesen, in welcher sich ein Zylinder aus Uranmetall oder Uranoxid befand. Alle Materialien waren von größter Reinheit. Das ganze System wurde mit einer davon unabhängigen, starken Neutronenquelle bestrahlt. An mehreren Stellen waren Meßinstrumente für den Neutronenfluß eingebaut. Wie zu erwarten war, fand sich, daß der Neutronenfluß mit zunehmender Größe des Systems anstieg. Subtrahierte man von der gesamten Neutronenzahl diejenige von der unabhängigen Quelle, so ergab sich mit zunehmender Größe des Systems ein exponentieller Anstieg des Neutronenflusses. Damit war erwiesen, daß im System eine teilweise Kettenreaktion ablief. Es mußte deshalb alles aufgewendet werden, um den sog. *Multiplikationsfaktor* über den Wert 1 ansteigen zu lassen. Dieser grundsätzliche Zahlenwert ist gegeben durch das Verhältnis der Neutronenzahl zu einem bestimmten Zeitpunkt zu derjenigen kurz vorher. Ist nämlich im System während einer Messung eine bestimmte Anzahl von Neutronen vorhanden, so wird hiervon ein Teil zu Spaltvorgängen Anlaß geben und damit neue, freie Neutronen produzieren. Eine *fortlaufende* Kettenreaktion ist aber nur möglich, wenn die folgende Neutronenzahl größer oder gleichgroß ist wie die vorhergehende. Nachdem das System aus Graphit und Uran in Chicago eine bestimmte („kritische") Größe erreicht hatte, wurde ein Multiplikationsfaktor von 1,007 berechnet. Damit war der erste Atomreaktor am 2. Dezember 1942 in Betrieb genommen worden; er produzierte zunächst nur ganze 0,5 Watt! Anschließend wurde er auf eine Leistung von 200 Watt gebracht. Der 2. Dezember 1942 muß als der Beginn des „Atomzeitalters" angesehen werden. In der gegenwärtigen Zeit (1981) sind auf der ganzen Erde etwa 300 Kernreaktoren im Betrieb, der weitaus größte Teil davon zur Erzeugung von elektrischer Energie. Für diese Kraftwerksreaktoren verwendet man fast ausschließlich sog. „angereichertes" Uran, in dem der Anteil des spaltbaren Isotops ^{235}U künstlich wesentlich erhöht worden ist. Mit einer derartigen Ladung ist dann als Moderator auch gewöhnliches (von gelösten Stoffen hoch gereinigtes) Wasser verwendbar. Aber nicht nur das. Auch das Reaktionssystem, der Kern oder das „Herz" des Reaktors („Core") kann unter dieser Bedingung relativ klein gehalten werden.

Auch in Anlagen mit angereichertem Uran sind über 95% der Uranatome solche mit der Masse 238. Dieses Isotop hat für Neutronen zwischen 1 und 100 eV verschiedene, relativ hohe „Resonanzquerschnitte". Neutronen dieses Energiebereichs können also vom Uran-238 eingefangen werden. Dabei wird durch einen (n, γ)-Prozeß das Uranisotop-239 gebildet. Dieses Nuklid ist ein relativ kurzlebiger β-Strahler und geht mit einer Halbwertszeit von 23,5 Minuten unter Zunahme der Kernladungszahl um eine Einheit in das Element $^{239}_{93}Np$ (*Neptunium*) über. Aber auch dieses Nuklid ist radioaktiv und wandelt sich mit einer Halbwertszeit von 2,3 Tagen unter erneuter β-Emission in den Grundstoff mit der Kernladungszahl 94, in *Plutonium* ${}^{239}_{94}Pu$ um. Plutonium ist ein langlebiger α-Strahler, der mit einer Halbwertszeit von 24.000 Jahren in das Uranisotop ${}^{235}_{92}U$ zerfällt. Plutonium kann gewissermaßen als Endprodukt der Vorgänge betrachtet werden, welche mit dem Resonanzeinfang von Neutronen durch ${}^{238}U$ ihren Anfang nehmen. Dieses durch künstliche Maßnahmen entstandene Element ist nun aber genau, wie seine Tochtersubstanz ${}^{235}U$, durch thermische Neutronen spaltbar. Weil es um 4 Atomgewichtseinheiten schwerer ist, liegt die mittlere Neutronenemission bei der Spaltung des Plutoniums etwas höher und beträgt ziemlich genau 3. Damit ist es dem ${}^{235}U$ als Spaltstoff für die Einleitung und Aufrechterhaltung einer Kettenreaktion sogar etwas überlegen.

Zusammenfassend kann man die wesentlichen und interessierenden Vorgänge in einem Reaktor durch die folgenden Reaktionen darstellen:

$${}^{235}_{92}U + {}^{1}_{0}n \begin{smallmatrix}\nearrow\\ \searrow\end{smallmatrix} \begin{matrix}(Ba)\\ (Kr)\end{matrix} + 2{,}8\ n + 200\ MeV$$

$${}^{238}_{92}U + {}^{1}_{0}n \rightarrow {}^{239}_{92}U \xrightarrow{\beta} {}^{239}_{93}Np \xrightarrow{\beta} {}^{239}_{94}Pu.$$

Zusätzlich hat sich herausgestellt, daß auch das Uranisotop ${}^{233}U$ durch langsame Neutronen gespalten wird. Dieses Nuklid entsteht beim Resonanzeinfang von Neutronen durch Thorium und zwei sich folgenden β-Übergängen mit den Halbwertszeiten von 23 Minuten und 27 Tagen nach den Reaktionen:

$${}^{232}_{90}Th + {}^{1}_{0}n \rightarrow {}^{233}_{90}Th \xrightarrow{\beta} {}^{233}_{91}Pa \xrightarrow{\beta} {}^{233}_{92}U.$$

Es gibt aber kein primär spaltbares Thoriumisotop. Deshalb kann diese Kette nicht direkt technisch ausgenützt werden. Dagegen besteht durchaus die Möglichkeit, dem Uran in einem Reaktor mit „angereichertem" Spaltmaterial geringere Mengen Thorium zur Erzeugung von Uran-233 zuzusetzen. Dies ist aber wohl noch nicht in größerem Maße geschehen.

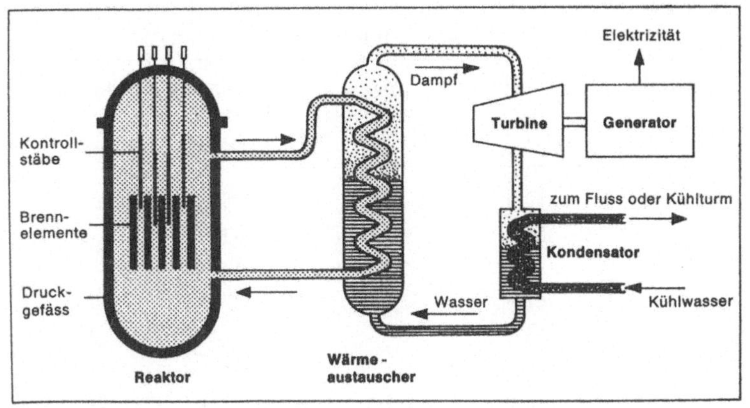

Abb. 31. Schematischer Aufbau eines Kernkraftwerkes

Die Ausnützung der Kernspaltung zur technischen Energiegewinnung soll durch das Schema der Abb. 31 gezeigt werden. Wie bei allen Wärmekraftmaschinen kann auch in einem Atomkraftwerk (wegen des II. Hauptsatzes der Wärmelehre) die Kernenergie nicht voll verwertet werden. Die an den Klemmen der elektrischen Stromgeneratoren abnehmbare Leistung beträgt aber immerhin fast 40% der Reaktorrohleistung und ist damit gegenüber anderen Prinzipien thermischer Kraftquellen im Vorteil.

Ein Reaktor von beispielsweise 1.000 MW (Megawatt = 1.000 kW) Leistung „verbrennt" pro 24 Stunden Betriebsdauer ziemlich genau 1 kg Spaltmaterial. Dabei entsteht praktisch auch 1 kg hoch radioaktive Spaltprodukte. Die einzelnen Nuklide werden aber mit sehr verschiedenen „Spaltausbeuten" gebildet. Sie sind deshalb auch für die Folgen von sehr verschiedener Bedeutung. Selbstverständlich sind irgendwelche Maßnahmen, die wegen dieser radioaktiven Spaltstoffe zu treffen sind, von der jeweiligen radioaktiven Lebensdauer und den entsprechenden Strahlungen abhängig. In Tab. 8 sind die wichtigsten relativ langlebigen Spaltprodukte mit den entsprechenden Halbwertszeiten, Spaltausbeuten und Strahlenenergien zusammengestellt worden.

Tabelle 8. Halbwertszeiten, Spaltausbeuten und Strahlenenergien der wichtigsten langlebigen Spaltprodukte aus Uran-235

Nuklid	Halbwerts- zeit T^{a}	Spalt- ausbeute f in %	Energie der Strahlung in MeV	
			Beta	Gamma
^{85}Kr	10 a	1,5	0,695	0,54
^{89}Sr	53 d	4,8	1,463	
^{90}Sr	28 a	5,9	0,61	
^{91}Y	61 d	5,9	1,537	1,2
^{95}Zr	65 d	6,4	0,371	0,721
^{95}Nb	35 d	6,4	0,16	0,745
^{103}Ru	40 d	2,85	0,217	0,498
^{106}Ru	1,0 a	0,38	0,04	
^{129}Te	33,5 d	0,34	1,5	0,106
^{131}I	8,2 d	2,9	0,608	0,364
^{133}Xe	5,3 d	6,5	0,345	0,081
^{137}Cs	29 a	5,9	0,523	0,662
^{140}Ba	12,3 d	6,3	1,02	0,537
^{141}Ce	33,1 d	6,0	0,442	0,145
^{144}Ce	282 d	6,1	0,36	0,134
^{143}Pr	13,7 d	6,2	0,932	
^{147}Nd	11,3 d	2,6	0,83	0,52
^{147}Jl	3,7 a	2,6	0,223	
^{151}Sm	80 a	0,5	0,079	

[a] a: Jahre; d: Tage

Radioaktive Nuklide werden bei der Atomkernenergietechnik als Spaltprodukte in vergleichsweise außerordentlich großen Mengen gebildet. Für die Leistung eines Reaktors von 1 MW (Megawatt = 10^6 Watt) sind $3{,}125 \cdot 10^{16}$ Spaltvorgänge pro Sekunde erforderlich. Aus den Zahlenangaben der Tabelle 8 können die Strahlungsverhältnisse eines bestimmten Radionuklids, das mit der Spaltausbeute f gebildet wird und das die Zerfallskonstante $\lambda = \frac{0{,}693}{T}$ aufweist, berechnet werden. Seine

Aktivität beträgt:

$$A = 730 \cdot L \cdot f \cdot \lambda \cdot (1 - e^{-\lambda t}) \cdot e^{-\lambda \vartheta} \text{ Megacurie}$$

Dabei bedeuten:

L: Reaktorleistung in MW
f: Spaltausbeute in %
λ: Zerfallskonstante des Nuklids in d^{-1} (Tagen)
t: „Brennzeit" im Reaktor in Tagen
ϑ: „Kühlzeit" außerhalb des Reaktors in Tagen.

Es läßt sich leicht berechnen, daß in einem Reaktor von einer Leistung von 1.000 MW pro Jahr ziemlich genau 7 Megacurie (MCi) ^{137}Cs gebildet werden (entsprechend fast 2 Tonnen Radium!). In der Tab. 9 sind schließlich die beim Spaltprozeß ^{235}U(n, f)2X mit höchsten Spaltausbeuten gebildeten γ-strahlenden Radionuklide mit Halbwertszeiten über 10 Tagen wiedergegeben. Die Tabelle wurde berechnet für eine Reaktorleistung von 1 MW, für eine „Brenndauer" t und eine „Kühldauer" von je 100 Tagen.

Tabelle 9. Aktivitäten der wichtigsten γ-strahlenden Spaltprodukte nach 100 Tagen Brenndauer und 100 Tagen Kühldauer für eine Reaktorleistung von 1 MW

Nuklid	Halbwertszeit T[a]	Spaltausbeute f	Energie der γ-Strahlung in MeV	Aktivität in Kilocurie
^{85}Kr	10 a	1,5	0,54	2,3
^{90}Y	61 d	5,9	1,2	10.700
^{95}Zr^{95}Nb	65 d	6,4	0,75	11.300
^{103}Ru	40 d	2,85	0,5	5.400
^{106}Ru^{106}Rh	1 a	0,38	0,6	75
^{129}Te	34 d	0,34	0,11	600
^{137}Cs	29 a	5,9	0,66	1,8
^{141}Ce	33 d	6,0	0,15	10.000
^{144}Ce^{144}Pr	282 d	6,1	2,19	1.850

[a] a: Jahre; d: Tage

Die Arbeit eines Reaktors muß selbstverständlich kontrolliert werden können. Das Prinzip der Kontrolle ist relativ einfach. Es besteht grundsätzlich in einer Beherrschung des Neutronenflusses und des Multiplitätsfaktors. Dies kann auf verschiedene Arten geschehen. Bringt man ins Innere des Reaktorherzens einen stark neutronenabsorbierenden Körper, so sinkt die zur Spaltung verfügbare Neutronenzahl ab, und damit setzt die Kettenreaktion aus. Die beiden Element Bor und Cadmium weisen für weite Neutronenenergien relativ sehr hohe Einfangsquerschnitte auf. Zur Leistungskontrolle werden Stäbe aus borhaltigem Stahl oder aus Cadmium nach Belieben weit in das Reaktorherz eingeschoben. Dadurch werden zahlreiche Neutronen absorbiert. Auf diese Weise kann der Reaktor abgestellt oder aber, bei nur teilweisem Vorschub auf erwünschten, verschieden hohen Leistungsniveaus gehalten werden. Selbstverständlich geschieht dieser Vor- und Rückschub bei Betriebsreaktoren automatisch und wird von einem Meßsystem, das den Neutronenfluß mißt, gesteuert. An diesem Meßsystem kann die gewünschte Reaktorleistung eingestellt werden.

Ein Reaktor könnte grundsätzlich auch durch eine Veränderung resp. eine Verringerung der „Moderation" in seiner Leistung verändert oder abgestellt werden. Hier sind allerdings die Möglichkeiten ziemlich eingeschränkt. Bei modernen Reaktoren wird von diesen Techniken nur in geringem Maße oder kaum mehr Gebrauch gemacht. Selbstverständlich wäre eine Reduktion oder Unterbrechung der Reaktorleistung auch durch eine Verkleinerung der kritischen Größe, also durch eine Reduktion des Spaltmaterials möglich.

Bei allen Reaktoren ist eine Vorrichtung vorgesehen, durch welche die Stäbe zum Neutroneneinfang aus Cadmium oder Bohrstahl sehr rasch in das Reaktorherz eingeführt werden können, wenn der Reaktor aus irgendeinem Grund, z.B. bei einer unvorhergesehenen Betriebsstörung, rasch abgestellt werden muß. Dies geschieht selbstverständlich vollautomatisch.

16.7. Der Brütvorgang

Bei technischen Reaktoranlagen ist es sicher von höchstem, besonders wirtschaftlichem Interesse, daß der Betrieb möglichst lange aufrechterhalten werden kann, ohne daß eine neue Ladung mit Uran erforderlich wird. Wenn eine genügend hohe Neutronendichte im Reaktorherz vorhanden ist, wenn also der Multiplikationsfaktor auf einem wesentlich höheren Wert als 1 gehalten werden könnte, ist es erwünscht, daß möglicht viele Neutronen des Überschusses durch Resonanzeinfang von Uran-238 aufgenommen werden und damit zur Bildung von Plutonium führen. Da dieses Nuklid durch thermische Neutronen ebenfalls zu Kernspaltungen führt, kann eine Anlage, bei der ein Teil der Neutronen durch ^{238}U eingefangen würde, bedeutend länger betrieben werden, als wenn als „Brennstoff" nur das Uran-235 zur Verfügung stünde. Eine Betriebssteigerung um z.B. 50% ist aber ökonomisch höchst erwünscht. Bei praktisch allen Kraftreaktoren wird versucht, von dieser Möglichkeit weitgehend Gebrauch zu machen. Man erreicht dabei fast eine Verdoppelung der Arbeitsdauer, bezogen auf die ^{235}U-Menge allein.

Die Überführung von Uran-238 in Plutonium wird in der Fachsprache als „brüten" bezeichnet. In einem Reaktor mit relativ hoher Konzentration an Uran-235 ist die Thermalisierung der Neutronen nicht mehr die ausschlaggebende Voraussetzung zur fortlaufenden Kettenreaktion. Mit geringerem Wirkungsquerschnitt wird das Uranisotop-235 auch durch schnellere Neutronen gespalten. Das hat nun zur Folge, daß die Zahl der Neutroneneinfänge durch das Isotop ^{238}U größer ist als die zur Aufrechterhaltung der Kettenreaktion erforderlichen Spaltungen. Die Bildung des spaltbaren Plutoniums ist damit größer als die Abnahme des Urans-235 durch die Spaltungen. Damit steigt die Konzentration des Spaltmaterials in der Reaktorladung mit zunehmender Betriebszeit an! Weil bei beiden Atomkernreaktionen (Spaltung und Einfang) besonders auch schnelle Neutronen beteiligt sind, nennt man eine derartige Reaktoranlage einen *„schnellen Brüter"*. Natürlich könnte in einem solchen Reaktor auch der relativ häufige Grundstoff Thorium zum spaltbaren Uran-233 „ausgebrütet" werden. Dieser Reaktortyp wird wahrscheinlich die wichtigste Kraftquelle der näheren oder ferneren Zukunft sein.

Die Neutronen in einem Reaktorherz reagieren selbstverständlich nicht nur mit den Isotopen des Urans, sondern grundsätzlich mit allen hier vorhandenen Stoffen. Neben den an sich unerwünschten (sehr geringen) Verunreinigungen der Uranladung und des Moderators können beliebige Substanzen in kleinen Mengen in das Reaktorherz oder in seine unmittelbare Umgebung eingeführt werden. Dabei handelt es sich um Stoffe, die man absichtlich „aktivieren“ will. Solche Aktivierungen geschehen in ausgedehntem Maße in Reaktoren, die besonders der künstlichen Erzeugung redioaktiver Isotope für Forschung, Medizin und Technik dienen.

Von höchster Wichtigkeit ist unter allen in Reaktoren hergestellten, künstlichen Radionukliden das Kobalt-60 (^{60}Co), das durch den ^{59}Co(n, γ)^{60}Co-Prozeß hergestellt wird und als γ-Strahlenquelle mit Aktivitäten von mehreren 1.000 Curie in der medizinischen Therapie Verwendung findet. Aber auch in der sog. Grobstrukturprüfung in der Metallindustrie werden relativ starke Kobalt-60-Quellen zur Durchstrahlung von Metallgegenständen verwendet.

Je länger ein Reaktor in Betrieb gestanden hat, desto größer ist auch die Menge der entstandenen, längerlebigen Spaltprodukte. Einige derselben haben nun aber ihrerseits relativ sehr hohe Wirkungsquerschnitte für den Neutroneneinfang. Sie können dadurch den Neutronenfluß im Reaktor merkbar reduzieren. Man bezeichnet deshalb diese an sich unerwünschten, durch den Betrieb selbst entstandenen, neutronenabsorbierenden Stoffe als *„Reaktorgifte“*. Von besonderer Bedeutung ist dabei das (radioaktive) Edelgas Xenon-135 (^{135}Xe), welches durch β-Zerfall aus dem primären Spaltprodukt Jod-135 entsteht. Xenon-135 hat für thermische Neutronen den außerordentlich hohen Einfangsquerschnitt von $3{,}5 \cdot 10^6$ Barn. Es zerfällt mit einer Halbwertszeit von 9,2 Stunden in Caesium-135. Wegen der sofort nach seiner Bildung einsetzenden ^{135}Xe(n, γ)-^{136}Xe-Reaktion kann aber die Konzentration dieses wichtigsten Reaktorgiftes nicht über einen bestimmten Grenzwert ansteigen. Eine „Vergiftung“ bis zur erheblichen Reduktion oder gar bis zum Ausfall der Kettenreaktion erfolgt daher nicht.

Anders ist die Sachlage, wenn der Reaktor einige Stunden abgestellt worden ist. Ein großer Anteil des ^{135}I hat sich dann mit einer Halbwertszeit von 6,7 h in Xenon-135 umgewandelt. Dieses wird aber jetzt nicht mehr durch den (n, γ)-Prozeß eliminiert. Die „Vergiftung“ steigt daher so weit an, daß eine erneute Inbetriebnahme des Reaktors erst möglich wird, wenn ein wesentlicher Teil des ^{135}Xe redioaktiv zerfallen sein wird. Dies kann eine Zeitdauer bis zu einigen Tagen in Anspruch nehmen.

Wie schon mehrmals erwähnt, ist der weitaus größte Teil der Spaltnuklide mehr oder weniger hoch radioaktiv. Darunter befinden sich zahlreiche stark γ-strahlende Stoffe (vgl. Tab. 9). Man darf als grobe Faustregel als Zahlenwert der Gesamtradioaktivität des Reaktorherzens während des Betriebes etwa 12,5 MCi/MW (Megacurie pro Megawatt Leistung) annehmen. Das Reaktorherz muß also gegen den Austritt von γ-Strahlen, aber auch gegen den Austritt von Neutronen geschützt werden. Dies geschieht vorzugsweise durch dicke Betonwände, eventuell unter Zusatz von Baryth oder gar von Bor. Diese Schutzvorrichtungen sind verhältnismäßig aufwendig und machen einen erheblichen Teil der Kosten für die Installation eines Reaktors aus.

17. Die Bomben

Wie vorstehend erwähnt, waren die ganzen, ungeheuren Anstrengungen in den USA zur technischen Realisierung einer Kernkettenreaktion und zur technischen Isotopentrennung zunächst nur auf militärische Ziele hin gerichtet. Die sehr umfangreichen, theoretischen Vorarbeiten und die nach 1943 in Betrieb genommenen, riesigen Isotopentrennanlagen der „Clinton Engineering Works“ und die zur selben Zeit gebauten gigantischen Kernreaktoren der „Hanford Engineering Works“ dienten zunächst einzig den Zwecken, nach Kilogrammen messende Mengen der spaltbaren Nuklide Uran-235 und Plutonium zur Herstellung von Atombomben zu produzieren.

Der Beschluß, diese Aufgabe in Arbeit zu nehmen, wurde am 6. Dezember 1941, einen Tag vor dem japanischen Überfall auf die amerikanische Marinebais Pearl Harbor und fast genau ein Jahr vor dem Kritischwerden des ersten Kernreaktors in Chicago (2. Dezember 1942), im Rahmen eines wissenschaftlichen Kriegsrates gefaßt. Über 300.000 Leute, davon gegen 70.000 Wissenschafter aller Disziplinen, wurden in diesem Riesenprojekt beschäftigt. Die dafür aufgewendeten finanziellen Mittel betrugen gegen 10 Milliarden Goldfranken. Kaum je in der Menschheitsgeschichte, vielleicht mit Ausnahme des Baues der Pyramiden von Gizeh und der großen chinesischen Mauer, ist ein technisch-wissenschaftliches Problem mit einem derartigen Elan und Aufwand in Angriff genommen und realisiert worden.

Veranlaßt wurde diese gigantische Unternehmung durch ein Schreiben vom 2. August 1939, welches Albert Einstein an den damaligen Präsidenten der USA, Franklin D. Roosevelt, richtete, in welchem er bereits auf die Möglichkeit einer nuklearen Kettenreaktion „in einer großen Masse von Uran, bei der riesige Beträge von Energie frei würden", hinwies. Weiter bemerkte er auch schon, daß auf diesen Grundlagen „extrem starke Bomben hergestellt werden könnten".

Mit anfänglich sehr bescheidenen, später ins Riesenhafte wachsenden staatlichen Krediten wurde nun die „technische" Atomforschung vorwärts getrieben. Dies führte, wie vorstehend ausgeführt, zum Bau des ersten Kernreaktors in Chicago und zu zunächst bescheidenen Pilotanlagen zur Isotopentrennung und -anreicherung in Oak Ridge. Es ist für den amerikanischen Wissenschaftsoptimismus charakteristisch, daß nach dem mehr oder weniger befriedigenden Funktionieren dieser ersten „Laboranlagen" sehr bald zum Bau der riesigen Produktionsstätten „Clinton" und „Hanford" geschritten wurde.

Zur Bearbeitung und Lösung der besonderen Probleme und Aufgaben der „Bombenphysik" und zur späteren Bombenherstellung wurde in der Folge im Wüstengebiet von New Mexico die „Bombenstadt" Los Alamos in kürzester Zeit aus dem Boden gestampft. Versehen mit den bestausgerüsteten Laboratorien unterstand dieses riesige Wissenschaftszentrum dem hervorragenden amerikanischen Physiker Julius Robert Oppenheimer, der seinerzeit auch in Deutschland studiert und in Göttingen seinen Doktortitel erworben hatte. Die Laborstadt Los Alamos war in sieben Unterabteilungen gegliedert, welche je einem besonderen Chef unterstanden. Neben zahlreichen bekannten amerikanischen Wissenschaftern haben, neben der fast gesamten britischen Kernforschergruppe unter James Chadwick, auch mehrere weitere europäische Forscher, unter ihnen Enrico Fermi, James Franck, Hans Bethe, Leo Szillard, Klaus Fuchs, aber auch Niels Bohr, dauernd oder vorübergehend dort gearbeitet.

Nachdem die gigantischen Anlagen und Einrichtungen zur Trennung der Uranisotopen und die riesenhaften Reaktoren zur Plutoniumproduktion geplant und ihr Bau in Angriff genommen war, bestand eine der wichtigsten theoretischen Aufgaben in Los Alamos darin, die Größe der „kritischen Masse" für das Uran-235 einerseits und für das Plutonium andererseits zu bestimmen und festzulegen. Frühere auf Grund der Theorie der Diffusion von Neutronen in verschiedenen Stoffen vorgenommene gröbere Abschätzungen hatten Massen zwischen 1 kg als unterer und 100 kg als oberer Grenze ergeben, Zahlenwerte, mit denen noch nicht viel anzufangen war und die sehr gründlich präzisiert werden mußten. Dieses geschah teilweise auf experimentellen Wegen, wobei zwei oder mehrere unterkritische Massen einander unter Neutronenbestrahlung aus größerer Distanz genähert wurden. Dabei mußte besonders die Größe der Multiplikationsfaktoren bestimmt werden. Bei derartigen Versuchen ist wegen der Neutronenmultiplikation ein Forscher so stark mit Neutronen bestrahlt worden, daß er kurze Zeit später sein junges Leben einbüßen mußte. Es gelang ihm aber bei seinen Versuchen noch, die unterkritischen Massen wieder so weit voneinander zu entfernen, daß für die Umgebung keine weiteren Gefahren mehr bestanden.

17.1. Prinzip und Aufbau der Atombombe

Auf Grund derartiger Versuche und weiterer theoretischer Auswertungen wurde bekannt, daß die kritische Masse für das Uran-235 unter 30 kg liegt und daß diejenige des Plutoniums wegen der durch schnelle Neutronen leichteren Spaltbarkeit der bedeutend kleineren Masse von nur etwa 5 kg entspricht. Heute wird dieser zweitgenannte Grundstoff in all den zahlreichen, in Betrieb stehenden Kernanlagen in sehr großen Mengen erzeugt.

Weitere grundsätzliche Fragen betrafen die Sicherheit der Bomben nach deren Fertigstellung für ihre Lagerung und ihren Transport einerseits und vor allem das Prinzip und den Mechanismus der Zündung bei ihrem Einsatz andererseits. Diese beiden Aufgaben konnten miteinander kombiniert werden. Unterkritische Massen der spaltbaren Stoffe sind an sich relativ harmlos, wenn sie nicht in einem hohen Neutronenfeld liegen. In einer überkritischen Masse muß die Kettenreaktion sofort anlaufen, sobald durch ein Neutron eine erste Kernspaltung mit dem Freisetzen von Spaltneutronen induziert worden ist. Damit ist der grundsätzliche Aufbau einer Atombombe vorgegeben. Die zur Explosion erforderliche, überkritische Masse wird in zwei oder mehrere unterkritische Massen aufgeteilt, welche räumlich voneinander getrennt gelagert und transportiert werden. In dieser Form sind auch weitere Manipulationen ohne besondere Gefahren möglich. Werden nun diese einzelnen unterkritischen Massen sehr schnell zusammengebracht und gleichzeitig dafür gesorgt, daß einige Neutronen zur „Zündung" zugegen sind, so muß die Kettenreaktion anlaufen und damit die Explosion stattfinden.

Das sehr rasche Zusammenbringen der unterkritischen Massen ist ein rein technisch-mechanisches Problem. Es sind dafür ohne Zweifel verschiedene Systeme überlegt und ausgearbeitet worden. Ein mögliches Prinzip, das aber höchstwahrscheinlich zu langsam verlaufen würde, ist in Abb. 32, welche nur den grundsätzlichen Mechanismus zeigen soll, wiedergegeben. Die Vereinigung der unterkritischen Massen muß deshalb so schnell bewerkstelligt werden, weil die nun nach der Vereinigung überkritische Masse durch die eingeleitete Explosion sofort wieder auseinandergetrieben wird, wobei dann der weitere Verlauf der Reaktion aussetzen würde.

Zwei Systeme scheinen für die „Zündung" geeignet. Das eine bedient sich einer Art „Kanone", in welcher die eine unterkritische Hälfte des Spaltmaterials als „Ziel" festgehalten wird,

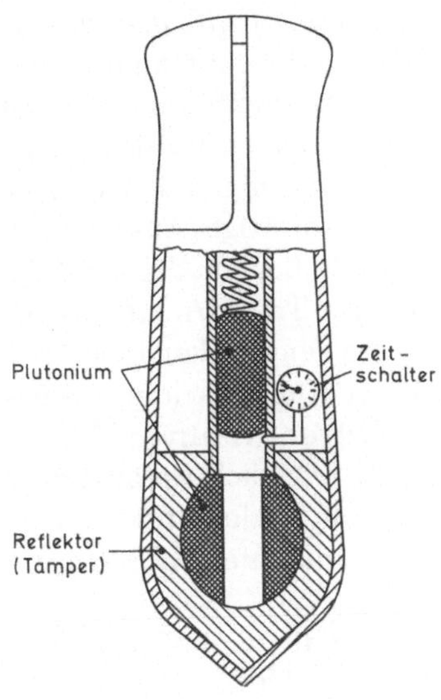

Abb. 32. Prinzipieller Aufbau der Atombombe

während die andere als „Geschoß" durch eine Triebladung auf das „Ziel" geschleudert wird. Beim anderen System ist die überkritische Masse in zwei oder mehrere Anteile zerlegt, die auf der Innenfläche eines Hohlkörpers angeordnet sind. Um den Hohlkörper herum befindet sich eine Sprengladung, bei deren Zündung eine „Implosion" des Hohlkörpers und damit eine Vereinigung der unterkritischen Massen stattfindet.

Da die Zeit zwischen der Vereinigung der unterkritischen Massen und der Zersplitterung durch die eintretende Explosion außerordentlich kurz ist, ein Auseinandertreiben der Teilmassen und damit ein Aussetzen der Kettenreaktion könnte schon stattfinden, bevor die Vereinigung der Teilstücke eine vollständige wäre, mußte ein System ersonnen werden, welches das „Zersplittern" möglichst lange verzögert. Diesem Zweck dient der sog. *„Tamper"*. Dieser besteht aus einer Hülle schweren Materials, welche die Spaltmasse umgibt. Der Tamper dient gleichzeitig verschiedenen Zwecken. Zunächst verlängert er den Weg der Spaltneutronen bis zu ihrem Austritt aus dem System.

Er wirkt damit als teilweiser *„Neutronenreflektor“* (von einer entsprechenden Reflexion macht man in weitem Maße auch bei Reaktoren Gebrauch). Dadurch kann die kritische Masse des Spaltmaterials etwas verkleinert werden. Viel wichtiger ist aber bei der Bombe die Wirkung des Tampers als erheblicher Verzögerer gegen das sofortige Auseinandergetriebenwerden des Spaltmaterials nach Beginn der Reaktion. Je höher das spezifische Gewicht des Tampermaterials ist und je geringer seine Elastizität, desto länger dauert es, bis er selbst durch Impuls und Druck der Kernreaktion in Stücke gerissen wird. Dadurch wird die Zeit des relativen Zusammenbleibens der Spaltmaterialteile sehr erheblich verlängert und die Masse des tatsächlich reagierenden Spaltstoffes stark vergrößert, bevor durch die allgemeine „Dilatation“ die Reaktion zum Stillstand kommt.

Bestes Tampermaterial ist ohne Zweifel Blei; verwendbar wäre auch gewöhnliches Uran. In einen Tamper aus Uran würden durch schnelle Neutronen zusätzliche Spaltreaktionen ausgelöst und damit die Bombenwirkung erheblich verstärkt. — Trotz dem Einbau des Tampers läuft die Reaktion in den vereinigten Stoffteilen und damit die Explosion so rasch ab, daß nur ein Teil des Spaltmaterials der Bombe an den Spaltvorgängen wirklich teilnimmt. Selbstverständlich mußte alles aufgewendet werden, um diesen Teil möglichst groß zu machen. Es läßt sich auf Grund der Angaben, daß die ersten drei gezündeten Atombomben etwa einem Äquivalent von 20.000 Tonnen des bekannten Sprengstoffes Trinitrotoluol (TNT) entsprochen haben, unter zuverlässigen Annahmen berechnen, daß der jeweils reagierende Anteil des in den Bomben enthaltenen Spaltmaterials zwischen 5 kg als unterer und 10 kg als oberer Grenze gelegen haben mußte. Wie groß der nicht gespaltene Teil der Ladung anzusetzen ist, kann aus den verfügbaren Informationen nicht abgeschätzt werden. Sicher ist aber zu folgern, daß eine sehr erhebliche Menge der Bombenladung an der Reaktion beteiligt gewesen sein mußte. Die Sprengkörper wiesen deshalb schon zu Anfang der Atomkernära eine bemerkenswert „gute“ Konstruktion auf.

Nachdem im November 1942 Los Alamos als Ort für die „Bombenlaboratorien" ausgewählt worden war und J. R. OPPENHEIMER als deren Direktor im März 1943 dort die Leitung übernommen hatte, begann hier eine außerordentlich konzentrierte und emsige wissenschaftliche Tätigkeit, wie sie vorher und nachher nie und nirgends mehr stattgefunden hat. Mittlerweile hatten auch die Riesenanlagen der „Clinton Engineering Works" zur Isotopentrennung und die Reaktoren der „Hanford Engineering Works" zur Plutoniumproduktion ihre Arbeit aufgenommen. Kleinere Mengen der reinen Spaltmaterialien konnten zu Versuchszwecken an die Laboratorien von Los Alamos abgegeben werden. Mit ihnen wurden die erforderlichen physikalischen Größen, wie z.B. die Diffusionslängen von Neutronen in Uran-235 oder in Plutonium, die entsprechenden kritischen Massen, das Reflexionsvermögen und die Reaktionsverzögerung verschiedener Tampermaterialien und besonders die Wirkungsquerschnitte für die Spaltung der beiden Stoffe für verschiedene Neutronengeschwindigkeiten bestimmt.

17.2. Zündung der ersten A-Bombe

Zu Anfang des Jahres 1945 waren all diese Daten genügend bekannt, und die Produktionsanlagen für Uran-235 und Plutonium hatten beide größere, nach Kilogrammen zu beziffernde Mengen der Spaltmaterialien hergestellt. Somit konnte der Bau der Bomben in Angriff genommen werden. Von militärischer Seite waren Vorbereitungen für die Bombardierung von fünf Ortschaften in Japan ausgearbeitet worden. Es mußten deshalb einige Bomben hergestellt werden, wofür sowohl Uran-235 als auch Plutonium Verwendung fanden. Nach Fertigstellung des ersten dieser Sprengkörper konnte zum „Experimentum Crucis" geschritten werden.

Die Versuchsexplosion fand in der Nähe von Alamogordo, in der Wüste von Neu Mexico, am 16. Juli 1945 statt. Die auf ein Äquivalent von 10.000 Tonnen TNT geschätzte, höchstwahrscheinlich Plutonium enthaltende Bombe, mit einem Implosionszünder versehen, war auf einem 30 m hohen Stahlmast gelagert. Wissenschafter und Militärs befanden sich in Bunkern und Gräben etwa 10 km vom Ort des Mastes entfernt. Das Kommando zur Auslösung lag in den Händen des Physikers K. T. Bainbridge, der auch die technischen Vorarbeiten für den Versuch geleitet hatte.

Die Auslösung der Explosion war für vier Uhr morgens vorgesehen. Wegen des schlechten Wetters war der Testversuch schon am 13. auf den 16. Juli verschoben worden. Aber auch an diesem Tage war es um vier Uhr morgens noch trüb und regnerisch. Die Meteorologen prophezeiten aber Aufhellung. So wurde die Auslösung der Explosion auf 5.30 Uhr verschoben, auf einen Zeitpunkt vor der Morgendämmerung, an dem die vorgesehenen wissenschaftlichen Messungen ohne Störung durch das Tageslicht noch möglich waren. Eine Minute vor 5.30 Uhr wurde der Chronometer, der den elektrischen Auslösemechanismus schaltete, in Gang gesetzt. Der Mann am Chronometer zählte: vier ... drei ... zwei ... eins — eine Sekunde später war die ganze umgebende Landschaft bis auf gut 20 km Entfernung in ein Lichtmeer getaucht, das viele hundertmal heller war als die Mittagssonne. Ein Feuerball riesigen Ausmaßes in allen Farben, übergehend von Weiß über Gelb in Rot und Violett, beleuchtete noch längere Zeit nach Beginn der Explosion die Umgebung und stieg, sich langsam in einen Rauchpilz verwandelnd, zum Himmel. Etwa 30 Sekunden nach dem Aufleuchten wurden die außerhalb der Schutzbauten stehenden Männer durch die ankommende Schockwelle zu Boden geworfen, und es folgte ein anhaltender Donner, wie bei einem heftigsten Gewitter (vgl. Abb. 33).

Das Ausmaß der Explosion überstieg hinsichtlich ihrer optischen, thermischen und mechanischen Wirkungen alle Erwartungen bei weitem. Hatte man mit einem Äquivalent von 10 Kilotonnen TNT gerechnet, so bestimmte Enrico Fermi die Sprengkraft der Bombe nach der Explosion auf das Doppelte. Alle Teilnehmer an diesem ersten Atombombenversuch waren auf das tiefste beeindruckt und machten sich, je nach Veranlagung, ernsthafteste Gedanken über die Auslösung dieser überirdischen, ja kosmischen Kräfte durch den Menschen.

Drei Wochen später, am 6. August 1945, morgens genau um 8.15 Uhr (japanische Zeit), folgte die entsetzliche Katastrophe

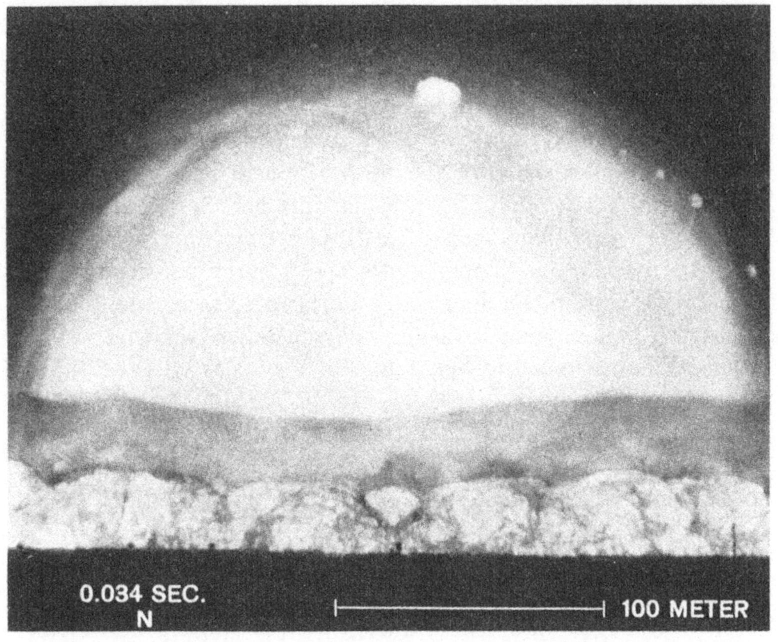

Abb. 33. Bildung des „Feuerballs" sehr kurze Zeit nach der Zündung der ersten Atombombe beim sog. „Trinity-Test" (16. 7. 1945)

von Hiroshima und nach weiteren drei Tagen diejenige von Nagasaki. — Weitere Bomben waren noch für drei zusätzliche Ziele in Japan vorgesehen und zum Teil bereitgestellt. Sie wurden nicht mehr gebraucht! — Präsident TRUMANN kündigte den ersten Atombombenabwurf gegen Mittag des 6. August am Radio mit den Worten an: "An atomic bomb has been dropped on the Japanese city of Hiroshima".

Über 200.000 Menschen wurden in den beiden Städten im verschwindenden Bruchteil einer Sekunde getötet und die blühenden Städte dem Erdboden gleichgemacht. Nur sehr feste Eisenbetonbauten blieben als grauenvolle Ruinen inmitten eines eingeebneten Trümmerfeldes stehen. Weitere 10.000 Menschen erlagen in den nachfolgenden Tagen und Wochen den erlittenen Verletzungen oder den hohen Strahlendosen, denen sie ausgesetzt gewesen waren.

Die alliierten Strategen hatten die makrabre Schätzung angestellt, daß zu einer militärischen Invasion, welche Japan zur bedingungslosen Kapitulation (dieses fürchterliche Wort „unconditional surrender" hatte schon in Europa Hunderttausenden das Leben gekostet) zwingen würde, Verluste in der Größenordnung von einer halben Million Mann in Kauf genommen werden müßten, und daß auf japanischer Seite sicher die doppelte Anzahl Personen dabei ihr Leben verloren hätten. Die Zahl der japanischen Toten bezifferte sich durch den Abwurf der beiden Atombomben aber „nur" auf etwa 15% der Menschenverluste, welche eine Invasion wahrscheinlich gekostet hätte; wahrlich eine makabre Rechnung.

Einen Tag nach Nagasaki, am 10. August abends, überreichte der japanische Botschafter in Bern dem Schweizerischen Bundesrat eine Note zu Händen der Amerikanischen Regierung, in welcher die Bereitschaft Japans zur "unconventional surrender" ausgedrückt wurde. Der Krieg war vorbei.

Der Krieg war vorbei und gewonnen, nicht aber die Geschichte der Atombomben; im Gegenteil, sie fing eigentlich jetzt erst richtig an. Vier Jahre nach Hiroshima, im August 1949, wurden die Welt und besonders die USA durch eine Atomexplosion in den unbewohnten, entfernten Gebieten Sibiriens erschüttert. Damit war erwiesen, daß auch die Union der Sozialistischen Sowjetrepubliken in der Lage war, Atombomben herzustellen. Einen wesentlichen Teil der dazu erforderlichen wissenschaftlichen Informationen hatte sich die Sowjetunion durch geheimdienstliche Aktivitäten beschafft. Unter mehreren Informanten hat besonders der sehr begabte, ursprünglich deutsche Physiker Klaus Fuchs, der über alle Arbeiten informiert war und auch an der Versuchsexplosion vom 16. Juli 1945 beteiligt war, den Russen während Jahren wichtigste, geheime Daten geliefert. Das amerikanische „Atommonopol" war gebrochen. Damit begann das „Gleichgewicht des Schreckens" zwischen den USA und der UdSSR, ein weltpolitischer Zustand, der bis zum heutigen Tage angehalten und sich ständig verschärft hat.

17.3. Die Wasserstoffbombe

Der britische Astronom Sir Arthur Eddington war wohl der erste, der den Gedanken äußerte (1925), daß die ungeheuren Energien, welche die Sonne und die Fixsterne ständig in den Weltraum strahlen, durch Atomkernprozesse freigesetzt würden. Sechs Jahre später hat der in den USA lebende russische Physiker Georges Gamow einen Mechanismus entwickelt, nach welchem durch *Atomkernverschmelzung („Fusion")* über Zwischenglieder (sog. „Kohlenstoffzyklus") aus vier Wasserstoffatomkernen ein Heliumatomkern entstehen sollte. Diese Überlegungen wurden durch die Tatsache gestützt, daß diese beiden leichtesten Elemente ja auf der Sonne und in den Fixsternen den Hauptanteil ihrer Massen ausmachen. Einen etwas anderen Mechanismus hat zur selben Zeit C. F. v. Weizsäcker vorgeschlagen.

Wenn die Masse des Wasserstoffkerns (Proton) 1,00728 Atomgewichts-Einheiten (AE) beträgt und der Heliumkern eine Masse von 4,00387 AE aufweist, so ergibt sich bei der Fusion von 4 Protonen zu einem Heliumkern ein Massendefekt von $\Delta M = 0{,}02524$ AE. Das entspricht einer freiwerdenden Energie von $3{,}769 \cdot 10^{-5}$ erg oder 23,54 MeV. Wenn auch diese Energie pro Fusion 8,5mal kleiner ist als diejenige einer Spaltung von Uran-235 oder von Plutonium freigesetzten, so sind demgegenüber pro Gramm gebildetes Helium $1{,}5 \cdot 10^{23}$ Fusionsvorgänge erforderlich, während ein Gramm Plutonium aber nur $2{,}5 \cdot 10^{21}$ Spaltvorgänge liefern kann. Die gesamte Energie eines Gramms Helium aus Protonen ist demnach siebenmal größer als diejenige der Spaltung eines Gramms Plutonium.

Der am „Manhattan District" in leitender Stellung beteiligte ungarische Physiker Edwrd Teller hatte schon, bevor die „konventionellen" Bomben fertiggestellt waren, vorgeschlagen zu versuchen, Bomben auf Grund der Wasserstoff-Fusion herzustellen. Das war ein sehr kühner und zunächst wenig aussichtsreicher Vorschlag. Um die Wasserstoffkerne so stark zu beschleunigen, daß sie als Protonen zu Kernreaktionen befähigt werden, müssen nach der erweiterten Theorie der Gase Temperaturen von der Größenordnung von mehreren Millionen Grad

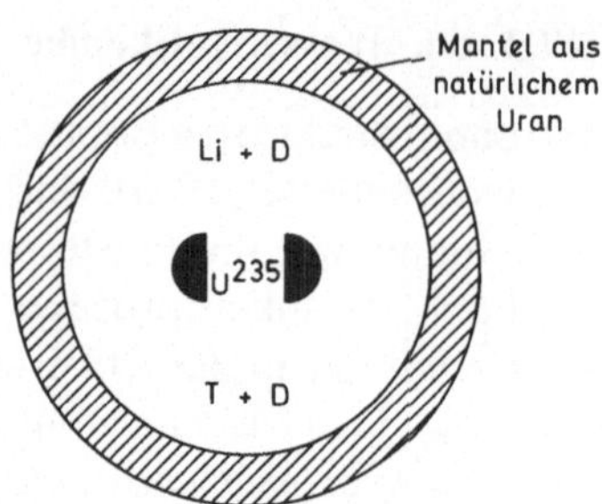

Abb. 34. Grundsätzlicher Aufbau einer „schmutzigen" Wasserstoffbombe mit gewöhnlicher A-Bombe als Zünder und einem Uranmantel

aufgewendet werden. Derartige Temperaturen zu produzieren, ist eine äußerst schwierige Aufgabe. Sie sind nur in atomaren „Plasmen", wie solche primär bei der Reaktion einer Atombombe entstehen, möglich. Um also eine „Wasserstoffbombe" zur Reaktion bringen zu können, müßte in ihr eine „konventionelle" Atombombe als „Zünder" verwendet werden. Eine solche hätte deshalb auf alle Fälle gebaut werden müssen.

Nach sehr energischen moralischen Widerständen, besonders unter der Führung OPPENHEIMERS, wurde nach dem Bekanntwerden des Verrates fast aller geheimgehaltenen Informationen durch KLAUS FUCHS, aber auch durch DAVID GREENGLASS an die Wissenschafter der Sowjetunion die Arbeit an der Wasserstoffbombe in Angriff genommen und in den Jahren 1951 und 1952 realisiert. Ein erster Versuch fand am 1. November 1952 im Südpazifik statt. Die Explosion wischte das ganze Elugelab-Atoll von der Seekarte weg. Die Energie des Sprengkörpers wurde auf etwa 2 bis 3 Millionen Tonnen TNT geschätzt, eine unvorstellbare „Leistung".

Genau vier Monate später wurde über dem schönen Eniwetok-Atoll eine der energiereichsten und häßlichsten Atomwaffen, eine Wasserstoffbombe mit einem Äquivalent von über 10 Millionen TNT, ausgerüstet mit einem Uranmantel, gezündet. Abb. 34 zeigt ein Schema dieses diabolischen Instrumentes. Die Reaktionen, die in der Wasserstoffbombe Anwendung finden, sind verschiedener Art. Sie bedienen sich einerseits der Fusion zwischen den schweren Wasserstoffisotopen, andererseits der Reaktionen von Deuterium mit den beiden Lithiumisotopen:

$$^2_1H + ^3_1H \rightarrow ^4_2He + n \quad + 17{,}2 \text{ MeV}$$

$$^2_1H + ^3_1H \rightarrow ^3_2He + 2n + 10{,}6 \text{ MeV}$$

$$^2_1H + ^6_3Li \rightarrow 2\,^4_2He + 22 \text{ MeV } (7{,}42\%)$$

$$^2_1H + ^7_3Li \rightarrow 2\,^4_2He + n + 14{,}6 \text{ MeV } (92{,}58\%).$$

In den folgenden Jahren wurden von seiten der USA und der UdSSR sehr zahlreiche Atomwaffen erprobt, so daß sich die Zahl der Explosionen bis Ende 1959 auf etwa 250 erhöhte! In einer neuen Serie der ersten sechziger Jahre wurde von russischer Seite auf Novaja Semlja die wohl energiereichste Wasserstoffbombe mit einem Äquivalent von wahrscheinlich über 50 Megatonnen (50 Millionen Tonnen) TNT zur Explosion gebracht. Später haben weitere Staaten Atombomben und auch Wasserstoffbomben hergestellt und gezündet. Als erste weitere „Atommacht" muß Großbritannien erwähnt werden; kurze Zeit später folgte Frankreich, gefolgt von Indien und schließlich China. Im Hinblick auf die relativ großen Mengen von Plutonium, die in den Kraftwerkreaktoren gebildet werden, und den nicht allzu großen Schwierigkeiten, unter denen dieses Spaltmaterial isoliert werden kann, muß wohl in Zukunft mit neuen „Atommächten" gerechnet werden; dies trotz dem Ende der sechziger Jahre abgeschlossenen „Atomwaffensperrvertrag", dem sich der Großteil der Staaten angeschlossen hat.

Mit der Spaltung eines Kilogramms Uran-235 oder Plutonium entsteht stets auch ein Kilogramm radioaktiver Spaltprodukte. Bei der unverantwortlich hohen Zahl der Testexplosionen sind relativ große Mengen dieser Stoffe in die Atmosphäre geworfen worden und mit Niederfall („Fullout"), mit Regen und Schnee zur Erde gelangt. Zusätzlich wurden bei bodennahen Explosionen Stoffe des Erdbodens durch Neutronenbestrahlung radioaktiv „aktiviert". Dadurch wurde die gesamte Umwelt radioaktiv kontaminiert („verseucht"). Mit jeder neuen Explosion nahm die Kontamination zu und erreichte schon 1959, besonders aber im folgenden Jahr ein derartiges Ausmaß, daß bei einer weiteren Zunahme mit einer ernsthaften Gefährdung allen Lebens auf Erden gerechnet werden mußte. Besonders die langlebigen Radionuklide Strontium-90 und Caesium-137, die über die Nahrungsketten Boden-Pflanze-Tier-Mensch, aber auch durch Inhalation und über das Trinkwasser in den Körper der Menschen gelangen, mußten als ein erhebliches, allgemeines Risiko angesehen werden.

Weltweite Proteste führender Persönlichkeiten aus Wissenschaft, Humanität und Politik führten 1963 in den USA und in der UdSSR zur Einstellung oberirdischer Atombombenversuche. Unterirdische Explosionen wurden aber in der Folge bis zur Gegenwart noch in größerer Zahl weitergeführt.

Die Umgebungsradioaktivität ist in den vergangenen Jahren wieder stetig abgesunken und stellt heute, abgesehen von den französischen, indischen und chinesischen Versuchen, keine eigentliche Verseuchung mehr dar. In allen zivilisierten Staaten sind nationale Kommissionen gewählt und entsprechende Laboratorien installiert worden, durch die die Umgebungsradioaktivität ständig überwacht wird. Meßresultate der Aktivität von Luft, Wasser, Nahrungsmitteln, Pflanzen und Tieren werden publiziert und verfügbar gemacht. Ernsthafte politische Versuche werden unternommen, um eine weitere Verbreitung von Atomwaffen auf neue Staaten zu verhindern. Ebenso soll deren weiterer technischer und zahlenmäßiger Ausbau eingeschränkt werden.

18. Anwendungen; wozu können radioaktive Stoffe dienen?

Der Bereich der Verwendung radioaktiver Stoffe hat in den letzten 30 Jahren weiteste Gebiete menschlicher Tätigkeiten überdeckt. Es kann deshalb im hier vorliegenden Rahmen darüber nur ein stark beschränkter Überblick gegeben werden. Dieser soll jedoch so ausführlich gehalten werden, daß daraus ein verläßlicher Einblick in die verschiedenen Möglichkeiten entnommen werden kann.

Anwendungen radioaktiver Stoffe zu irgendwelchen Zwekken beruhen alle auf der Eigenschaft dieser Substanzen, Strahlungen auszusenden. Man kann diese Strahlungen grundsätzlich verwenden:

a) zur Durchstrahlung
b) zur Bestrahlung
c) als Äußerungen von „Leitsubstanzen"
d) zur Altersbestimmung.

18.1. Durchstrahlung

Diese Anwendungsart findet man vorwiegend in sehr verschiedenen Branchen der Technik. Es ist schon kurz erwähnt worden, daß die energiereiche γ-Strahlung des ^{60}Co (zwei Quanten von 1,17 und 1,33 MeV pro Zerfall) in der Metall-Industrie eine sehr ausgedehnte Anwendung zur sog. „Grobstrukturprüfung" findet. Zahlreiche Halb- und Fertigfabrikate der Gieß-, Schmiede-, Preß- und Schweißtechnik werden auf der Suche nach irgendwelchen Fehlern mit Hilfe der γ-Strahlung des ^{60}Co oder auch derjenigen von ^{137}Cs einer „Strahlendiagnose" unterworfen. Dabei können z.B. Haarrisse und andere Fehlstellen von Bruchteilen von mm mit Sicherheit festgestellt werden. Das ist für hochbeanspruchte Maschinenteile, Verbindungen, Rohrleitungen und ähnliche Produkte, von denen höchstmögliche Sicherheit verlangt werden muß, von größter Wichtigkeit.

Eine Durchstrahlung findet auch bei der einen Form der Füllstandskontrolle in geschlossenen Behältnissen statt. Eine an der Außenwand angebrachte ^{60}Co-Quelle durchstrahlt das ganze Hohlsystem. Ihre Strahlung wird auf einer auf der gegenüberliegenden Außenwand installierten Registrieranlage (Zählrohr oder Kristallzähler mit Verstärker) in ein entsprechendes Signal umgewandelt. Liegt das Niveau der Flüssigkeit oder des gekörnten Inhaltes des Behältnisses unter der geradlinigen Verbindung zwischen ^{60}Co-Quelle und Detektor, so gibt dieser ein bestimmtes Signal oder zeigt einen bestimmten Zahlenwert an. Steigt das Niveau über diese Verbindungslinie, so wird die Intensität der γ-Strahlung geschwächt, und die Reaktion des

Detektors gibt plötzlich ein anderes Signal oder zeigt einen tieferen Zahlenwert. Derartige Füllstandskontrollen werden heute in großer Zahl bei Flüssigkeitstanks, bei Silos für Getreide und ähnlichen Anlagen verwendet. Interessant ist ihre Anwendung in Hochöfen oder Karbidöfen zur Niveaukontrolle des (dichteren) flüssigen Gutes gegenüber dem (weniger dichten) gekörnten. Eine andere Möglichkeit der Füllstandskontrolle bei Flüssigkeiten bedient sich einer Strahlenquelle, die auf einem Schwimmer montiert ist und deren Strahlung auf einen am oberen Ende des Hohlraumes montierten Detektor wirkt. Mit einer solchen Anlage kann die Höhe des Niveaus der Flüssigkeit dauernd registriert werden.

Durchstrahlungen mit β-Strahlen (vom Zerfallspaar ^{90}Sr-^{90}Y) dienen der Dickenmessung und -kontrolle bei der Herstellung irgendwelcher Folien in der Papier-, Kunststoff- und Metallindustrie. Dabei kann die Meßangebe des Detektors zur automatischen Steuerung der Organe (z. B. Walzenabstand) verwendet werden, welche die Foliendicke bestimmen. Auch Zählwerke bei der Herstellung von Massenprodukten (z. B. in der Zigarettenindustrie) können durch Unterbrechung der β-Strahlung gegenüber einem Detektor beim Durchlaufen der einzelnen Gegenstände des Produktionsgutes betrieben und gesteuert werden.

Eine interessante Anwendung haben die Radionuklide Technetium-95 und Technetium-97, welche durch Neutronenbestrahlung der Molybdänisotope ^{94}Mo und ^{96}Mo und anschließendem β-Zerfall gebildet werden, in der Militärmedizin gefunden. Diese beiden Nuklide haben relativ lange Halbwertszeiten von 61 resp. 92 Tagen und emittieren eine komplexe γ-Strahlung relativ geringer Energie. Hohe Aktivitäten dieser beiden Isotope, welche in ein entsprechendes, topfförmiges Metallgefäß eingeschlossen sind, können als Ersatz für Röntgenanlagen zur medizinischen Diagnostik verwendet werden. Derartige Apparate sind sehr leicht zu transportieren, und — was militärisch besonders wichtig scheint — erfordern keine elektrischen Spannungsquellen.

18.2. Bestrahlung

Die bekanntesten Anwendungen von radioaktiven Stoffen zu Bestrahlungszwecken finden sich in der medizinischen Therapie. Dabei sind zwei wesentlich verschiedene Therapiemethoden, die „Berührungstherapie" einerseits und die „Distanztherapie" andererseits zu unterscheiden. Bei der erstgenannten Methode werden Aktivitäten von der Größenordnung einiger bis einiger hundert Millicurie (mCi) Radium, Kobalt-60 oder Caesium-137 mit dem zu bestrahlenden „Herd" in direkten Kontakt gebracht. Dieses geschieht in den meisten Fällen als „geschlossene" Strahlenquellen in Form von Nadeln, Kapseln, Röhrchen oder Sonden, die die γ-Strahlung austreten lassen und deren Form und Größe dem Herd angepaßt werden kann. Selten werden bei ganz oberflächlich gelegenen Herden auch „offene" radioaktive Lösungen von ThX oder von Phosphor-32 auf oder in den Herd verbracht, wobei im ersteren Fall die α-Strahlung, im letzteren die β-Strahlung zur Wirkung gebracht wird. Von besonderer Bedeutung und Wichtigkeit ist die therapeutische Verwendung wäßriger Lösungen des Isotops Jod-131 bei Überfunktionen und Geschwülsten der Schilddrüse. Diese besondere Anwendung einer „offenen" Strahlenquelle hat als einfache und wirkungsvolle Therapieform eine sehr weite Verbreitung gefunden.

Die Distanzbestrahlung bedient sich der γ-Strahlung besonders von ^{60}Co, aber auch derjenigen von ^{137}Cs. Vergleichsweise sehr große Aktivitäten von 5.000 Ci oder sogar mehr sind in sog. „Bestrahlungseinheiten" eingeschlossen, welche gestatten, ein nach Form und Größe beliebiges „Nutzstrahlenbündel" auf den Herd zu richten. Der „Bestrahlungskopf" einer derartigen Einheit muß in Größe, Form und Material so dimensioniert werden, daß die Strahlung des Nuklids außerhalb des Nutzstrahlenbündels auf einen für Personal und Umgebung unerheblichen Dosiswert reduziert wird.

Bestrahlungen zu technischen Zwecken sind bisher in ihren Anwendungen eher eingeschränkt geblieben. Es sind aber neben einigen mehr routinemäßigen Verwendungen doch an sich hochinteressante, großtechnische Versuche an verschiedenen

Stellen angestellt worden. Da die Energie aller Strahlungen radioaktiver Stoffe in der Größenordnung MeV liegt, werden bei der Bestrahlung irgendeines chemischen Systems in demselben wesentliche Änderungen der chemischen Bindungsverhältnisse verursacht. Bindungen zwischen Atomen in Molekülen, deren Energie einige eV beträgt, werden durch die Strahlung gelöst und eventuell anderweitig wieder neu geschlossen. Dadurch entstehen unter Umständen ganz neue Eigenschaften des bestrahlten Materials. So ist beispielsweise versucht worden, die „Vulkanisierung" von Kautschuk durch Bestrahlung zu bewirken, was zu besseren Produkten führen würde als das übliche Verfahren mit Hilfe von Schwefel. Leider sind die dabei erforderlichen Dosen und damit die Bestrahlungszeiten so hoch, daß eine industrielle Ausnützung dieser Möglichkeit bisher noch nicht stattgefunden hat. Demgegenüber wird das als Raketenbrennstoff benützte Hydrazin teilweise unter Bestrahlung aus seinen Elementen Stickstoff und Wasserstoff synthetisiert.

Von ökonomischem Interesse sind großangelegte Versuche in den USA und in der UdSSR zur Strahlensynthese von Salpetersäure und damit zur Herstellung von Stickstoffdüngern, wobei die Ausgangsstoffe Stickstoff und Wasser in unbeschränkten Mengen zur Verfügung stehen. Durch die Bestrahlung werden sowohl das Stickstoff- als auch das Wassermolekül in sog. „Radikale" ($N^{\cdot}$, $H^{\cdot}$, $OH^{\cdot}$) gespalten, die sich anschließend zu neuen Molekülen, wie z.B. HNO_2 und HNO_3 wieder verbinden müssen. Die Umsätze sind von einer solchen Größenordnung, daß eine großtechnische Realisierung dieser Möglichkeit ernsthaft in Erwägung gezogen wird.

Als Strahlungsquellen für technische Bestrahlungen, welche sehr hohe Strahlendosen erfordern, könnten „ausgebrannte" Brennstoffelemente aus Reaktoren, die ja eine sehr hohe Radioaktivität aufweisen und in großer Zahl anfallen, verwendet werden. Deren weitere Verarbeitung sowie die Lagerung der dabei entstehenden großen Mengen langlebiger radioaktiver Stoffe stellen ein hochaktuelles, leider auch politisches Problem dar. Im Grunde genommen wären diese „Energieträger" ja von hohem Wert. Es wurde sogar auch an die Möglichkeit gedacht, zu großtechnischen Bestrahlungszwecken besondere, eigene Reaktoren zu installieren, dies besonders im Hinblick auf die Möglichkeit der vorgenannten Synthese von Stickstoffverbindungen.

Wirtschaftlich von hoher Bedeutung ist die Bestrahlung von Getreide vor dessen Lagerung geworden. Es wird geschätzt, daß jedes Jahr durch Insektenfraß soviel Getreide verlorengeht, daß damit eine Bevölkerung von mehreren Millionen ernährt werden könnte. Um die Insektenlarven zu eliminieren, wird das Getreide während der Einlagerung auf den erforderlichen Transportanlagen durch sehr starke Quellen bestrahlt. Dadurch werden die darin vorhandenen Insekteneier und -larven sterilisiert und ihre Entwicklung damit unterdrückt.

In diesem Zusammenhang müssen auch die Anwendungen von Strahlungen zur Konservierung von Lebensmitteln und zur Sterilisation von medizinischen Materialien erwähnt werden. Um verderbliche Lebensmittel über längere Zeit haltbar zu machen, ist es notwendig, darin alle Mikroorganismen, die den Verderb verursachen, abzutöten. Das geschieht gewöhnlich, je nach der Art der Keime, durch Erhitzen auf 80 bis 120° C. Hierbei werden aber die Lebensmittel als solche verändert, und wertvolle Substanzen, wie z.B. Vitamine, ganz oder teilweise zerstört. Durch Bestrahlung können die Bakterien ebenfalls abgetötet und damit das Material sterilisiert werden. Wichtig ist hierbei auch, daß man die Bestrahlung an offenen oder bereits verschlossenen Stoffen vornehmen kann, wobei die Verpakkung, je nach der verwendeten Strahlung, ohne Bedeutung ist.

Um ein Abtöten von Mikroorganismen handelt es sich natürlich auch bei der Strahlensterilisation von verpackten medizinischen Instrumenten oder Medikamenten. Auch hier werden verderbliche Substanzen durch Bestrahlung viel besser vor Veränderungen geschont als bei der Hitzesterilisation.

Eine andere Art von Sterilisation findet endlich auch statt bei der Bestrahlung von Speisekartoffeln, bei der die Knospung der Knollen verhindert wird. Das ist schon bei relativ geringen Strahlendosen möglich, bei denen der Geschmack keine Änderung erfährt. Derart bestrahlte Kartoffeln sind sehr viel länger ohne Sprossung lagerfähig.

Eine weite Entwicklung hat schließlich die Anwendung der β-Strahlung (des Zerfallspaares ^{90}Sr-^{90}Y) zur Eliminierung statischer, elektrischer Ladungen auf bewegten, isolierenden Materialien wie Fasern in der Textilindustrie oder Kunststoffolien gefunden. Durch Reibung mit ihren Führungen oder Unterlagen werden diese Stoffe elektrostatisch hoch aufgeladen. Wird durch eine Strahlung in deren Umgebung die Luft ionisiert, so „verfliegt" sich die Ladung des in Frage stehenden Gutes, womit z.B. die Spreizung der Fäden bei der Zettelung oder die Verklebung von Folien eliminiert werden.

18.3. Radioaktive Stoffe als Leitsubstanzen

Es gibt wohl kaum eine Fragestellung hinsichtlich der Zustände und Vorgänge in irgendwelchen stofflichen Systemen, die mit Hilfe radioaktiver Nuklide als „Leitsubstanzen" nicht angegangen oder gar gelöst werden könnte. Alle radioaktiven Stoffe sind ja Isotope der Elemente des periodischen Systems und verhalten sich bei allen stofflichen Situationen und Umsätzen praktisch genau wie ihre nichtradioaktiven „Schwesterisotopen" ein und desselben Elementes. Wenn deshalb einem Grundstoff eines seiner (meist künstlich) radioaktiven Isotope zugesetzt wird, so macht dieses „markierende" Nuklid dieselben Wege und Reaktionen mit wie die nichtradioaktive „Trägersubstanz". Da aber auf dem Weg und beim weiteren Verhalten des in Frage stehenden Elementes stets einige radioaktive Isotope zerfallen und dabei ihre Strahlen emittieren, und da mit Hilfe der extrem empfindlichen Nachweis- und Meßapparaturen (Geiger-Zähler, Kristallzähler) einzelne Strahlenkorpuskeln oder Quanten nachweisbar sind, können Ort und Weg des untersuchten Elementes zu jeder Zeit festgelegt werden.

Die Forschungsmethoden mit Hilfe radioaktiver „Indikatoren" wurden schon 1913 und in den folgenden Jahren von George de Hevesy (1885–1966) in die wissenschaftliche Arbeit eingeführt. Unter Anwendung des Bleiisotops RaD untersuchte er zusammen mit seinen Mitarbeitern (F. Paneth, J. Groh, L. Zechmeister) physikalisch-chemische Aufgaben der Molekular- und Kristallchemie und als vielleicht eindrucksvollstes Problem die Bleiaufnahme durch Pflanzen. Diese frühen Untersuchungen mußten auf die Anwendung der natürlich radioaktiven Elemente, also auf die Zerfallsprodukte von Uran und Thorium beschränkt bleiben. Erst die Verfügbarkeit von künstlich radioaktiven Isotopen praktisch aller Elemente hat die Indikatortechnik zu einer der wertvollsten und umfassendsten wissenschaftlichen Arbeitsmethoden werden lassen.

Aus dem riesenhaften Material an Ergebnissen, die heute zur Verfügung stehen, sollen in der Folge nur einige wenige Beispiele herausgegriffen und kurz dargestellt werden. Dabei sind diese Beispiele vielleicht gar nicht so bedeutungs- und eindrucksvoll, wie es viele andere sein könnten. Den Anfang möge die Metallindustrie machen.

18.3.1. Technische Anwendungen

Erze werden vom „tauben" Begleitmaterial vorzugsweise durch „Schlämmen" getrennt. Dabei wird das gemahlene Material in fließendem Wasser aufgeschwemmt, wobei das schwere Erz absinkt und das leichte, taube Gestein mit dem Wasser weggeführt wird. Ist nun die Korngröße zu groß, so ist die Trennung unvollständig, da mit dem Erz verbunden auch taubes Gesteinsmaterial absinkt; ist sie aber zu klein, so führt das Wasser mit dem Gestein auch wertvolles Erz weg. Setzt man nun dem Schlämmprozeß durch Aktivierung radioaktiv gemachte Erzproben verschiedener Korngröße bei, so kann durch wenige Messungen der Aktivität der beiden Fraktionen schnell und sicher entschieden werden, welches die optimale Korngröße für die möglichst rationelle Abtrennung des Erzes ist.

Die vollständig homogene Verteilung der metallischen Zusätze (Ni, Cr, Co, Mo, Va) zu Edelstählen kann bei Schmelzprozessen kontrolliert werden, wenn geringe Mengen dieser veredelnden Elemente als radioaktive Isotope der Schmelze zugesetzt werden. Gleiche Radioaktivität verschiedener, anschließend entnommener Proben erweisen mit Sicherheit die homogene Verteilung der Zusätze. Soll weiter in einem Kohlenstoffstahl der (unerwünschte) Rest an Sauerstoff festgestellt werden, so wird dem Schmelzprozeß zur Stahlherstellung eine bestimmte Aktivität an radioaktivem Kohlenstoff ^{14}C zugesetzt.

Wird später eine Probe des Stahls im Vakuum auf Weißglut erhitzt, so verbindet sich der Kohlenstoff mit dem im Stahl vorhandenen Sauerstoff zu CO_2, dessen Radioaktivität gemessen werden kann und eine quantitative Angabe über den O_2-Gehalt liefert.

Beim Bau eines Staudammes zu einem künstlichen See ist immer das erhebliche Risiko vorhanden, daß ein Teil des aufgestauten Wassers durch irgendwelche Lecks, z.B. in Form von verborgenen Gesteinsklüften, verlorengeht. Wo muß dann eine Abdichtung vorgenommen werden? Durch Zusatz von Tritiumwasser, das radioaktive Wasserstoffisotop ^3H enthaltend, kann der Ort des unerwünschten Abflusses gefunden werden, wenn während einiger Zeit an allen Quellen in der Umgebung des Stausees Radioaktivitätsmessungen des Wassers durchgeführt werden. Diese Tritiummarkierung ist hinsichtlich der Nachweisbarkeitsgrenze der Fluoreszeinfärbung um einen Faktor von etwa 10 überlegen.

Um die Porosität eines Gesteins zu eruieren, wird in ein Bohrloch eine größere Menge einer starken Lösung von Jod-131 unter sehr hohem Druck eingespritzt. Wird anschließend die Radioaktivität des Wassers in umliegenden Bohrlöchern gemessen, so können Geschwindigkeiten und Mengen festgestellt werden, unter welchen die Jodlösung durch das Gestein gewandert ist. Gesteinsporositäten sind von grundsätzlicher Wichtigkeit für die Wasser- oder Ölführung einer Gesteinsschicht. Ihre Kenntnis kann deshalb von höchster ökonomischer Bedeutung sein.

Will man die Geschwindigkeit des Flüssigkeitstransports in Rohrleitungen messen, so setzt man der Flüssigkeit an einer bestimmten Stelle zu einem bestimmten Zeitpunkt eine Lösung eines γ-strahlenden Nuklids, z.B. Jod-131, zu. Dieser Zusatz sollte sich nicht beliebig mit der im Rohr transportierten Flüssigkeit mischen (z.B. eine wäßrige Lösung im Öl einer Pipeline). Kommt nun die im wesentlichen beisammen gebliebene, radioaktive Flüssigkeitsmenge an einem Nachweisgerät vorbei, so wird dieses den Zeitpunkt des Durchganges registrieren und damit die Strömungsgeschwindigkeit bestimmen. Selbstverständlich können durch radioaktive Zusätze auch

Lecks in Rohrleitungen lokalisiert werde, wenn nach Zusatz eines Radionuklids zur transportierten Flüssigkeit ein Nachweisgerät für die Radioaktivität der Rohrleitung entlang geführt wird. Bei Verwendung eines Nuklids mit energiereicher γ-Strahlung (z.B. einer ^{60}Co-Lösung) ist die Lokalisation eines Lecks sogar möglich, wenn die Rohrleitung mit Erde überdeckt ist.

18.3.2. Anwendungen in Biologie und Medizin

Radioaktive Indikatormethoden haben besonders auch in der Biologie und Medizin außerordentlich interessante und wertvolle Ergebnisse geliefert. Von den unzähligen Versuchen sollen hier nur deren drei kurz besprochen werden:

Bekanntlich ist das Antibiotikum Penicillin gegen einen Teil der pathogenen Mikroorganismen sehr wirksam, gegen andere aber nicht. Läßt man den Pilz Penicillium chrysogenum in einer Nährlösung wachsen, die den radioaktiven Schwefel ^{35}S enthält, so wird dieser in das Penicillinmolekül (in den Thiacolidinring) eingebaut. Resistente Bakterien zeigen gegenüber derart radioaktiv gemachtem Antibiotikum keine Reaktionen. Angreifbare Mikroben dagegen lagern an ihrer Oberfläche, offenbar durch eine besondere Haftsubstanz, pro Bakterium etwa 1.000 Penicillinmoleküle an. Dadurch werden alle weiteren Entwicklungen des Bakteriums unterdrückt.

Ausgedehnte Tierversuche haben gezeigt, daß in die Blutbahn injizierte radioaktive ^{45}Ca-Lösungen zu etwa $\frac{2}{3}$ schon nach der sehr kurzen Zeit von einigen Minuten wieder aus dem Blut weggeführt werden, aber nur zu einem geringen Anteil in den Ausscheidungen auftreten. Umsetzungen und Speicherungen von so kurzer Dauer können nicht durch zelluläre Tätigkeiten verursacht und verstanden werden; es müssen hierbei „anorganische" Vorgänge vorliegen. Nun besteht die mineralische Knochensubstanz aus einem hoch wasserhaltigen Calciumphosphat, das eine diffuse Appatitstruktur aufweist. Appatite sind schichtgitterartig aufgebaut und deshalb sehr wirksame Ionenaustauscher. Zusätzlich sind die Kristallite der lebenden Knochensubstanz nach elektronenmikroskopischen Beobachtungen sehr klein. Sie haben deshalb insgesamt eine enorme Oberfläche. Nach Adsorptionsversuchen mit radioaktiven Gasen ergeben sich Werte zwischen 60 und 120 m^2 pro Gramm! Auf Grund dieser Tatsachen ist der rasche Ausbau von Ca-Ionen aus dem Blut sofort verständlich. Die anorganische Knochensubstanz wirkt als Ionenaustauscher, wobei Ca-Ionen bei Kontakt sofort im Gitter der Kristallite, besonders an deren Oberfläche festgehalten werden. Etwa $\frac{2}{3}$ des mineralischen Knochenaufbaues muß also „anorganischer" Natur sein. Diese Auffassung erhält durch Bestrahlungsversuche eine sehr starke Stütze. Wird durch hohe Röntgenstrahlendosen die Zelltätigkeit im Knochen vollständig unterdrückt, so findet trotzdem ein ^{45}Ca-Einbau statt! Dieser ist aber um ein Drittel reduziert. Der Einbau ist dann nur noch „anorganisch". Zusätzlich konnte der Ionenaustausch direkt bewiesen werden. Durch längere Verfütterung von ^{45}Ca an Versuchstiere radioaktiv gemachter, pulverisierter Knochen zeigt gegen inaktive Ca-Lösungen einen erheblichen Austausch von ^{45}Ca-Ionen; gegen reines Wasser fehlt ein Austausch vollständig.

Abschließend noch ein interessantes Beispiel aus der Humanmedizin. Ein erwachsener Mensch führt in seinem gesamten Gefäßsystem ziemlich genau 5 Liter Blut. In jedem mm^3 dieses „besonderen Saftes" ist die außerordentlich große Zahl von 5 Millionen roter Blutkörperchen (Erythrozyten) enthalten. In der gesamten Blutmenge sind dies demnach $5 \cdot 10^3 . 10^3 \cdot 5 \cdot 10^6 = 2{,}5 \cdot 10^{13}$ (25 Billionen)! Injiziert man einer Person eine kleine (völlig gefahrlose) Menge radioaktives Eisen (^{59}Fe), so wird dieses auf komplizierten Wegen, die weitgehend aufgeklärt sind, schließlich in den roten Blutfarbstoff Hämoglobin eingebaut. Das Hämoglobinmolekül enthält als Zentralkörper ein Eisenatom. Ein Anteil der roten Blutkörperchen ist nun also „radioaktiv markiert". Entnimmt man jetzt dieser Person eine kleine Menge Blut (etwa 20 cm^3) und injiziert diese einer zweiten Person, so kann man dadurch bestimmen, wie lange die Erythrozyten noch weiterleben. Dies ergibt bei gesunden Personen eine Zeit von 120 Tagen, also ziemlich genau $\frac{1}{3}$ Jahr. (Bei Personen, die an Anämie leiden, und das war das Ziel dieser Versuche, leben die roten Blutkörperchen viel weniger lang, nur etwa die Hälfte der erwähnten Zeit). Ein Jahr hat $365{,}24 \cdot 24 \cdot 60 \cdot 60 = 3{,}156 \cdot 10^7$ Sekunden; ein Drittel Jahr also ziemlich genau

10^7 Sekunden. Teilt man jetzt die Zahl der Erythrozyten durch ihre Lebensdauer, so erhält man $\frac{2{,}5 \cdot 10^{13}}{10^7} = 2{,}5 \cdot 10^6/\text{sec}$. In jeder Sekunde sterben also im Körper eines erwachsenen Menschen 2,5 Millionen rote Blutkörperchen ab, und ebenso viele müssen in jeder Sekunde wieder neu gebildet werden! Dieses Ergebnis zeigt mit außerordentlicher Eindringlichkeit, welche Leistungen erbracht werden müssen, um einen Organismus am Leben zu erhalten! Eine Beatwortung sehr vieler grundsätzlicher Fragen das Wunder „Leben" betreffend ist nur mit Hilfe radioaktiver Leitsubstanzen möglich. Die angeführten Beispiele sollten zeigen, welche hochinteressanten Ergebnisse damit gewonnen werden können.

18.4. Altersbestimmung

Wissenschaftlich außerordentlich reizvoll und von hohem Interesse ist die Möglichkeit, mit Hilfe von radioaktiven Substanzen das absolute Alter vergangener, ja längst vergangener Epochen zu bestimmen. Ein erster derartiger Versuch wurde schon 1905 von J. R. Strutt auf Grund des Heliumgehaltes von Uranmineralien vorgenommen. Das Prinzip einer solchen Altersbestimmung ist eigentlich sehr einfach. Da jedem α-Strahl die Bildung eines He-Atoms entspricht, gestattet der Heliumgehalt eines Uran- oder Thoriumminerals die Berechnung der Zahl der bis zum Zeitpunkt der Heliumbestimmung emittierten α-Strahlen. Aus den Zerfallskonstanten des Urans ($\lambda_U = 1{,}54 \cdot 10^{-10}\,\text{a}^{-1}$) oder des Thoriums ($\lambda_{Th} = 4{,}20 \cdot 10^{-11}\,\text{a}^{-1}$) kann leicht berechnet werden, daß pro g Muttersubstanz (*U* oder *Th*) pro Jahr $1{,}16 \cdot 10^{-7}\,\text{cm}^3$ (*U*), resp. $2{,}43 \cdot 10^{-8}\,\text{cm}^3$ (*Th*) Helium produziert werden. Ist die Menge der Muttersubstanz im Mineral bekannt, so kann aus dem Heliumgehalt und der Zerfallskonstante sein Alter berechnet werden. Dabei ist allerdings zu berücksichtigen, daß dieses Gas im Laufe der Zeit teilweise hätte wegdiffundieren können. Altersbestimmungen auf Grund des Heliumgehaltes ergeben somit Minimalalter.

Wesentlich sicherer sind Altersbestimmungen auf Grund des Bleigehaltes von Uran- oder Thoriummineralien. Endprodukte der beiden Zerfallsreihen sind ja die Bleiisotope 206 (*U*) und 208 (*Th*). Kennt man beispielsweise von einem Mineral das Verhältnis seines Bleigehaltes zum Urangehalt, und wird angenommen, daß alles Blei durch radioaktiven Zerfall aus dem Uran entstanden sei, so gestaltet sich die Altersberechnung sehr einfach. Ein Beispiel möge dies kurz erläutern. Das Uran eines Minerals enthalte 6,4% Blei. Damit gilt:

$$\begin{aligned} e^{-\lambda t} &= (1-0{,}064) = 0{,}936; \\ \lambda t &= -\ln 0{,}936 = 0{,}0661; \\ t &= \frac{0{,}0661}{1{,}54 \cdot 10^{-10}} = 4{,}29 \cdot 10^{8} \text{ Jahre.} \end{aligned}$$

Es waren somit 429 Millionen Jahre notwendig, um die 6,4% Blei zu bilden, unter der Voraussetzung, daß alles Blei durch radioaktiven Zerfall aus dem Uran entstanden war. Die Unsicherheit, ob der Bleigehalt von Uran- oder Thoriummineralien primärer Natur ist oder aber durch radioaktiven Zerfall gebildet wurde, kann durch massenspektrometrische Untersuchungen ausgeschaltet werden. Das natürliche Isotopengemisch des Bleies enthält 52,3% ^{208}Pb, 22,7% ^{207}Pb, 23,6% ^{206}Pb und 1,4% ^{204}Pb. Das letztgenannte Isotop kann nicht durch radioaktiven Zerfall der 3 Zerfallsreihen produziert worden sein. Sein Gehalt in einem Mineral erlaubt somit, den Anteil des primären Bleigehaltes festzulegen. Ein Überschuß muß dann sicher durch radioaktiven Zerfall gebildet worden sein. Auf Grund solcher Untersuchungen zusammen mit dem Zerfallsprodukt des radioaktiven Rubidiumisotops ^{87}Rb sind die absoluten Alter aller zugänglichen Gesteinsschichten der Erde bekannt geworden. Auch das Alter von Meteoriten und neuerdings des Mondes wurde nach den erwähnten Methoden bestimmt.

Durch die Einwirkung der kosmischen Strahlung werden in der Atmosphäre durch Atomkernreaktionen ständig die radioaktiven Nuklide ^{3}H und ^{14}C, also radioaktiver Wasserstoff und radioaktiver Kohlenstoff, gebildet. Der erstere entsteht durch den Prozeß $^{2}\mathrm{H}(\mathrm{n},\gamma)^{3}\mathrm{H}$, durch Neutroneneinfang des schweren Wasserstoffs, der Kohlenstoff-14 durch den $^{14}_{7}\mathrm{N}(\mathrm{n,p})^{14}_{6}\mathrm{C}$-Prozeß aus Stickstoff. Die Konzentration des ersteren in der Atmosphäre wurde durch die Wasserstoffbombenversuche der sechziger Jahre stark erhöht, diejenige des letzteren, für Altersbestimmungen viel wichtigeren, beträgt $1{,}1 \cdot 10^{-10}\%$ des CO_2-Gehaltes der Luft. Da sich seine Bildung und sein radioaktiver Zerfall in einem gegenseitigen, laufenden Gleichgewicht befinden, ist seine Aktivität in dieser Konzentration überall vorhanden. Sie ist groß genug, daß auch noch Bruchteile davon mit hochentwickelten Meßapparaturen quantitativ bestimmt werden können.

Bekanntlich beruht der Aufbau aller organisch-chemischen Verbindungen in der belebten Welt letzten Endes auf dem „Assimilationsvorgang" der Pflanzen, bei dem aus Kohlendioxid und Wasser durch Photosynthese zunächst Zucker und anschließend weitere, komplizierte organische Stoffe aufgebaut werden. Dabei beziehen die Pflanzen das CO_2 aus der Luft. Dies hat nun zur Folge, daß alle Pflanzen auch den radioaktiven Kohlenstoff ^{14}C in der obengenannten Konzentration enthalten, solange sie atmen und damit assimilieren. Mit der pflanzlichen Nahrung gelangt das Isotop ^{14}C auch in den Organismus der Tiere und des Menschen. Alle Lebewesen enthalten somit eine sehr geringe Menge, nämlich $1{,}1 \cdot 10^{-10}\%$, ihres Kohlenstoffes von diesem Radionuklid.

Stirbt nun ein Organismus ab, so hört damit die weitere Kohlenstoffaufnahme auf, und nun beginnt die ^{14}C-Konzentration wegen des radioaktiven Zerfalls abzunehmen. Die Halbwertszeit von ^{14}C betrögt 5.570 Jahre. Das ist für historische und prähistorische Zeitbestimmungen eine außerordentlich günstige Zeit. Dazu kommt die Allgegenwart dieses Nuklids in allen Gegenständen und Relikten, die irgendwie mit dem Leben in seiner umfassendsten Form in organischer Verbindung stehen oder einmal gestanden haben. Der Kohlenstoff-14 ist damit zum wichtigsten historischen und prähistorischen Zeitmesser geworden.

Eine direkte Kontrolle der Resultate der Zeitmessung mit Hilfe der ^{14}C-Methode (oftmals auch als „Radiocarbonmethode" bezeichnet) konnte an Stamm-Querschnitten der Riesenkonifere Sequoia gigantea durchgeführt werden. Diese Nadelbäume werden teilweise weit über 1.000 Jahre alt. Durch

Entnahme von Holzproben in verschiedenen Abständen von der Mitte des Stammes zur ^{14}C-Messung des Alters einerseits und durch Abzählen der entsprechenden Jahrringe andererseits konnte die vollständige Übereinstimmung der beiden Zeitbestimmungen erwiesen werden. Von bedeutendem Interesse für die Geschichtswissenschaft war auch ein Vergleich des Alters, das einerseits durch Überlegungen der Historiker und andererseits durch die Radioaktivität des Kohlenstoffs aus Sarkophagen und anderen Funden frühhistorischer Epochen bestimmt worden war. Hierbei zeigte sich die hohe Präzision der Altersangaben, die auf Grund archäologischer und historischer Daten gefunden worden waren. Ebenso wissen wir heute mit Sicherheit, daß die letzte (Würm-)Eiszeit in der Schweiz vor ungefähr 10.000 Jahren zu Ende gegangen ist, wenn auch dieses Ende natürlich an verschiedenen Orten nicht zu derselben Zeit anzusetzen ist. Durch den schwankenden Vorschub und Rückzug der Gletscher (vor allem des Rhonegletschers) wurden Bäume mit Basisschotter überdeckt und so konserviert. Davon haben sich besonders die Eichenstämme verhältnismäßig gut erhalten. Diese kommen gelegentlich bei größeren Tiefbauarbeiten zum Vorschein, und ihr Holz kann zur ^{14}C-Altersbestimmung verwendet werden. Solche Messungen sind in größerer Zahl vorgenommen worden.

Selbstverständlich ist auch das absolute Alter irgendwelcher menschlicher Tätigkeiten prähistorischer Zeiten, aber auch dieser Menschen selber, auf Grund von ^{14}C-Messungen an Geräten, Holz- oder Kohlerückständen aus Feuerstellen oder auch von Knochen von Tier und Mensch (diese enthalten stets auch eine geringe Menge von $CaCO_3$) bestimmt worden. So gibt es heute wohl kaum mehr irgendwelche ernsthaften Zeitprobleme hinsichtlich der letzten etwa 20.000 Jahre der Geschichte des Lebens auf unserem Planeten.

Neuerdings ist die hohe Genauigkeit der ^{14}C-Datierungen wegen einer geringen zeitlichen Variabilität der kosmischen Strahlung von einigen Autoren etwas angezweifelt worden.

19. Schutzprobleme und ihre Lösung

Das besondere Wesen radioaktiver Substanzen besteht in der Emission von Strahlungen. Alle ihre Anwendungen in Wissenschaft, Medizin und Technik beruhen auf dieser Besonderheit. Diese „ionisierenden" Strahlungen (α-, β-, γ-Strahlen) führen so große Energien mit sich (Größenordnung keV bis MeV), daß bei ihrer Wechselwirkung mit stofflichen Systemen beliebiger Natur und Zusammensetzung tiefgreifende Veränderungen dieser Systeme verursacht werden. Dies folgt aus der Tatsache, daß die Energien aller Bindungen zwischen Atomen in Molekülen irgendwelcher Art im Bereich einiger Elektronvolt (eV) liegen, also in der Größenordnung tausend- bis millionenmal geringer sind als die Energien aller Strahlenpartikel radioaktiver Stoffe. Das gilt in besonders hohem Maße auch für lebende Systeme aller Art, weil hier ganz besonders labile physiko-chemische Verhältnisse vorhanden sind.

19.1. Strahlenwirkungen auf lebende Objekte

Drei chemisch-physikalische Besonderheiten sind für alle Lebewesen in ausgezeichnetem Maße charakteristisch und damit wohl wichtigste Grundlagen des Wunders „Leben" überhaupt. Zunächst ist ein lebender Organismus, gleichgültig welcher Natur, sehr viel mehr als die Summe seiner Bestandteile. Eine Pflanze, ein Tier, der Körper eines Menschen, ja selbst ein Bakterium ist nicht nur eine Agglomeration von Molekülen, ein „Molekülhaufen". Ein lebendes Stoffsystem weist einen unvorstellbaren Grad an materieller Organisation auf. Deshalb wird zu Recht dafür auch der Ausdruck „Organismus" verwendet. Ein Organismus ist deshalb im Sinne der Gesetze der Wärmelehre (II. Hauptsatz der Thermodynamik) unvorstellbar unwahrscheinlich (negative Entropie). Weiter ist die Existenz irgendeines Lebewesens nur möglich, wenn in ihm dauernd eine Erneuerung seiner stofflichen Zusammensetzung stattfindet. Man spricht dabei vom sog. „Stoffwechsel" (ohne sich darüber tiefergehende Gedanken zu machen), durch den die materielle Zusammensetzung des Organismus schon nach relativ kurzer

Zeit fast vollständig als Folge einer Stoffaufnahme von außen (Nahrung) ersetzt wird. Und schließlich äußert sich ja das Leben in „Funktionen". Diese dienen ausnahmslos der Erhaltung, besonders des „Individuums" (des Unteilbaren), oder aber, soweit die Funktionen die Fortpflanzung betreffen, der Erhaltung der Species.

Es ist auf Grund dieser Sachlagen verständlich, daß ionisierende Strahlungen aller Arten in lebenden Objekten beliebiger Natur die mannigfaltigsten Wirkungen verursachen müssen. Dabei finden stets sehr zahlreiche und verschiedenartige Wirkungen gleichzeitig und nebeneinander statt. Einige wenige dieser Wirkungen oder auch eine allein können besonders auffällig sein, wobei aber durchaus nicht angenommen werden muß, daß diese nun für etwelche Folgen auch die bedeutungsvollsten seien. Durch Bestrahlung werden alle die vorstehend angeführten Lebensvoraussetzungen im Sinne einer Reduktion beeinflußt. Die Bestrahlung wirkt destruktiv unter Zunahme der Entropie und damit der Wahrscheinlichkeit des stofflichen Systems. Die Stofforganisation wird aufgelockert, abgebaut oder gar zerstört. Stoffwechsel und Funktionen werden in andere Bahnen geleitet oder sogar unterdrückt. Dabei können Fehlentwicklungen eingeleitet werden, die unter Umständen zu morphologischen Änderungen des Phänotypus führen. Solche Änderungen treten besonders bei Bestrahlung des Fötus in Utero auf. Wichtiger sind aber Änderungen der Erbmasse nach Bestrahlung der Keimzellen, die wegen der Änderung des chemischen Aufbaues der Nukleinsäuren (DNS) Mutationen bewirken. Natürlich sind alle Strahlenwirkungen, auch besonders diejenigen auf Lebewesen, abhängig vom Ausmaß der Gesamtenergie, welche dem System durch die Strahlung zugeführt worden ist. Diese Energie heißt *Strahlendosis.*

Die „Dosis" einer ionisierenden Strahlung ist die Energie, die dem bestrahlten System pro Masseneinheit „einverleibt" wird. Sie hat die physikalische Dimension Energie pro Masse und wird in „rad" als Einheit ausgedrückt:

$$1\ \mathrm{rad} = \frac{100\ \mathrm{erg}}{\mathrm{g}} = \frac{0{,}01\ \mathrm{J}}{\mathrm{kg}}\,.$$

Zur Messung der Strahlendosis könnte grundsätzlich jede Strahlenwirkung auf irgendein Stoffsystem verwendet werden. In den meisten praktischen Fällen erfolgt sie auf Grund der Ionisierung der Luft. Werden durch die Strahlung pro cm^3 Luft (0,001293 g) so viele Ionen erzeugt, daß deren Gesamtladung eines Vorzeichens eine physikaliche Einheit der Ladung (cgs) beträgt, so entspricht dies der „Ionendosis“ von einem „Röntgen“ (1 R). Für weiches biologisches Gewebe (z.B. Muskeln, Eingeweide, Blut) entspricht 1 R sehr annähernd 1 rad:

$$1\ \mathrm{R} = 97{,}4\ \frac{\mathrm{erg}}{\mathrm{g}} \triangleq 1\ \mathrm{rad}.$$

Man darf deshalb für viele Fragestellungen die beiden Einheiten (Ionendosis R und Energiedosis rad) einander gleichsetzen.

Da die Lebensfunktionen zur Aufrechterhaltung des „normalen“ Zustandes dienen, wirken sie den destruktiven Strahlenwirkungen entgegen. Der Verlauf der feststellbaren Änderungen mit der Dosis kann also kein einfacher sein. Für einen Großteil biologischer Strahlenwirkungen gelingt die „Normalisierung“ bis zu einem hohen Grade, wenn die Strahlendosis unterhalb eines bestimmten *Schwellenwertes* lag. Hat die Dosis aber den Schwellenwert für die beobachtete Wirkung erheblich überschritten, so ist keine „Erholung“ mehr möglich.

19.2. Strahlengefahren

Diese allgemeine Gesetzmäßigkeit gilt sowohl für Einzelreaktionen an Organen wie für den Gesamtorganismus bei „Ganzbestrahlung“. So ist eine Gesamtbestrahlung des menschlichen Körpers mit 200 rad für das Leben kaum bedrohlich, während aber eine solche mit 400 rad mit etwa 50% Wahrscheinlichkeit und eine solche mit 600 rad fast mit Gewißheit tödlich ausgehen würde.

Da die „Erholung“ Zeit erfordert (sie ist ja die Folge der lebenserhaltenden Funktionen), ist ein und dieselbe Strahlendosis nicht gleich wirksam, je nachdem sie in einer einzigen Bestrahlung oder aber in Fraktionen erhalten worden ist. Weiter ist das Ausmaß der Strahlenwirkung abhängig von der

„Dosisleistung“, d.h. von der Energiezufuhr pro Zeiteinheit. Sie ist bei kleiner Dosisleistung wesentlich geringer als bei hoher (sog. „Zeitfaktor“). Dabei ist es bis heute eine offene Frage, ob sehr kleine Dosisleistungen, wie sie durch die kosmische Strahlung und die Umgebungsradioaktivität verursacht werden, auf Lebewesen wirksam sind oder nicht. Das letztere scheint wahrscheinlicher.

Die Erbanlagen, welche der Arterhaltung dienen, machen von diesen allgemeinen Gesetzmäßigkeiten, wie eingehende Versuche an Viren, Bakterien und besonders an der Taufliege Drosophila melanogaster gezeigt haben, eine wichtige Ausnahme. Ihre Fähigkeit zur „Erholung“ ist sicher sehr gering. Strahlenwirkungen auf die Erbsubstanz sind weitgehend irreversibel. Sie sind teilweise in Form von sog. *Genmutationen* in z.T. bleibender Form auf die Nachkommenschaft vererbbar. Dabei ist der weitaus größte Teil dieser „Strahlenmutationen“ für das daraus resultierende Individuum ungünstig, „negativ“. Ihnen kommt deshalb beim Menschen eine besonders hohe Bedeutung zu.

Alle biologischen Strahlenwirkungen erfordern, wenn die Strahlendosis nicht extrem hoch war, eine mehr oder weniger lange Zeit, bis sie nachweisbar werden. Man bezeichnet dieses Zeitintervall zwischen Bestrahlung und Auftreten der beobachtbaren Wirkung als *Latenzzeit.* Innerhalb dieser finden die biologischen Prozesse statt, die dann zu der besonderen Form der manifesten Wirkung führen.

Biologische Strahlenwirkungen sind neben unmittelbar sichtbaren (wie z.B. Wachstumsänderungen) im mikroskopischen Bild an vielen Zellgeweben und Einzelindividuen sehr gründlich untersucht worden. Dabei sind Änderungen der Morphologie der Zellkernsubstanz die auffälligsten. Die Chromosomen zeigen Brüche, Abwanderungen, Ringbildungen, Brückenbildungen und Verklumpungen. Im Protoplasma sind Entmischungen mit Vakuolenbildung zu beobachten; eine normale Zellteilung wird unmöglich. Derart veränderte Zellen können sich nicht mehr weiterentwickeln. Sie verbleiben deshalb in abnormalem Zustand noch einige Zeit am Leben und sterben dann ab. Sind zahlreiche derart geschädigte Zellen in einem

Gewebe vorhanden, so muß schließlich das ganze Gewebe und als weitere Folge unter entsprechenden Umständen auch der ganze Organismus absterben.

Da in der belebten Natur kaum je zwei Individuen miteinander vollkommen identisch sind, so muß angenommen werden, daß auch an sich identische Bestrahlungsbedingungen nicht zu vollkommen identischen Bestrahlungsfolgen führen. Wenn man deshalb im Laufe der Zeit gewisse Gesetzmäßigkeiten der biologischen Strahlenwirkungen ausgearbeitet hat, so muß man sich bewußt bleiben, daß es sich dabei um mehr oder weniger erlaubte Abstraktionen handelt.

19.3. Schutzmaßnahmen

Ionisierende Strahlungen aller Arten stellen für Wohlbefinden, Gesundheit und Leben, besonders auch des Menschen, eine erhebliche Gefahrenquelle dar. Es soll aber schon hier und mit Nachdruck darauf hingewiesen werden, daß die Arbeit mit radioaktiven Stoffen unter Einhaltung der erforderlichen Sicherheitsvorschriften und einer angemessenen Arbeitsdisziplin, verglichen mit anderen Tätigkeiten, keine erhöhte Gefährdung der Gesundheit darstellt. Um aber den materiellen und psychologischen Voraussetzungen eines entsprechenden Schutzes die erforderliche Nachachtung zu verschaffen, müssen die Schutzvorschriften gesetzlichen Charakter haben. In den meisten Kulturstaaten sind entsprechende Gesetze und Verordnungen erlassen worden und die notwendigen Vollzugsorgane vorhanden.

Aus im wesentlichen didaktischen Gründen unterscheidet man bei unerwünschten Strahlenexpositionen am Menschen

a) sog. somatische Wirkungen,
b) genetische Wirkungen und
c) Wirkungen auf die Leibesfrucht.

Somatische Wirkungen betreffen irgendwelche Organe oder auch den ganzen Körper (sog. „Ganzkörperbestrahlung“) und können bei hohen Dosen ernsthafte Folgen verursachen. Wirkungen auf die Keimorgane (genetische) sind deshalb von besonderer Bedeutung, weil sie Änderungen der Erbmasse und damit Mutationen verursachen können. Die Leibesfrucht ihrerseits ist besonders während der sog. Organogenese, also in der Entwicklungsphase der Organbildung (2. bis 5. Woche nach der Befruchtung), strahlengefährdet.

Bei der Arbeit mit radioaktiven Stoffen kommt zu der Möglichkeit einer Bestrahlung von außen noch die besondere Gefährdung der Aufnahme dieser Substanzen in den Körper hinzu. Es sind deshalb für alle radioaktiven Nuklide maximal zulässige Konzentrationen derselben in der Atemluft und im Trinkwasser (Nahrung) ausgearbeitet worden und in den Schutzvorschriften enthalten. Diese füllen ein größeres Tabellenwerk aus und können deshalb hier nicht wiedergegeben werden. Sie finden sich z.B. als Anhang in der Schweizerischen Strahlenschutzverordnung sowie in derjenigen der Bundesrepublik Deutschland.

Strahlenschutzmittel und Vorrichtungen müssen sowohl gegen externe wie gegen interne Strahlenexpositionen vorgesehen werden. Beim Schutz gegen externe Strahlungen sind drei hauptsächlichste Prinzipien maßgebend:

a) großer Abstand zur Strahlenquelle,
b) Reduktion der Exposition und
c) Abschirmung der Strahlung durch Schutzstoffe.

Da die Dosisleistung in der Umgebung einer nicht zu augedehnten Strahlenquelle quadratisch mit steigendem Abstand abfällt, ist die Vergrößerung des Abstandes zu derselben für den Schutz gegen ihre Strahlung sehr wirksam. Möglichst große Distanz ist deshalb das erste Gebot des Strahlenschutzes. Das gilt insbesondere beim Arbeiten an beweglichen und geometrisch eng umschriebenen Strahlenquellen.

Zur Reduktion der Exposition sollen grundsätzlich, so weit dies durch den Arbeitszweck erlaubt ist, so geringe Aktivitäten wie möglich verwendet werden. Weiter ist eine genaue Planung der vorzunehmenden Manipulationen von höchster Bedeutung. Erst wenn man sich über deren Art und Folge völlig im klaren ist (evtl. durch einen Leerversuch ohne Radioaktivität), soll die Arbeit mit der Strahlenquelle beginnen. Dadurch kann die Zeit der Exposition meist unter die Hälfte reduziert werden.

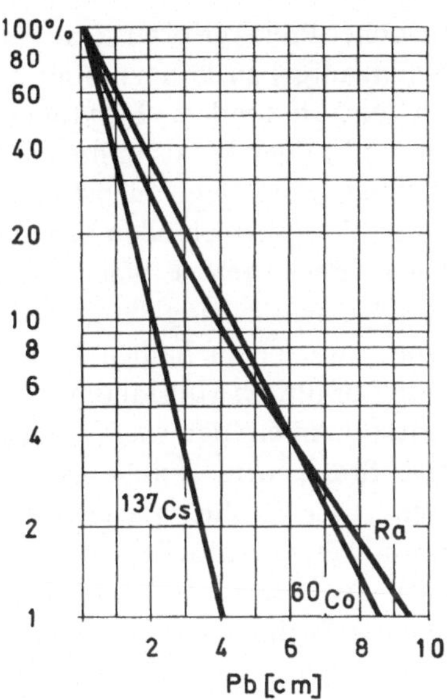

Abb. 35. Schwächung der γ-Strahlung von Radium, Kobalt-60 und Caesium-137 in Blei

Der Schutz gegen die β-Strahlung ist an sich kaum ein ernsthaftes Problem. Materialien wie Glas oder Kunststoff mit Schichtdicken von 1 cm absorbieren dieselbe vollständig. Sie dienen deshalb bevorzugt zum Bau von Schutzkapellen, in denen geringere Aktivitäten verarbeitet werden.

Die in Wisssenschaft, Medizin und Technik am häufigsten verwendeten γ-Strahler Radium, Kobalt-60 und Caesium-137 emittieren so energiereiche Strahlungen, daß zu deren wirksamen Abschwächung relativ sehr dicke Materialschichten erforderlich sind. Als Schutzstoffe könnten grundsätzlich alle Materialien dienen. Wichtigster Schutzstoff ist wegen seiner hohen Dichte und Kernladungszahl, aber auch aus ökonomischen Gründen, Blei. In Abb. 35 sind Schwächungskurven der γ-Strahlung dieser drei Nuklide wiedergegeben. Neuerdings wird auch das aus Isotopentrennanlagen am Isotop ^{235}U „verarmte" Uran als Schutzstoff verwendet. Sein Schutzwert gegen γ-Strahlen ist ziemlich genau doppelt so hoch wie derjenige des

Bleis. Sein relativ hoher Preis verbietet seine Anwendung aber in vielen Fällen. Schutzaufgaben können aber auch Baumaterialien, wie Beton und besonders Barythbeton, aufgetragen werden. Hiervon wird in der Praxis in hohem Maße Gebrauch gemacht. Zum Schutz gegen Neutronenstrahlungen schließlich eignen sich neben stark absorbierenden Stoffen, wie Cadmium, alle leichtatomigen Substanzen. Einfachste Schutzstoffe sind Paraffin und, als allgemein zugänglich und kostenlos, Wasser. Schichtdicken von etwa einem halben Meter schwächen die Neutronenstrahlung praktisch vollständig.

Der ernsthafteste Anteil der Gefährdung von Personen durch radioaktive Stoffe wird durch sog. „offene Strahlenquellen" verursacht. Eine Strahlenquelle wird dann als „offen" bezeichnet, wenn mit ihr die Möglichkeit einer *Kontamination* verbunden ist, wenn also Personen oder Sachen bei Kontakt mit der Quelle radioaktive Stoffe an- oder aufnehmen können. Von besonderer Bedeutung ist die *interne* Kontamination von Personen über die Luft- und Verdauungswege, wobei die radioaktive Substanz in den Körper eingeführt wird und hier dem Metabolismus unterliegt.

Alle entsprechenden Schutzmaßnahmen, Vorschriften und Mittel sollen jeglichen unmittelbaren Kontakt mit der radioaktiven Substanz vermeiden oder sogar unmöglich machen. Manipulationen irgendwelcher Art müssen deshalb mit geeigneten Instrumenten vorgenommen werden, und alle Verarbeitungen sind in abgeschlossenen Kapellen vorzunehmen. Bei hohen Aktivitäten müssen diese mit entsprechenden Fernmanipulatoren versehen sein. Um einen externen oder internen Kontakt mit Radionukliden auch sehr geringer Aktivität auszuschließen, sind bei der Arbeit zweckmäßige Schutzkleider, eventuell Schutzmasken zu tragen; Essen, Rauchen, Schminken und ähnliche Tätigkeiten, bei denen Radionuklide in den Körper eintreten könnten, sind im Speziallaboratorium zu vermeiden.

19.4. Schutzprobleme bei Kernbrennstoffen

Ein besonderes und ohne Zweifel das wichtigste Schutzproblem stellen die bei der Kernspaltung entstehenden radioaktiven Spaltprodukte. Diese sind in den „ausgebrannten" Brennstoffelementen enthalten und bestehen aus einem Gemisch von etwa 70 verschiedenen Nukliden mit allen möglichen Halbwertszeiten zwischen Sekunden und vielen Jahren und mit β- und γ-Strahlenenergien bis zu etwa 5 MeV.

Grundsätzlich können diese ernsthaften Schutzprobleme durch zweierlei Maßnahmen angegangen werden:
Verdünnung und Wegfuhr, oder
Konzentration und Lagerung.

Gelingt es, ein radioaktives Gas (z.B. Krypton-85) so stark mit Luft zu verdünnen, daß dessen Konzentration völlig harmlos wird, so kann das Gemisch ohne Bedenken an die Atmosphäre abgegeben werden. Die hierzu erlaubten Konzentrationen sind gesetzlich vorgeschrieben. In gleichartiger Weise können wäßrige Lösungen radioaktiver Substanzen ohne Folgen an die Oberflächengewässer abgeführt werden, wenn ihre Verdünnung auf gefahrlose Konzentrationen gebracht werden kann. Auch hier schreiben die gesetzlichen Strahlenschutzvorschriften genau vor, was abgegeben werden darf und was nicht. Die auf diese einfache Weise eliminierbaren Konzentrationen sind von der gleichen Größenordnung wie die natürliche Umgebungsradioaktivität.

Da alle radioaktiven Stoffe mit der Zeit in stabile Elemente zerfallen, ist deren Lagerung die einfachste Maßnahme zur Eliminierung der Gefährdung. Ausgebrannte Uranstäbe aus Reaktoren werden deshalb zunächst in einen tiefen Wassertank geworfen und hier einige Monate liegengelassen. Alle kürzerlebigen Nuklide sind dann bis auf bedeutungslose Aktivitäten, also praktisch vollständig, zerfallen. Nach beispielsweise drei Monaten beträgt die totale Aktivität dann nur noch einige Prozente der ursprünglichen. Sie muß aber jetzt den „langlebigen" Stoffen zugeschrieben werden. Weitere Lagerungen reduzieren die Aktivität natürlich weiter. Nach einer empirischen Gesetzmäßigkeit kann gesagt werden, daß eine zeitliche Zunahme um den Faktor 7 die jeweilige Aktivität auf ein Zehntel reduziert.

In Abb. 36 ist der Radioaktivitätsabfall von 1 kg frischen Spaltprodukten zwischen 10 Tagen und 10 Jahren graphisch

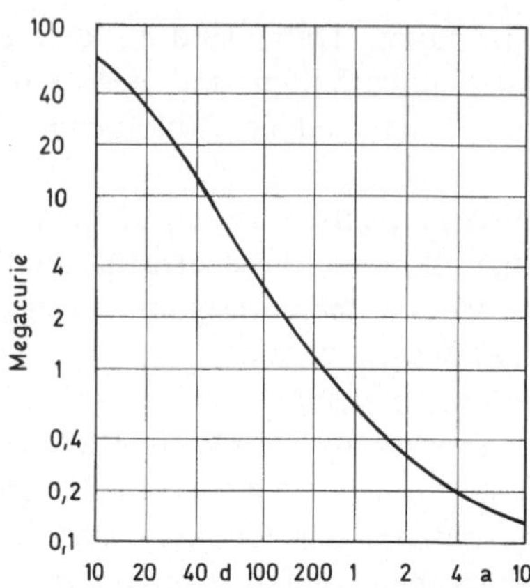

Abb. 36. Approximative Radioaktivität von 1 kg Spaltprodukten aus Uran-235 zwischen 10 Tagen (*d*) und 10 Jahren (*a*)

dargestellt. Die früher angegebene Tab. 8 gibt die wichtigsten Spaltprodukte wieder, die die hauptsächlichste, längere Zeit bestehende Radioaktivität ausmachen. Daneben gibt es eine Serie von Spaltprodukten, die in geringeren Mengen entstehen, aber relativ sehr lange Halbwertszeiten aufweisen, so Rb-87, Pd-107, I-129 und Cs-135.

Die Abb. 37 gibt schließlich die relativen Anteile der jeweils noch vorhandenen Gesamtradioaktivität in Prozent wieder. Die Kurven entsprechen dem Spaltmaterial aus Uran-235 zwischen 10 Tagen und 100 Jahren nach der Spaltung. Dieser instruktiven Darstellung kann entnommen werden, daß nach einem Jahr etwa 55% der zu dieser Zeit noch vorhandenen Radioaktivität (ca. 1% des Ausgangswertes, vgl. Abb. 36) dem Zerfallspaar Ce-Pr-144, etwa 22% dem Paar Zr-Nb-95 und je etwa 4–6% den Paaren Ru-Rh-105 und Sr-Y-90 und dem Il-147 zuzuschreiben sind. Nach 10 Jahren (Gesamtaktivität noch ca. 1 Promille) machen die beiden Zerfallspaare Sr-Y-90 und Cs-Ba-137 zusammen etwa 80%, das Il-147 noch etwa 15% und Sm-151 und Kr-85 den Rest aus. Nach 100 Jahren besteht dann die Aktivität praktisch nur noch aus den beiden Zerfallspaaren Sr-Y-90 und Cs-Ba-137 sowie Sm-151 und den vorstehend erwähnten langlebigen Nukliden. Nach dieser Zeit beläuft sich dann die

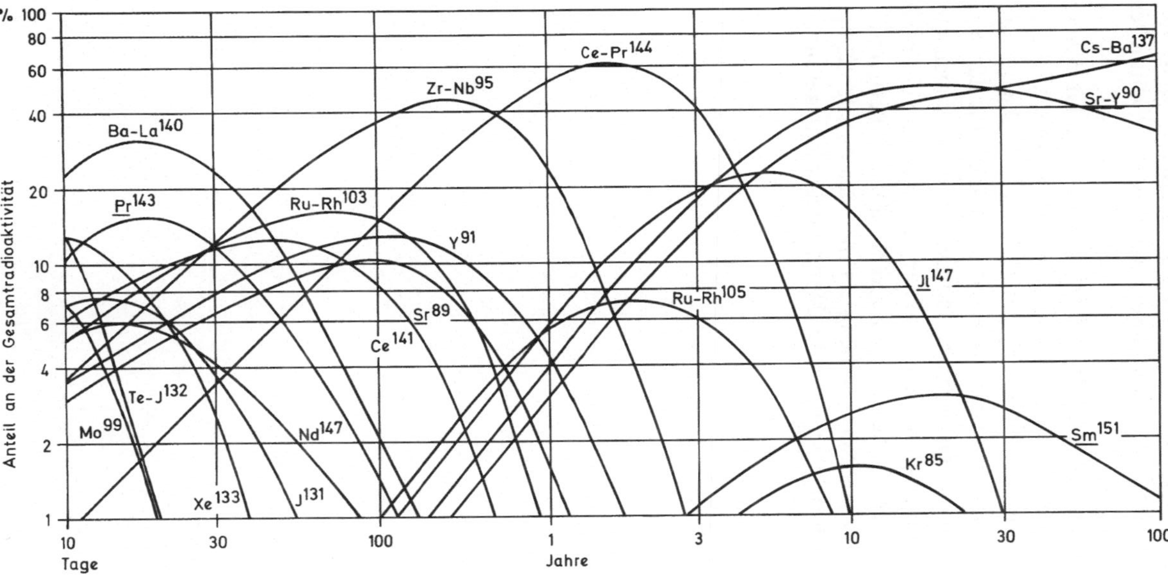

Abb. 37. Relative Anteile in Prozent der verschiedenen radioaktiven Spaltprodukte an der Gesamtaktivität des Spaltmaterials aus Uran-235 zwischen 10 Tagen und 100 Jahren nach der Spaltung. Reine β-Strahler sind unterstrichen (modifiziert nach MOTEFF)

Gesamtaktivität nur noch auf etwa ein Zehntausendstel des Ausgangswertes und ist damit kaum mehr von wesentlicher Bedeutung.

Für diese langlebigen Spaltprodukte müssen absolut sichere Lagerstellen errichtet werden. Das ist, vor allem aus psychologischen und politischen Gründen, keine leichte Aufgabe. Es sind aber an zahlreichen Stelle derartige „Abfall-Lager" für den sog. „Atommüll" eingerichtet worden, und sie dürfen nach menschlichem Ermessen als sehr sicher gelten. In allen zivilisierten Ländern wird dieser Lagerung, die sehr lange dauern muß, höchste Aufmerksamkeit geschenkt. Eine ideale, alle Kreise befriedigende Lösung ist aber bis heute noch nicht gefunden worden.

Epilog

In den Jahren 1931–1964 bestand ein Teil meiner beruflichen Tätigkeit in der Leitung des Bernischen Radiuminstitutes. Dessen Aufgabe umfaßte die Bereitstellung von geschlossenen radioaktiven Präparaten in zu den verschiedenen Therapieformen geeigneter Form und Aktivität. Der Großteil des dafür verfügbaren Materials waren verkapselte Radiumpräparate, ein geringerer bestand aus selbsthergestellten Röhrchen und Nadeln, die mit Kobalt-60 geladen waren.

Neben dieser mehr „technischen" Arbeit hatte ich auch Zeit zum Angehen von wissenschaftlichen Aufgaben. Ein kleiner, zweckmäßiger Instrumentenpark war dazu vorhanden; auch konnte ich über einen bescheidenen Kredit verfügen.

Ein wesentlicher und wichtiger Teil dieser Forschungen wurde in enger Zusammenarbeit mit dem Röntgeninstitut der Universität, zu dessen physikalischem Assistent ich 1938 gewählt wurde, angegangen. Unsere gemeinsame Arbeit beschäftigte sich damals besonders mit der Vereinheitlichung der Dosisdefinition und -messung zwischen Röntgen- und γ-Strahlen (vgl. Literaturverzeichnis). Wichtigster Impuls in diesem Aufgabenkomplex war der experimentelle Beweis der Gültigkeit des sog. „Luftäquivalenzprinzips" für die Messung der γ-Strahlung. Diesen haben wir, RUDOLF SCHULZE und ich, zusammen in den Monaten April bis August 1936 am Institut für Strahlenforschung der Universität Berlin (Direktor: Prof. WALTER FRIEDERICH) durchgeführt (ich bin noch heute ziemlich stolz auf die Ergebnisse dieser grundlegenden Arbeit).

Trotz Nationalsozialismus herrschte zu jener Zeit in Berlin noch ein sehr lebhaftes wissenschaftliches Klima, und weltbekannte Forscher, wie die Nobelpreisträger WALTER NERNST, MAX V. LAUE und PETER DEBYE nahmen regelmäßig an einem Kolloquium teil, das alle 14 Tage im Kaiser-Wilhelm-Institut für physikalische Chemie stattfand. Auch BOTHE, FLÜGGE, GRASSMANN, v. WEIZSÄCKER und ein weiterer Kreis bekannter Wissenschafter waren regelmäßig mit dabei.

Im Anschluß an die Publikation von HEISENBERG aus dem Jahre 1934 über den Bau der Atomkerne aus Protonen und Neutronen und entsprechenden weiteren Anregungen unternahm ich 1938 eine Berechnung und graphische Darstellung der Neutronen-Protonen-Verhältnisse aller Glieder der drei natürlichen radioaktiven Zerfallsreihen. Dabei zeigte sich der eklatante Unterschied dieser Verhältnisse zwischen α- und β-strahlenden Stoffen. Das Element Actinium und das Poloniumisotop RaA lagen in dieser Darstellung so weit abseits gegenüber den anderen α- resp. β-strahlenden Gliedern, daß für diese beiden Zerfallsprodukte ein *dualer Zerfall,* also auch ein teilweiser α- resp. β-Übergang als möglich angenommen werden mußte. Ich habe deshalb damals vorausgesagt, daß das bisher unbekannte Element mit der Kernladungszahl 87, ein Alkalimetall, durch α-Strahlung aus Actinium entstehen könnte, und daß ebenso der unbekannte Grundstoff der Nummer 85, ein Halogen, durch eine β-Strahlung aus RaA gebildet werden müßte. Diese beiden Voraussagen wurden anschließend bestätigt. So wurde das Element mit der Kernladungszahl 87 (Francium) schon ein Jahr später von M. PERREY auf dem angegebenen Weg nachgewiesen. Ebenso konnte der Grundstoff mit der Nummer 85 (Astatinum) 1940 und 1941 durch B. KARLIK und mich auf dem vorausgesagten Wege sichergestellt werden.

Mittlerweile war der II. Weltkrieg mit all seinen Schrecknissen ausgebrochen. Auf alliierter Seite hatte man sich zur Inangriffnahme des sog. „Manhattan District“, also zur Herstellung der „Atombombe“ entschlossen. Mit Ausnahme eines sehr eingeschränkten Kreises von direkt mit deren Realisierung und einiger mit der höheren Kriegspolitik beschäftigten Personen war darüber strikteste Geheimhaltung deklariert und innegehalten worden. Auf seiten der faschistischen Mächte konzentrierte man die höhere Strategie auf Bombengeschwader, mit denen man die Städte Großbritanniens glaubte „coventrisieren“ zu können. Natürlich war es für die Alliierten von vitalem Interesse zu erfahren, ob die Möglichkeiten einer „atomaren Kriegsführung“ auch auf deutscher Seite ernsthaft in Erwägung gezogen oder gar studiert würden.

Eines Tages, zu Anfang des Jahres 1942, erschien in meinem Institut eine sehr hübsche Dame von etwa 30 Jahren und stellte sich als Mrs. L.-S., Gattin eines Attachés der britischen Gesandtschaft in Bern vor. Sie sagte mir, sie sei Physikerin und habe sich bei MARYA CURIE in Paris besonders mit Problemen der Radioaktivität beschäftigt. Weiter erwähnte sie, sie hätte meine Publikationen über die bis vor kurzem noch unbekannten Elemente 85 und 87 mit Interesse gelesen. Sie könne auch über viel freie Zeit verfügen und möchte gerne etwas wissenschaftlich arbeiten, ob dies vielleicht mit mir zusammen in meinem Institut möglich sei. Ich war selbstverständlich dazu gerne bereit und auch etwas geschmeichelt.

So begannen wir denn zusammen Untersuchungen zum Nachweis des Elementes 85 in den Zerfallsprodukten der Thoriumreihe (β-Zerfall des ThA). Tatsächlich fanden wir in den zahlreichen Nebelkammeraufnahmen der Folgeprodukte des Thorons einige Spuren von α-Strahlen, die keinem der bis jetzt bekannten Zerfallsprodukte dieses Edelgases zugeordnet werden konnten. Wir waren überzeugt, und ich bin das heute noch, die α-Strahlung des Astatinums-216 nachgewiesen zu haben.

Eines Tages, während unserer Zusammenarbeit, fragte mich meine attraktive Mitarbeiterin plötzlich: „What do you think about the atomic bomb?“ Ich wußte nicht so recht, was ich darauf antworten sollte. Die damaligen Kenntnisse über die Uranspaltung waren außerhalb des „Manhattan District“ doch noch recht spärlich, wenn man auch die Möglichkeit einer Kettenreaktion in Betracht ziehen mußte. Eine eindeutige Antwort schien damals noch nicht möglich. Wir arbeiteten weiter.

Etwa 3 Wochen später fragte sie mich ziemlich unvermittelt: „Wissen Sie, wo FLÜGGE jetzt arbeitet? Was tut WEIZSÄCKER? Haben Sie noch Kontakt mit GRASSMANN? Was wird am Kaiser-Wilhelm-Institut für physikalische Chemie jetzt gearbeitet?“ Ich konnte ihr nur antworten, daß ich seinerzeit die grundlegende

Publikation über die Uranspaltung von STRASSMANN erhalten hätte und mit GRASSMANN den Austausch von wissenschaftlicher Korrespondenz weiter pflege. Sonst aber sei meine Verbindung mit Berlin fast vollständig abgerissen. Diese sehr konkreten Fragen, bekannte deutsche Atomforscher betreffend, machten mich „langsamen Berner" doch etwas stutzig. Natürlich hatte ich im Laufe der zahlreichen Gespräche über den Krieg aus meiner ernsthaften Abneigung gegen den Nationalsozialismus und meiner Sympathie für die Alliierten ihr gegenüber nie ein Geheimnis gemacht.

Wieder einige Wochen später, es war etwa Mitte März 1942, erschien Mrs. L.-S. in meinem Institut mit einem ziemlich dicken Bündel schweizerischer Banknoten in der Hand und fragte mich: „Wollen Sie für uns nach Berlin fahren und feststellen, wo jetzt die führenden Atomphysiker aus dem früheren Berliner Kreis arbeiten? Sie kennen ja die Leute großenteils persönlich; es wäre dies für uns von höchstem Interesse."

Selbstverständlich habe ich dieses Ansinnen freundlich, aber bestimmt abgelehnt. Einige Wochen später hat sie dann die Mitarbeit in meinem Institut aufgegeben, und auch ihr Ehemann wurde bald von der britischen Gesandtschaft aus Bern zurückgerufen.

W.M.

Ausgewählte Literatur

ASTON, F. W.: Isotope. Leipzig: S. Hirzel 1923

BAGMELL, K. W.: Chemistry of Rare Radioelements. London: Butterworth's Publ 1957

BECHERT, K, GERTHSEN, C.: Atomphysik. 2 Bde, Sammlg. Göschen 1944

BOHR, N.: Drei Aufsätze über Spektren und Atombau. Braunschweig: Vieweg & Sohn 1924

BRESSLER, S. J.: Die radioaktiven Elemente. VEB-Verlag Technik 1957

COMAR, L. C.: Radioisotopes in Biology and Agriculture. New York: McGraw Hill 1955

CORK, J. M.: Radioactivity and nuclear Physics. New York, Toronto, Van Nostrand Co. 1947

CROWTHER, J. A.: Ions, Electrons and Ionizing Radiations. London: Ed. Arnold 1949

CURIE, Mme. P.: Die radioaktiven Substanzen. Braunschweig: Vieweg & Sohn 1904

CURIE, Mme. P.: Radioaktivität; 2 Bde. Leipzig: Akad. Verlags-Gesellschaft 1911–12

DANIEL, J.: Radioactivité. Paris: Vve. Junod 1905

DOELTER, C.: Das Radium und die Farben. Dresden: Theodor Steinkopf 1910

EISENHUD, R., WIGNER, E. P.: Einführung in die Kernphysik. Mannheim: Bibliogr. Inst. 1961

ERRERA, J.: Chimie physique nucléaire. Paris: Masson & Cie 1965

FAYANS, K.: Radioaktivität. Braunschweig: Vieweg & Sohn 1922

FERNAU, A.: Physik und Chemie des Radiums und Mesothors. Wien: Springer 1926

FRITZ-NIGGLI, H.: Strahlengefährdung, Strahlenschutz. Bern, Stuttgart, Wien: Hans Huber Verlag 1975

GIOVANITTI, L., FREED, F.: Histoire secrète d'Hiroshima. New York: Coward McCann 1965

GOCKEL, A.: Die Radioaktivität von Boden und Quellen. Braunschweig: Vieweg & Sohn 1914

GREINACHER, H.: Uratome der Materie. Bern: A. Francke 1946

GRUNER, P.: Kurzes Lehrbuch der Radioaktivität. Bern: P. Haupt 1911

GUSSEW, N. G.: Leitfaden der Radioaktivität und Strahlenschutz. VEB-Verlag Technik 1957

HAISSINSKY, M.: La chimie nucléaire et ses applications. Paris: Masson & Cie 1957

HARDER, D.: Durchgang schneller Elektronen durch dicke Materieschichten. Diss. Würzburg 1965

HEVESY, G. v.: Radioactive Indicators. New York: Interscience Publ. Co. 1948

JASPERS, KARL: Die Atombombe und die Zukunft des Menschen. München: Deutscher Taschenbuch-Verlag 1961

JAY, K. E. B.: Britain's Atomic Factories. Her Majesty's Stationary Office 1954

JAY, K. E. B.: Atomic Energy Research at Harwell. London: Butterworth's Publ. 1955

KISTNER, A.: Geschichte der Physik I und II. Berlin, Leipzig: Walter de Gruyter 1919

KOHLRAUSCH, K. W. F.: Probleme der Gammastrahlung. Braunschweig: Vieweg & Sohn 1927

LAMONT, L.: Day of Trinity. New York: Athenaum 1965

LAUE, M. v.: Geschichte der Physik. Berlin: Ullstein 1958

MEYER, St., SCHWEIGLER, E. v.: Radioaktivität. Leipzig: B. G. Teubner 1927

MINDER, W.: Radiumdosimetrie. Wien: Springer 1941

MINDER, W.: Dosimetrie der Strahlen radioaktiver Stoffe. Wien: Springer 1961

NERU, J.: Nuclear Explosions and Their Effects. Delhi: Publications Division 1958

PHILIPP, K.: Kernspektren. Leipzig: Akad. Verlagsgesellschaft 1937

RIEZLER, W.: Einführung in die Kernphysik. München: R. Oldenbourg 1959

RUTHERFORD, E.: Die Radioaktivität. Berlin: Springer 1907

RUTHERFORD, E.: Radioaktive Umwandlungen. Braunschweig: Vieweg & Sohn 1907

SCHWIEK, H., TURBA, F.: Künstlich radioaktive Isotope in Physiologie, Diagnostik und Therapie, 2 Bde. Berlin, Göttingen, Heidelberg: Springer 1961

SCHULTEN, R., GÜTH, W.: Reaktorphysik, 2 Bde. Mannheim: Bibliograph. Inst. 1960

SIRI, W. E.: Isotopic Tracers and Nuclear Radiations. New York: McGraw Hill 1949

SMITH, H. D.: Development of Methods of Using Atomic Energy for Military Purposes. London: His Majesty's Stationary Office 1945

TELLER, EDW., LATTER, A.: Ausblick in das Kernzeitalter. Frankfurt: Fischer Bücher 232. 1959

THIBAUD, J.: Vie et Transmutations des Atomes. Paris: Alban Michel 1937

WACHSMANN, F.: Die radioaktiven Isotope. Bern: A. Francke 1954

WAGNER, G.: Wissen ist unser Schicksal. Wir Menschen und die Atomenergie. Ostermundingen: Viktoria Verlag 1979

WEIZSÄCKER, C. F. v.: Die Atomkerne. Leipzig: Akad. Verlags-Gesellschaft 1937

WEIZSÄCKER, C. F. v.: Kernexplosionen und ihre Wirkungen. Frankfurt: Fischer Bücher 386. 1961

WOLF, F.: Die schnellbewegten Elektronen. Braunschweig: Vieweg & Sohn 1925

ZIMEN, K. E.: Angewandte Radioaktivität. Berlin, Göttingen, Heidelberg: Springer 1952

Namenverzeichnis

* Nobelpreis

Sachverzeichnis

Verständliche Wissenschaft

Lieferbare Bände:

1 K.v.Frisch: Aus dem Leben der Bienen
3/4 R.Goldschmidt: Einführung in die Wissenschaft vom Leben oder Ascaris
18 H.Winterstein: Schlaf und Traum
29 L.Jost: Baum und Wald
32 H.Giersberg: Hormone
34 O.Heinroth: Aus dem Leben der Vögel
35 E.Rüchardt: Sichtbares und unsichtbares Licht
36 W.Jacobs: Fliegen, Schwimmen, Schweben
42 K.Srumpff: Die Erde als Planet
43 W.Kruse: Die Wissenschaft von den Sternen
50 Th.Georgiades: Musik und Sprache
51 J.Friedrich: Entzifferung verschollener Schriften und Sprachen
52 R.Wittram: Peter der Große
53 K.Wurm: Die Kometen
54 W.v.Soden: Herrscher im alten Orient
55 A.Thienemann: Die Binnengewässer in Natur und Kultur
57 F.Knoll: Die Biologie der Blüte
58 B.Huber: Die Saftströme der Pflanzen
59 W.E.Petraschek Jr.: Kohle
61 A.Portmann: Tarnung im Tierreich
62 H.Israel: Luftelektrizität und Radioaktivität
63 F.Schwanitz: Die Entsteheung der Kulturpflanzen
64 R.Demoll: Früchte des Meeres
65 N.v.Holst: Moderne Kunst und sichtbare Welt
67 J.Weck: Die Wälder der Erde
69 L.M.Loske: Die Sonnenuhren
70 O.F.Bollnow: Die Lebensphilosophie
71 E.Ruchardt: Bausteine der Körperwelt und der Strahlung
72 P.Lorenzen: Die Entsteheung der exakten Wissenschaften
73 N.Arley/H.Skov: Atomkraft
75 P.Buchner: Tiere als Mikrobenzüchter
76 A.Gabriel: Die Wüsten der Erde und ihre Erforschung

78 F.Schaller: Die Unterwelt des Tierreiches
80 E.J.Slijper: Riesen des Meeres
83 K.Koch: Das Buch der Bücher
84 H.H.Meinke: Elektromagnetische Wellen
85 J.Fraser: Treibende Welt
86 V.Ziswiler: Bedrohte und ausgerottete Tiere
89 F.Henschen: Der menschliche Schädel in der Kulturgeschichte
90 R.Müller: Die Planeten und ihre Monde
91 C.Elze: Der menschliche Körper
92 E.T.Nielsen: Insekten auf Reisen
94 H.Reuter: Die Wissenschaft vom Wetter
95 A.Krebs: Strahlenbiologie
96 W.Schwenke: Zwischen Gift und Hunger
97 K.L.Wolf: Tropfen, Blasen und Lamellen oder Von den Formen flüssiger Körper
98 H.W.Franke: Methoden der Geochronologie
99 H.Wagner: Rauschgift-Drogen
100 E.Otto: Wesen und Wandel der ägyptischen Kultur
101 F.Link: Der Mond
102 G.-M.Schwab: Was ist die physikalische Chemie?
103 H.Donner: Herrschergestalten in Israel
104 G.Thielcke: Vogelstimmen
105 G.Lanczkowski: Aztekische Sprache und Überlieferung
106 R.Müller: Der Himmel über dem Menschen der Steinzeit
107 W.Braunbek: Einführung in die Physik und Technik der Halbleiter
108 E.R.Reiter: Strahlströme
109 W.E.Kock: Schallwellen und Lichtwellen
110 R.Müller: Sonne, Mond und Sterne über dem Reich der Inka
111 S.Flügge: Wege und Ziele der Physik
112 W.E.Kock: Schall – sichtbar gemacht
113 B.Karlgren: Schrift und Sprache der Chinesen
114 E.Thenius: Meere und Länder im Wechsel der Zeiten
115 C.D.Schönwiese: Klimaschwankungen

Springer-Verlag Berlin Heidelberg NewYork